中文版
Photoshop CS5
从入门到精通

徐 丽 编著

中国电力出版社
CHINA ELECTRIC POWER PRESS

内 容 提 要

本书通过大量实例系统全面地讲述了Photoshop CS5的所有功能,并对图层功能、通道功能和色彩调整命令等分别进行了专项的讲解,使读者能够深入的掌握软件的高级应用技巧。书中所有的实例都精选于实际设计工作中,不但画面精美,而且包含高水平的软件应用技巧。每个实例都是一个典型的设计模板,读者可以直接将其套用至实际工作中。

本书既适合初中级用户阅读和学习,也可作为商业美术设计人员及相关专业师生的参考使用。

图书在版编目(CIP)数据

中文版Photoshop CS5从入门到精通／徐丽编著. —北京:中国电力出版社,2011.7
ISBN 978-7-5123-1949-3

I.①中… Ⅱ.①徐… Ⅲ.①图像处理软件,Photoshop CS5 Ⅳ.①TP391.41

中国版本图书馆CIP数据核字(2011)第150452号

中国电力出版社出版、发行
(北京市东城区北京站西街19号 100005 http://www.cepp.sgcc.com.cn)
北京丰源印刷厂印刷
各地新华书店经售

*

2012年1月第一版 2012年1月北京第一次印刷
787毫米×1092毫米 16开本 25印张 622千字 2彩页
印数0001—3000册 定价45.00元(含1CD)

前　言

　　长期以来，Adobe Photoshop 作为图像编辑领域软件之一，一直主导设计领域的前沿，本书系统、准确、详细地讲解了世界上最棒的图像编辑工具软件的使用方法和技巧。

　　Adobe CS5 共有 15 个独立程序和相关技术，五种不同的组合构成了五种不同的组合版本，分别是大师典藏版、设计高级版、设计标准版、网络高级版、产品高级版。这些组件中我们最熟悉的可能是 Photoshop 了，Photoshop CS5 有标准版和扩展版两种版本。Photoshop CS5 标准版适合摄影师以及印刷设计人员使用；Photoshop CS5 扩展版除了包含标准版的功能外，还添加了用于创建、编辑 3D 的工具。

　　下面介绍 Photoshop CS5 标准版的一些新增功能特性：

　　（1）复杂变得简单：轻轻点击鼠标就可以选择一个图像中的特定区域。轻松选择毛发等细微的图像元素；消除选区边缘周围的背景色；使用新的细化工具自动改变选区边缘，并改进蒙版。

　　（2）内容感知型填充：删除任何图像细节或对象，并静静观赏内容感知型填充神奇地完成剩下的填充工作。这一突破性的技术与光照、色调及噪声相结合，使删除的内容看上去似乎本来就不存在。

　　（3）HDR 成像：借助前所未有的速度、控制和准确度创建写实的或超现实的 HDR 图像。借助自动消除叠影以及对色调映射和调整更好的控制，可以获得更好的效果，甚至可以令单次曝光的照片获得 HDR 的外观。

　　（4）最新的原始图像处理：使用 Adobe Photoshop Camera Raw 6 增效工具无损消除图像噪声，同时保留颜色和细节；增加粒状，使数码照片看上去更自然；执行裁剪后暗角时控制度更高等。

　　（5）绘图效果：借助混色器画笔（提供画布混色）和毛刷笔尖（可以创建逼真、带纹理的笔触），将照片轻松转变为绘图或创建独特的艺术效果。

　　（6）操控变形：对任何图像元素进行精确的重新定位，创建出视觉上更具吸引力的照片。例如，轻松伸直一个弯曲角度不舒服的手臂。

　　（7）自动镜头校正：镜头扭曲、色差和晕影自动校正可以节省时间。Photoshop CS5 使用图像文件的 EXIF 数据，并根据您使用的相机和镜头类型做出精确调整。

　　（8）高效的工作流程：由于 Photoshop 用户请求的大量功能得到增强，您可以提高工作效率和创意。例如，自动伸直图像，从屏幕上的拾色器拾取颜色，同时调节许多图层的不透明度等。

　　（9）新增的 GPU 加速功能：充分利用日常工具，支持 GPU 的增强。使用三分法则对网格进行裁剪；使用单击擦洗功能缩放；对可视化更出色的颜色以及屏幕拾色器进行采样。

（10）更简单的用户界面管理：使用可折叠的工作区切换器，在喜欢的用户界面配置之间实现快速导航和选择。实时工作区会自动记录用户界面更改，当切换到其他程序后再切换回来时面板将保持在原位。

（11）黑白转换：尝试各种黑白外观。使用集成的 Lab B&W Action 交互转换彩色图像；更轻松、更快地创建绚丽的 HDR 黑白图像；尝试各种新预设。

本书特点

丰富、全面的内容讲解，完全掌握 CS5 的核心技术，配合典型的实例，一步一步从基本功能学到进阶技巧，极强的知识性，趣味性，充分激发读者的学习热情。

图文并茂，步骤详细，百分百活学活用，100 多个实用实例，让你真正体验此软件的神奇魅力，学习与创作精美画面的乐趣！

精美的画面、独特的版式设计、全方位的内容、盘书配套的便利学习形式。

突出 Photoshop CS5 的新特性：在全书的开始对 CS5 的新功能做了全面的系统介绍，在本书的其他章节使用标注的方式突出对新功能的讲解。让读者对 CS5 版本的新特性一目了然。

深入 Photoshop CS5 的功能应用：对于软件中比较复杂的 3D 功能，在介绍完各种使用的具体操作之后，还会以实例的形式演练一次制作技巧，告诉读者如何应用这些复杂的功能。

更轻松的学习 Photoshop CS5：为了方便读者学习，我们在具体介绍每一个工具之前，用精美的示意图告诉读者工具的基本功能，将一系列滤镜的效果排列在一起，便于读者比较和查阅，并且加入了许多的漂亮的图标，提醒读者在阅读过程中应该注意什么。

适合对象

平面设计、三维动画设计、影视广告设计、电脑美术设计、电脑绘画、网页制作、室内外装修与设计的广大从业人员，以及高等院校电脑美术专业师生和各种平面设计培训班的学生。

本书除了封面署名作者外，以下人员也参与了本书的资料搜集工作，刘茜、张丹、徐杨、王静、李雪梅、刘海洋、李艳严、于丽丽、李立敏、裴文贺、霍静、骆晶、刘俊红、付宁、方乙晴、陈朗朗、杜弯弯、谷春霞、金海燕、李飞飞、李海英、李雅男、李之龙、梁爽、孙宏、王红岩、王艳、徐吉阳、于蕾、于淑娟和徐影等，在此一并表示感谢。

在工作和学习中有什么疑问，可登录 www.温鑫文化网.cn 网站，其中"温鑫留言"是作者回复读者的问题，也可发邮件至 E-mail: skyxuli888@sina.com 与作者联系。

编 者

调整高反差
（21.1.1 节）

原图

效果图

\调整照片中的色调
（21.1.2 节）

原图

调整阴天拍摄的照片
（21.1.3 节）

原图

\补救有阴影的照片
（21.1.4 节）

原图

为跑车添加颜色
（21.1.5 节）

原图

\制作冰冻艺术效果
（21.1.6 节）

刀画－向日葵
（21.1.7 节）

为照片增加阳光光线
纹理
（21.1.8 节）

为照片添加艺术效果
纹理
（21.1.9 节）

为照片制作动感纹理
（21.1.10 节）

金属字体（21.2.1 节）

闪电字（21.2.2 节）

水晶字（21.2.3 节）

石雕字（21.2.4 节）

浮雕字（21.2.5 节）

虎皮纹理（21.3.1 节）

羊皮纹理（21.3.2 节）

蝴蝶美女（21.4.1 节）

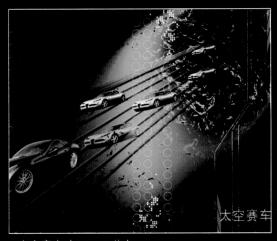
太空赛车（21.4.2 节）

百花争艳（21.4.3 节）

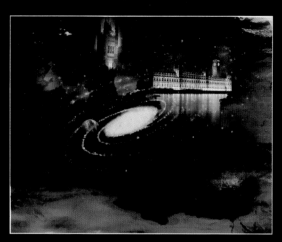

星外城市（12.4.4 节）

为照片添加七彩马赛克（21.5.1 节）

为照片制作网纹纹理
（21.5.2 节）

为照片添加彩色纸屑纹理
（21.5.3 节）

为照片添加黑克帝国纹理
（21.5.4 节）

水果广告
（21.6.1 节）

清凉果汁广告（21.6.2 节）

手表广告（21.6.3 节）

Contents

目　录

第 1 章

初识 Photoshop

本章重点 ◁◀

- 了解 Photoshop 的诞生与发展历程
- 了解 Photoshop 的应用领域
- 了解 Photoshop 的新增功能

1.1 Photoshop 的诞生与发展历程

1985 年，美国苹果电脑公司率先推出图形界面的麦金塔系列电脑。1986 年夏天，Michigan 大学的一位研究生 Thomas Knoll 为了在 Macintosh Plus 机上显示灰阶图像，编制了一个程序。最初他将这个软件命名为 display，后来这个程序被他的哥哥 John Knoll 发现了，John 就职于工业光魔公司，他建议 Thomas 将此程序用于商业软件。John 曾参与开发早期的 Photoshop 软件，插件就是他开发的。在一次演示产品的时候，有人建议 Thomas 这个软件可以叫 Photoshop，Thomas 很满意这个名字，后来就保留下来了，在被 Adobe 公司收购后，这个名字仍然被保留。

1988 年夏天，John 在硅谷寻找投资者，并找到 Adobe 公司，11 月 Adobe 公司跟他们兄弟签署了授权销售协议。他们第一个商业成功是把 Photoshop 交给一个扫描仪公司并与之产品搭配卖，名字叫做 Barneyscan XP，版本是 0.87。与此同时，John 继续在找其他买家，包括 SuperMac 和 Aldus 都没有成功。最终他们找到了 Adobe 的艺术总监 Russell Brown。Russell Brown 此时已经正在研究是否考虑另外一家公司 Letraset 的 ColorStudio 图像编辑程序。看过 Photoshop 以后他认为 Knoll 兄弟的程序更有前途。在 1988 年 8 月他们口头决定合作，而真正的法律合同到次年 4 月才完成。合同里面的一个关键词是 Adobe 获取 Photoshop "license to distribute"，就是获权发行而不是买断所有版权。

此时 Photoshop 在 Mac 版本的主要竞争对手是 Fractal Design 的 ColorStudio，而 Windows 上是 Aldus 的 PhotoStyler。Photoshop 从一开始就远远超过 ColorStudio，而 Windows 版本则经过一段时间改进后才赶上对手。

版本 3.0 的重要新功能是 Layer，Mac 版本在 1994 年 9 月发行，而 Windows 版本在 11 月发行。尽管当时有另外一个软件 Live Picture 也支持 Layer 的概念，而且业界当时也有传言 Photoshop 工程师抄袭了 Live Picture 的概念。但实际上 Thomas 很早就开始研究 Layer 的概念。

版本 4.0 主要改进是用户界面。Adobe 在此时决定把 Photoshop 的用户界面和其他 Adobe 产品统一化，此外程序使用流程也有所改变。一些老用户对此有抵触，甚至一些用户去在线网站上抗议。但经过一段时间使用以后他们还是接受了新改变。Adobe 这时意识到 Photoshop 的重要性，决定把 Photoshop 版权全部买断。

版本 5.0 引入了 History（历史）的概念，这和一般的 Undo 不同，在当时引起业界的轰动。色彩管理也是 5.0 的一个新功能，尽管当时引起一些争议，但此后的发展证明这是 Photoshop 历史上的一个重大改进。5.0 版本在 1998 年 5 月正式发行。一年之后 Adobe 又一次发行了 X.5 版本，即版本 5.5，主要增加了支持 Web 功能和包含 Image Ready 2.0。

在 2000 年 9 月发行的版本 6.0 主要改进了与其他 Adobe 工具交换的顺畅，但真正的重大改进要等到版本 7.0，不过这是 2002 年 3 月的事了。

在此之前，Photoshop 处理的图片绝大部分还是来自于扫描，实际上 Photoshop 上面大部分功能基本与从 20 世纪 90 年代末开始流行的数码相机没有什么联系。版本 7.0 增加了 Healing Brush 等图片修改工具，还有一些基本的数码相机功能如 EXIF 数据、文件浏览器等。

Photoshop 在享受了巨大商业成功之后，在 21 世纪开始才受到威胁，特别是专门处理数码相机原始文件的软件，包括各厂家提供的软件和其他竞争对手，如 Phase One（Capture One）。已经退居二线的 Thomas Knoll 亲自负责带领一个小组开发了 PS RAW（7.0）插件。

在其后的发展历程中，Photoshop 8.0 的官方版本号是 CS，9.0 的版本号则变成了 CS2，10.0 的版本号则变成 CS3，11.0 的版本则变成 CS4。

CS 是 Adobe Creative Suite 一套软件中后面 2 个单词的缩写，代表"创作集合"，是一个统一的设计环境，将 Adobe Photoshop CS2、Illustrator CS2、InDesign CS2、GoLive CS2 和 Acrobat 7.0 Professional 软件与 Version Cue CS2、Adobe Bridge 和 Adobe Stock Photos 相结合。

1.1.1 类似软件

1. Photopaint

Photopaint 是加拿大 corel 公司的一款位图处理软件，功能类似 Photoshop，它之前一直搭配 coreldraw 捆绑销售。

2. Painter

corel 公司的一款专业位图绘画工具，可模拟很多绘画笔触及其风格。

3. PhotoFiltre

PhotoFiltre 是一款功能强大、容易上手的图像编辑软件。自带多个图像特效滤镜，使用它们可方便地做出各式各样的图像特效，文本输入功能颇具特色，有多种效果可供选择，并能自由地调整文本角度，内置 PhotoMasque（图像蒙版）编辑功能。

4. 光影魔术手

光影魔术手是对数码照片画质进行改善及效果处理的软件。简单、易用，不需要任何专业的图像技术，就可以制作出专业胶片摄影的色彩效果。

1.1.2 应用领域

多数人对于 Photoshop 的了解仅限于"一个很好的图像编辑软件"，并不知道它的诸多应用，实际上，Photoshop 的应用领域是很广泛的，涉及到图像、图形、文字、视频、出版各方面。

1. 平面设计

平面设计是 Photoshop 应用最为广泛的领域，无论是我们正在阅读的图书封面，还是大街上看到的招贴、海报，这些具有丰富图像的平面印刷品，基本上都需要 Photoshop 软件对图像进行处理。

2. 修复照片

Photoshop 具有强大的图像修饰功能。利用这些功能，可以快速修复一张破损的老照片，也可以修复人脸上的斑点等。

3. 广告摄影

广告摄影作为一种对视觉要求非常严格的工作，其最终成品往往要经过 Photoshop 的修改才能得到满意的效果。

4. 影像创意

影像创意是 Photoshop 的特长，通过 Photoshop 的处理可以将原本风格不同的对象组合在一起，也可以使图像发生巨大变化。

5. 艺术文字

当文字经过 Photoshop 处理后，就已经注定不再普通。利用 Photoshop 可以使文字发生各种各样的变化，并利用这些经过艺术化处理后的文字为图像增加效果。

6. 网页制作

互联网的普及是促使很多人需要掌握 Photoshop 的一个重要原因。因为在制作网页时，Photoshop 是必不可少的网页图像处理软件。

7. 建筑效果图的后期修饰

在制作建筑效果图时，包括许多三维场景，人物与配景包括场景的颜色常常需要在 Photoshop 中增加并调整。

8. 绘画

由于 Photoshop 具有良好的绘画与调色功能，许多插画设计制作者往往使用铅笔绘制草稿，然后用 Photoshop 填色的方法来绘制插画。

除此之外，近些年来非常流行的像素画也多为设计师使用 Photoshop 创作的作品。

9. 绘制或处理三维贴图

在三维软件中，即使能够制作出精良的模型，而无法为模型应用逼真的贴图，也无法得到较好的渲染效果。实际上在制作材质时，除了要依靠软件本身具有材质功能外，利用 Photoshop 可以制作在三维软件中无法得到的合适的材质也非常重要。

10. 婚纱照片设计

当前越来越多的婚纱影楼开始使用数码相机，这也使得婚纱照片设计的处理成为一个新兴的行业。

11. 视觉创意

视觉创意与设计是设计艺术的一个分支，此类设计通常没有非常明显的商业目的，但由于它能为广大设计爱好者提供广阔的设计空间，因此越来越多的设计爱好者开始学习 Photoshop，并进行具有个人特色与风格的视觉创意。

12. 图标制作

虽然使用 Photoshop 制作图标在感觉上有些大材小用，但使用此软件制作的图标的确非常精美。

13. 界面设计

界面设计是一个新兴的领域，已经受到越来越多的软件企业及开发者的重视，虽然暂时还未成为一种全新的职业，但相信不久一定会出现专业的界面设计师职业。当前还没有用于做界面设计的专业软件，因此绝大多数设计者使用的都是 Photoshop。

上述列出了 Photoshop 应用的 13 大领域，但实际上其应用不止上述这些。例如，目前的影视后期制作及二维动画制作，Photoshop 也有所应用。

1.1.3 功能特色

从功能上来分，Photoshop 可分为图像编辑、图像合成、校色调色及特效制作部分。如图1-1 所示。

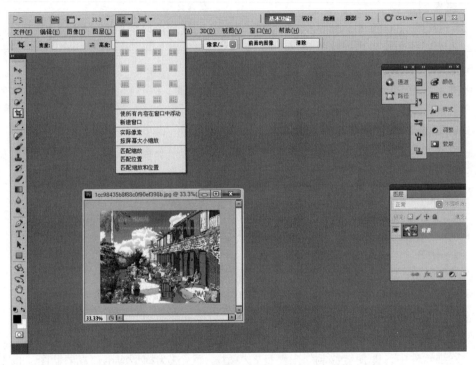

图 1-1

图像编辑是图像处理的基础，可以对图像做各种变换如放大、缩小、旋转、倾斜、镜像、透视等。也可进行复制、去除斑点、修补、修饰图像的残损等。这在婚纱摄影、人像处理制作中有非常大的用处，去除人像上不满意的部分，进行美化加工，得到让人非常满意的效果。

图像合成则是将几幅图像通过图层操作、工具应用合成完整的、表达明确含义的图像。Photoshop 提供的绘图工具让外来图像与创意很好地融合，可以使图像的合成天衣无缝。

校色调色是 Photoshop 中别具特色的功能之一，可方便快捷地对图像的颜色进行明暗、色编的调整和校正，也可在不同颜色进行切换以满足图像在不同领域如网页设计、印刷、多媒体等方面的应用。

特效制作在 Photoshop 中主要由滤镜、通道及工具综合应用完成。包括图像的特效创意和特效字的制作，如油画、浮雕、石膏画、素描等常用的传统美术技巧都可借助 Photoshop特效完成。而各种特效字的制作更是很多美术设计师热衷于使用 Photoshop 的原因。

1.1.4　Photoshop 配置技巧

接下来我们介绍 Photoshop15 条配置技巧，希望对入门读者有所帮助。

（1）在"编辑"→"首选项"→"文件处理[Ctrl+K, Ctrl+2]"中，你可以对显示在"文件"→"最近打开文件"子菜单中最近打开的文件设置数目。Photoshop 会秘密地对最近的 30 个文件保持追踪记录，但它不会理会你所指定的编号，只会显示出你指定的几个条目。实际上，你可以增加里面所显示的最近文件数，这样就能够方便迅速地查看。

（2）Photoshop 要求一个暂存磁盘，它的大小至少要是你打算处理的最大图像大小的三到五倍，不管你的内存究竟有多大。

例如，如果你打算对一个 5MB 大小的图像进行处理，你至少需要有 15～25MB 可用的硬盘空间和内存大小。

（3）如果你没有分派足够的暂存磁盘空间，Photoshop 的性能则会受到影响。Photoshop 所占用的暂存受到可用暂存磁盘空间的限制。因此，如果你有 1GB 大小的内存，并指示 Photoshop 能够使用其中的 75%，但仅有 200MB 能够用作设计时的暂存磁盘，那么大多数情况下，Photoshop 就会使用 200MB。

> 　　要获得 Photoshop 的最佳性能，将你的物理内存占用的最大数量值设置在 50%～75% 之间。[Ctrl+K, Ctrl+8]（"编辑"→"首选项"→"内存与图像高速缓存"）。你不能将 Photoshop 的暂存磁盘[Ctrl+K, Ctrl+7]（"编辑"→"首选项"→"增效工具与暂存盘"）与你的操作系统设置在同一个分区，因为这样做会使 Photoshop 与你的操作系统争夺可用的资源，从而导致整体性能的下降。

（4）在打开 Photoshop 时按下 Ctrl 和 Alt 键，这样你就能在 Photoshop 载入之前改变它的暂存磁盘。

（5）要将所有的首选项还原为默认值，就在打开 Photoshop 或 ImageReady 之后立即按下 Ctrl+Alt+Shift。此时就会出现一个对话框，询问你是否确认需要重置。

（6）通常你选择一个历史记录并对图像进行更改时，所有活动记录下的记录都会被删除，即是被当前的记录所替代。然而，如果你启用了"历史记录"浮动面板中的"允许非线形历史"选项，就可以选择一个记录，对图像做出更改，接着所做的更改就会被附加到"历史记录"浮动面板的底部，而不是将所有活动记录下的记录都进行替换。你甚至还可以在不失去任何在其下方的记录的情况下删除一个记录。

> 　　在历史记录之间的水平线颜色指示了它们的线性关系。用白色进行分割表示线形历史记录，而黑色则表示非线形历史记录。
> 　　一个非线形历史记录不仅非常占用内存，也十分令人难以理解。

（7）可以使用"编辑"→"首选项"→"文件处理"中的"图像预览"选项[Ctrl+K, Ctrl+2]来保存自定义的图标，并预览 Photoshop 文档的图像：

总是储存：将自定义图标或是图像预览（在 Photoshop "图像"页卡中的图像"属性"对话框内）保存到你的图像中。

> 　　启用图像预览通常会将文件大小增加大约 2KB。

储存时询问：能够让你在"储存为"对话框中触发"缩略图"选项。

这个选项并不是真正地会在保存时询问，它仅仅是当你保存图像时让"缩略图"选项可用。

总不储存：禁用图像预览及自定义图标。这个选项同时也会禁用"储存为"对话框中的"缩略图"选项。

你可以通过 Photoshop 中图像的"属性"对话框的"图像"标签页中，"生成缩略图"选项来触发生成图像预览。

（8）有一个方法能够删除你不需要的增效工具（.8be）、滤镜（.8bf）、文件格式（.8bi）等，那就是将它们的文件名（或包含它们的文件夹）之前使用一个连接符号（~）。Photoshop 就会自动忽略任何以"~"开头的文件或文件夹。

例：要禁用"水印"增效工具，只需要将文件夹的名字改成"~Digimarc"。

（9）你可以通过对你喜欢的应用程序在"Helpers"文件夹中创建快捷键来自定义"文件"→"跳转到"以及"文件"→"在选定浏览器中预览"菜单。

要将你喜欢的图像应用程序添加到 Photoshop 的"文件"→"跳转到"子菜单中，只需要在"Jump To Graphics Editor"目录下创建一个快捷方式。

要在 ImageReady 的"文件"→"跳转到"子菜单中创建你自己的 HTML 编辑器，可以在"Jump To HTML Editor"目录下创建一个指向你所需要的应用程序的快捷方式。

要在你的"文件"→"在选定浏览器中预览"子菜单中添加你喜欢的浏览器，那么就在"Previe w In"目录中创建一个快捷方式。

要在相关的菜单中显示你所设置的应用程序，你需要重新启动 Photoshop/ImageReady。

关于"在选定浏览器中预览"的建议：要在"文件"→"在选定浏览器中预览"子菜单（或"在选定浏览器中预览"按钮）中选择浏览器，可以将这个浏览器设定为默认 [Ctrl+Alt+P]。这个浏览器很快就会设置生效，且在下一次启动 ImageReady 时也会续留。

虽然在"文件"→"跳转到"子菜单中你可以添加其他的图像应用程序，但你无法改变它们默认的图像应用程序。

ImageReady 的默认"跳转到"的图像应用程序是 Photoshop，而 Photoshop 的默认"跳转到"的图像应用程序是 ImageReady。

（10）要让 Windows（特别是 95/NT）使用定制的显示器匹配曲线，只需如下操作：

1）在开始菜单的"启动"中删除"Adobe Gamma Loader"。

2）确定 ICM 曲线的路径/名称（基本上是在 C:\WinNT\System32\Color\中）。

3）运行 RegEdit，找到如下项目：

HKEY_LOCAL_MACHINE>Software>Adobe>Color>Monitor>Monitor0。

4）创建一个新的项，叫做"Monitor Profile"。

5）在这个显示器曲线的项中输入步骤 2）中的路径/名称。

注意

在设置了这个曲线后，由于 Adobe Gamma 已经重新配置了 Adobe Gamma Loader，因此不要再运行它。

（11）要想释放你的内存，你可以选择"编辑"→"清理"→"历史记录"，但这样做就会清空所有打开文档的历史记录。

注意

如果仅需要清理活动文档的历史记录，那么请按下 Alt 键并在历史记录浮动面板菜单中选择"清除历史记录"。这样就能够在不改变图像的情况下清除所有的历史记录。

警告！以上的命令是无法撤销的！

（12）要计算图像文件的大小，可以使用以下等式：

文件大小＝分辨率的平方×宽×高×色深/8192（bit/KB）

如果是 24 位的图像，例如处在屏幕分辨率为 72dpi 时，则使用：

文件大小＝宽×高×3/1024

小贴士

用 1024 去除（KB/MB）就能够以 MB 来表示文件的大小。

（13）要确保直方图的级别对话框精确，则关闭"编辑"→"首选项"→"内存与图像高速缓存"[Ctrl+K, Ctrl+8]中的"使用缓存统计"勾选框。

（14）要创建网络安全颜色，需确保色彩的 R、G 和 B 元素都是十六进制数的 33 或十进制的 51 的倍数，任何以下的值都是可接受的：00 (0)、33 (51)、66 (102)、 99 (153)、CC (204)、FF (255)。

（15）由于压缩算法是对 JPEG 和 PNG 的像素为 8 的正方形可用，因此如果图像文件能够按 8 进行切割，它的大小就能够有所缩减。

1.1.5 Photoshop 基本概念

Photoshop（PS）：它是由 Adobe 公司开发的图形处理系列软件之一，主要应用于在图像处理、广告设计的一个电脑软件。最先它只是在 Apple 机（MAC）上使用，后来也开发出了 Windows 的版本。

位图：又称光栅图，一般用于照片品质的图像处理，是由许多像小方块一样的"像素"组成的图形。由其位置与颜色值表示，能表现出颜色阴影的变化。在 Photoshop 主要用于处理位图。

矢量图：通常无法提供生成照片的图像物性，一般用于工程技术绘图。如灯光的质量效果很难在一幅矢量图表现出来。

分辨率：每单位长度上的像素叫做图像的分辨率，简单来讲是电脑的图像给读者自己观看的清晰与模糊。分辨率有很多种，如屏幕分辨率、扫描仪的分辨率、打印分辨率。

图像尺寸与图像大小及分辨率的关系：如图像尺寸大，分辨率大，文件较大，所占内存大，电脑处理速度会慢，相反，任意一个因素减少，处理速度都会加快。

通道：在 Photoshop 中，通道是指色彩的范围，一般情况下，一种基本色为一个通道。如 RGB 颜色，R 为红色，所以 R 通道的范围为红色，G 为绿色，B 为蓝色。

图层：在 Photoshop 中，一般都是用到多个图层制作每一层，好像是一张透明纸，叠放在一起就是一个完整的图像。对每一图层进行修改处理，对其他的图层不含造成任何的影响。

图像的色彩模式：

（1）RGB 彩色模式：又叫加色模式，是屏幕显示的最佳颜色，由红、绿、蓝三种颜色组成，每一种颜色可以有 0～255 的亮度变化。

（2）CMYK 彩色模式：由品蓝、品红、品黄和黄色组成，又叫减色模式。一般打印输出及印刷都是这种模式，所以打印图片一般都采用 CMYK 模式。

（3）HSB 彩色模式：是将色彩分解为色调、饱和度及亮度，通过调整色调、饱和度及亮度得到颜色和变化。

（4）Lab 彩色模式：这种模式通过一个光强和两个色调来描述一个色调叫 a，另一个色调叫 b。它主要影响着色调的明暗。一般 RGB 转换成 CMYK 都先经过 Lab 的转换。

（5）索引颜色：这种颜色下图像像素用一个字节表示它最多包含有 256 色的色表储存，并索引其所用的颜色，它的图像质量不高，占空间较少。

（6）灰度模式：即只用黑色和白色显示图像，像素 0 值为黑色，像素 255 为白色。

（7）位图模式：像素不是由字节表示，而是由二进制表示，即黑色和白色由二进制表示，因此占磁盘空间最小。

1.2　Photoshop 的应用领域

Photoshop 的出现不仅引发了印刷业的技术革命，也成为了图像处理领域的行业标准。在平面设计与制作中，Photoshop 是设计师必备的软件，也是设计师信任与依赖的朋友，Photoshop 已经完全渗透到了平面广告、包装、海报、POP、书籍装帧、印刷、制版等平面设计各个领域，如图 1-2～图 1-4 所示。

图 1-2　　　　　　　　　　　　图 1-3　　　　　　　　　　　　图 1-4

1.2.1　在网页设计中的应用

在网页设计中，Photoshop 用来设计网页页面，如图 1-5、图 1-6 所示。将设计好的页面导入到 Dream Weaver 中进行处理，再用 Flash 添加动画内容，便可以创建互动的网站页面了。

图 1-5

图 1-6

1.2.2　在插画设计中的应用

　　电脑艺术插画作为 IT 时代最先锋的视觉表达之一，其触觉延伸到了网络、广告、CD 封面等，插画已经成为新文化群体表达文化意识形态的利器。使用 Photoshop 可以绘制风格多样的插画，而且能够制作出各种效果和质感，如图 1-7、图 1-8 所示。

图 1-7

图 1-8

1.2.3　在界面设计中的应用

　　界面设计是为了满足软件专业化和标准化的需求而产生的。从以往的软件界面，游戏界面，到如今的手机操作界面、MP3、智能家电等，界面设计随着计算机、互联网和智能电子产品的普及而迅猛发展。页面设计与制作主要是用 Photoshop 来完成的，使用 Photoshop 的图层样式和滤镜等功能可以制作各种真实的质感和特效，如图 1-9、图 1-10 所示。

图 1-9

图 1-10

1.2.4 在数码照片与图像修复中的应用

传统摄影过程中总是离不开暗房这一环节,如果没有暗房的话,冲印是根本不可能实现的,而数码摄影则完全可以在明室的环境下操作,采用数码化的摄影方式和照片制作流程,可以使摄影从暗房中解放出来,数码相机与电脑之间联系紧密,使用电脑对数码照片进行后期处理,可以轻松地完成以前在传统相机上需要花费很大的人力和物力才能完成的特殊的拍摄效果。

作为强大的图像处理软件,Photoshop 可以完成从照片的扫描与输入,再到校色、图像修正,最后到分色输出等一系列专业化的工作,此外,Photoshop 还提供了大量的色彩和色调调整工具,图像修正与修饰工具,不论是色彩与色调的调整,照片的校正、修复与润饰,还是图像创造性的合成,在 Photoshop 中都可以找到最佳的解决方法,如图 1-11、图 1-12 所示。

图 1-11 图 1-12

1.2.5 在动画与 CG 设计中的应用

在 3D 动画软件领域,3D maxs 、MaYa 等软件的贴图制作功能都比较弱,模型的贴图通常都是在 Photoshop 中制作的人物皮肤贴图、场景贴图和各种质感的材质,不仅效果逼真,还可以为动画渲染节省宝贵的时间,如图 1-13、图 1-14 所示。

图 1-13 图 1-14

1.2.6 效果图后期制作中的应用

在制作建筑效果图时,渲染出的图像通常都要在 Photoshop 中做后期处理与合成,例如,人物、车辆、植物、天空、景观和各种装饰品都可以在 Photoshop 中进行后期合成,这样不仅节省渲染时间,也增添了画面的美感。如图 1-15、图 1-16 所示。

图 1-15

图 1-16

1.3 Photoshop CS5 的新增功能

（1）界面：Photoshop CS5 具有了新的界面，在上端增加了一排操作按钮，如图 1-17 所示。除常用的抓手、缩放工具和新增的旋转视图工具外，还有一个"文档排列"下拉面板，控制同时打开的几个文档的排列方式，点击"文档排列"面板上的三角，从中选择一种显示方式，所打开的文档及所选方式一并显示在屏幕上。在 PS 中打开的文件，它们的标签位于菜单栏的下方，要在屏幕上显示某一文件，只要在标签上点击一下即可，文件间切换显示非常快速、方便。在标签上按住鼠标左/右拉动，可以改变文件前后排列的次序。用鼠标按住文档标签往下拖，可以出现该图像的浮动面板，按住浮动面板往标签栏拖动，该文档又可回到标签栏。选移动工具，用鼠标将显示在屏幕上的图像往某一文档的标签上拖，放开鼠标，就将此图像复制到那个文档里了。

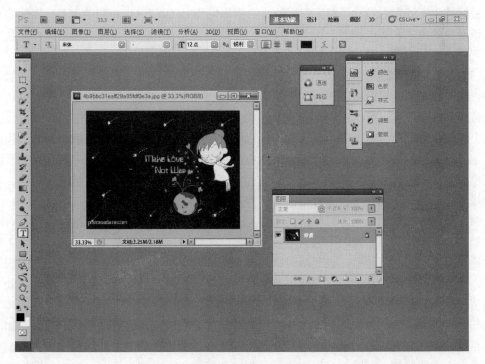

图 1-17

（2）调整面板："窗口"中新增一个调整面板，如图 1-18 所示，其中所列出的调整项目在菜单栏"图像/调整"中。在下拉菜单中都可以找到，不过相比之下通过调整面板进行调整更方便、效果更好。点击某调整项目的图标，即进入该调整面板。在面板的下部有一排按钮，从左向右其功能依次为：① 返回调整列表；② 标准视图/展开视图间切换；③ 影响所有层/影响单独层间切换；④ 调整层可见/隐匿间切换；⑤ 按住鼠标观看上一状态；⑥ 恢复到默认值；⑦ 删除调整层。

图 1-18

调整面板主要特点是：

1）通过调整面板进行的调整是以调整层的方式出现。对图像没有破坏，必要时可以进行修改或删除。

2）在色阶、曲线、曝光度、饱和度、黑白、通道混合器、可选颜色等面板中都设有一些预置值供选择，使调整更快捷，效果更好。

3）可以设定只对一个图层进行调整，不影响其他的图层，这在以前的版本根本做不到。

4）新增"自然饱和度"调整：对画面饱和度进行选择性的调整，并对皮肤肤色做一定的保护。该面板上有两个控制条，向右拖拉"自然饱和度"控制点，选择性地调整饱和度，即对色彩饱和度正常或接近饱和的部分较少地增加饱和度，对色彩不够饱和的部分较多地增加饱和度。向右拖拉"饱和度"控制点，则不管图像原来的色彩饱和度如何，整体增加色彩饱和度，其作用与菜单栏中"图像"→"调整"→"色相/饱和度"的调整效果相似。

5）新增的"目标色调整工具"：在曲线、色相/饱和度及黑白调整面板的左上方，有一手形图案即为"目标色调整工具"按钮。选中该工具后，将鼠标放在图像要进行调整的部位。按住鼠标并上下或左右拉动（根据图标箭头的指示操作），即可进行相应的调整，软件能自动确定该部位的色系，智能调整，准确方便。当不清楚要调整的部位是什么色系或在曲线上什么位置时，这一方法非常实用，特别适合做细部调整。

（3）蒙版面板：这是新增加的功能，有像素蒙版和位图蒙版两种类型供选择，选像素蒙版后，即出现蒙版设置面板，设置的项目有：浓度、羽化和调整，调整项中又有调整边缘、颜色范围和反相三项，操作比较直观。设置浓度、羽化等项后，进入"颜色范围"进行选择，在这个面板上有一个"本地颜色簇"选项，以所选择的颜色为中心向外扩散。勾选该项后不会在选择一处颜色后将画面中所有接近的颜色全都选中，使选择更为精确，"调整边缘"面板和菜单栏中的"选择"→"调整边缘"相同。在"色彩范围"选择完后，按确定按钮。对蒙版边缘进行修改，转为选区，进行抠图等操作。

（4）减淡、加深和海绵工具：这三个工具这次进行了具有实用性的改进。我们在对图像进行局部调整时，常会想到选用这其中一个工具。在 CS4 及以前的版本中，在这三个工具的属性栏中可以设置画笔硬度，设置减淡、加深工具的范围和曝光度，设置海绵工具的模式和流量，经过这些设置，在使用时仍然很难掌握，尽管操作时已经非常小心。经常出现处理过度的情况，效果不理想。CS5 中减淡工具、加深工具增加了"保护色调"选项，勾选该项后在操作时亮部和暗部都得到保护，即加亮工具对亮部影响较少，而对暗部影响较多，加深工具则相反，对亮部有较多的影响，对暗部则影响较少。并且在调整中能尽量保护色相，使色相不发生太大的改变。海绵工具调整的是色相饱和度，CS5 中增加了"自然饱和度"选项，选中该选项后，降低饱和度时对饱和度高的部位降低得明显，对饱和度低的部位则影响较小。增加饱和度时正好相反，对饱和度高的部位影响较小，对饱和度低的部位增加得明显。由于进行了这样的改进，用这三个工具来调整图像时，很好地保留原图的颜色、色调和纹理等重要信息，避免过分处理图像的暗部和亮度，修改后看上去很自然，可以放心使用。

（5）仿制源：在 Photoshop CS5 中，不仅仿制图章支持五个仿制源，修改画笔工具也支持这项功能，在工具属性栏右侧有个仿制源面板，点击一下调出来即可使用，如图 1-19 所示。

可以更好地保留原图的颜色、色调和纹理等重要信息，避免过分处理图像的暗部和亮度，修改后看上去会更加自然，如图 1-20 所示对比图。

图 1-19

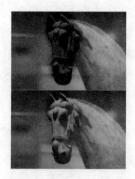

图 1-20

（6）内容感知缩放：在以前用自由变换工具缩放图像时，图像中所有的元素都随之缩放，在 CS5 中用"内容感知缩放"（菜单栏"编辑"→"内容感知缩放"）改变图像大小时，软件通过对像素的分析，智能地保留图像中重要区域，如人物、动物、建筑等，尽可能减少失真。为使画面中主要内容不发生明显变形，可以将要保护的对象做一选区，存储此选区。然后在属性栏中将"保护"点开，从中选择预设的保护对象后再缩放。如要保护的是人物，在缩放前先在属性栏中点选"保护皮肤色调"。缩放时如用鼠标按住某一角的控制点向画面中心拖拉，会得到像在拍摄时增加焦距。将主体拉近这样的特殊效果，缩放到需要的大小后按回车键确认。内容感知缩放对硬件要求比较高，一般配置的电脑做此操作时运行比较缓慢。

（7）3D 功能：个人觉得 3D 在 Photoshop 中，到目前为止还只能称作一个点缀。尽管可以进行一些如改变贴图之类的操作，但效果十分有限。这项功能适合用来引入一些类似三维文字或三维 Logo 标志，用作网页设计中的标题之类。如果需要较满意的效果，最好还是在专业 3D 中渲染后以图片形式导入比较实际。起码一个 3D 设计师是肯定不屑于使用 Photoshop 来进行渲染的。正如同 Photoshop 的专家不会去使用看图软件所附带的色彩调整功能一样。

（8）CPU 加速体验：在新版 Photoshop CS5 中，软件第一次引入了全新的 CPU 支持。换句话说，在它的帮助下，原本需要耗费很长时间的操作，如今都可以很快完成了。而这其中，就包括我们经常使用的图片缩放和图片旋转。为了验证它的效果，笔者特意建立了一张 659 MB 大小的超大体积图片。然后，与另一款 Photoshop CS5 进行操作对比。而从最终成绩来看，仅仅是一个简单的画布旋转操作，新版 Photoshop CS5（开启 CPU 加速），也能较老版本有着近 58%的性能提升。而且，无论是图片缩放，还是鼠标拖曳，当开启 CPU 加速后，整个缩放过程均加入了平滑动画，再也不是老版本（CPU 计算）那一顿一顿的感觉了。当然，全新的 CPU 加速，并不仅仅作用于这些图片简单操作。部分滤镜（如"液化"滤镜）也可以借助这项功能，大幅提升自己的处理速度。

在 Photoshop CS5 中，原有的图层自动对齐、图层合并等功能得到增强，新增了不少快捷键，也修改了一些快捷键的设置，Adobe Camera Raw 和 Bride 都有改进，特别是 Adobe Camera Raw 5.0 的功能加强得更多，不仅支持更多的专业相机（约 190 多种型号），还增加了渐变滤镜、调整画笔、红眼去除、专色去除等工具。不再只能对图像做整体调整，还可以进行一些局部调整。

1.4　Photoshop CS5 安装过程

Adobe 官方网提供的是两个安装文件，共 815M，双击右边那个文件（见图 1-21），会解压到桌面。解压后文件为 1.57G，打开后双击"Setup"（见图 1-22）。接下来按如图 1-23～图 1-25 所示的步骤安装就可以了。

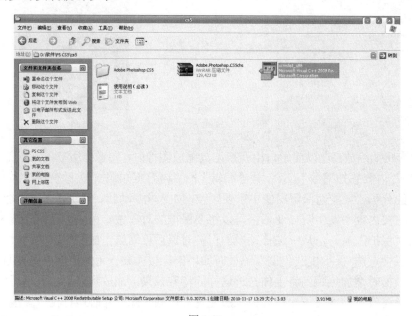

图 1-21

图 1-22

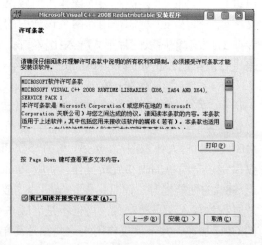

图 1-23

图 1-24

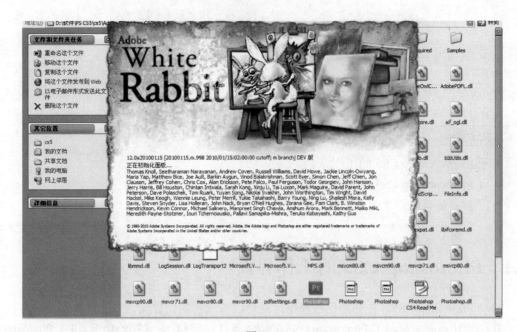

图 1-25

第 2 章

初 识 工 具 箱

○ **本章重点** ◁◁

- 熟悉 Photoshop CS5 的工作界面
- 了解 Photoshop CS5 工具箱中各种工具的作用
- 了解各种菜单命令以及调板的使用

2.1 Photoshop CS5 的工作界面

启动 Photoshop CS5，在初始化过程中，就可以看到初始化界面。

在初始化界面中显示了 Photoshop CS5 的版本及注册信息。完成初始化后，进入 Photoshop CS5 的主界面，Photoshop CS5 的界面主要由图像窗口、工具箱、菜单栏和调板等组成，如图 2-1 所示。

图 2-1

工作界面各组部分的内容说明如下：

（1）标题栏：显示该应用程序的标题"Adobe Photoshop"。单击最左边的图标，在弹出菜单中可执行移动、最大化、最小化及关闭该程序的操作。

（2）菜单栏：集合了 Photoshop CS5 的 11 个菜单，利用下拉菜单命令可以完成大部分的图像编辑处理工作。

（3）选项栏：在工具箱中选定工具后，选项栏中随即出现相应工具的属性设置，从而实现对工具的控制。

（4）工具箱：Photoshop 所有工具的集合。学会使用工具，完成诸如建立选区、涂抹、绘画、输入文字等操作是学习 Photoshop 的第一步。

（5）图像文件窗口：在此窗口中完成对图像的编辑处理工作，即工作范围。

（6）状态栏：显示了当前文件的显示百分比、文件信息及当前选定工具或当前操作的相关提示。

（7）工作桌布：在此范围内可以随意排列各图像文件、工具箱、选项栏和各调板的位置。

（8）调板组：主要用于图像处理时的辅助性操作。

2.2　工具箱

Photoshop CS5 的工具箱中包含了用于创建和编辑图像、图稿、页面表元素等的工具和一些按钮。按照使用功能可以将它们分为 7 组，分别是：选择工具、裁剪和切片工具、修饰工具、绘画工具、绘图和文字工具、注释度量和导航工具，以及其他的控制按钮，如图 2-2 所示。

A. 工具按钮：鼠标点选可以选择所需工具。

B. 工具组：性质相近的工具组成一个工具组。

C. 前景色/背景色转换按钮：单击可将前景色和背景色互换。

D. 前景色。

E. 背景色。

选择工具介绍如下：

单击工具箱中的一个工具即可选择该工具，右下角带有三角形标志的工具表示存在隐藏工具，在这样的工具上按住鼠标可以显示隐藏的工具，如图 2-3 所示，移动光标至某一工具上，放开鼠标选择该工具。

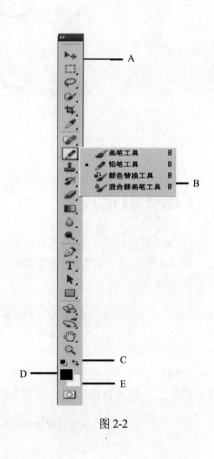

图 2-2

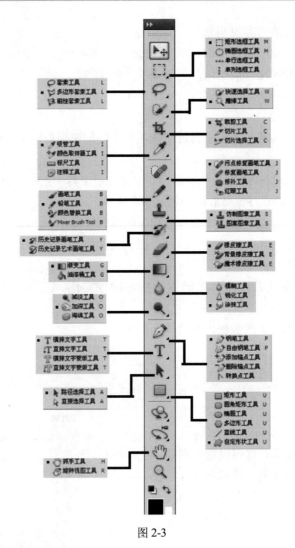

图 2-3

2.3　了解工具选项栏

　　工具选项栏用来设置工具的选项，选择不同的工具时，工具选项栏中的选项内容也会随之改变。图 2-4 所示为选择抓手工具时选项栏显示内容，图 2-5 所示为选择吸管工具时选项栏显示内容。

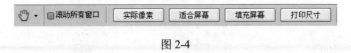

图 2-4

　　工具选项栏中的一些设置（如画笔模式和不透明度）对于许多工具都是通用的，但有些设置（如铅笔工具的"自动涂抹"设置）却专用于某个工具。

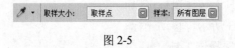

图 2-5

2.4 菜单栏及新增项目

菜单部分也经过了重新设计，图标简洁明快。将一些常用的项目放在了菜单的右侧。

注意在布局与菜单方案中可以选择观看新增功能（WHAT'S NEW IN CS5），这样具备新功能的菜单会突出显示。虽然实际意义不大，但是是个体贴的设计。

新的旋转功能是针对视图的，而不是针对图像的，注意在旋转后绘制矩形选区是按照原先视图的方向进行的。直接绘制矩形及输入文字时也是如此，所以称之为视图旋转更合适。

但对于套索选取工具或画笔来说则没有方向的限制。这样喜欢使用画笔进行手绘的读者终于可以得到类似 Paint 那样旋转画布的功能了。

令我们略感遗憾的是，视图旋转功能在使用方式上并没有与抓手或缩放工具结合起来，而是使用了独立的快捷键 R。

新加入的内容感知型变换（也可称为智能变换）工具比较有趣，它可以通过对图像中的内容进行自动判断后决定如何缩放图像。

虽然这种判断并不是百分百准确的，但确实是 Photoshop 通往智能化的一个标志。在若干版本之后，很可能出现类似内容感知型镜头模糊滤镜，可对人物以外的背景自动判断并进行模糊。

另外要提的是新增的图像调整调板，它其实就是菜单中调整图层的罗列，方便用户直接使用。笔者认为这是一个非常好的改进，它将引导用户养成使用调整图层的好习惯。调板中列出了一些常用的调整方案，也可以将自己的方案保存在其中。

所谓调整图层，就是可以对图像作出无损的色彩调节的一种特殊图层，使用方便，后期灵活度大。这是我们一贯倡导的调整图像色彩的方式。

Photoshop CS5 使用了视频加速功能，在对图像进行视图缩放时有了类似谷歌地球那样的平滑过渡效果。

这种平滑效果其实无所谓。关键的是在放大到一定程度时，像素的边缘会被加亮描绘出来。这样在制作一些需要对齐到像素的操作时就有了很好的参照。在制作漫画或网页设计之类需要像素级的精确度时，非常有用。需要注意的是这项功能需要用户的显示卡支持。

此外还有针对摄影师有用的合并功能，可将不同曝光值的多张照片合并在一起，制作出相对完美曝光的图像。这对于普通用户来说较少用到，就不做特别介绍了。

总而言之，CS5 的改变主要在于用户界面的重新设计。在功能上并没有明显的更新。我们不难看出，这种改变使得原本一些常用却相对复杂的操作变得容易。比如羽化蒙版边缘，在 CS3 以前版本中需要选择蒙版后使用高斯滤镜，CS4 虽然已经增加了蒙版羽化功能，但不便于调用。这种思路是正确的，毕竟 Photoshop 作为业界领先的软件，在功能上已经逐渐完善。

第一次打开 Photoshop CS5 可以看到，在新版 Photoshop CS5 中，图片打开已经默认采用了多标签形式。我们只要在标签栏上点击，就能迅速找到某个已打开图片。同时，为了方便多图浏览，Photoshop CS5 还特意在菜单栏右侧，预设了图片布局选择。只要用鼠标点击一下，就能迅速将所有图片，按既定的方式快速排版。此外，为了方便多图的编辑与查看，Photoshop CS5 还特意在其中加入了一项"Shift + 抓手"工具，能够同时对视图中的所有图片进行移动。而这些设计，无疑大大方便了原本十分繁琐得多图编辑操作。

有关菜单的基本操作，以（图像）菜单为例，如图 2-6 所示。

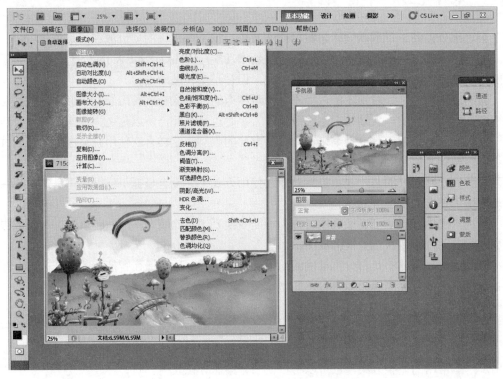

图 2-6

菜单中的命令呈灰色，表示该菜单命令在当前编辑状态下不可用。菜单命令后带有黑色小三角，表示存在该命令的子菜单。

菜单命令后带有省略号，表示存在该命令的对话框。执行该菜单命令时，即打开相应对话框。某些菜单命令后还标明了该命令的快捷键，如图像菜单下的"色相/饱和度"命令。

快捷键是 Ctrl+U，表示用户直接按 Ctrl+U 就能弹出"色相/饱和度"对话框，调整图像的颜色及浓度。

要选择某个菜单，可以用鼠标直接在菜单栏中点击，或者按 Alt 键，配合按下代表各菜单的英文字母也可选择菜单命令。

2.5 调板组

调板组主要用于图像处理时的辅助性操作。调板用来设置颜色、工具参数，以及执行编辑命令等操作。Photoshop 中有"图层"、"画笔"、"样式"、"动作"等 20 多个调板。在默认情况下，调板分为两组，其中一组为展开状态，另一组为折叠状态，如图 2-7 所示，我们可根据情况随时打开、关闭或是自由组合调板。

（1）选择调板。在调板组中单击一个调板的名称，可以将该调板设置为当前调板，同时显示调板中的选项，如图 2-8 所示。

（2）展开/关闭调板。在展开的调板的右上角的 ▶▶ 三角按钮单击，可以折叠调板，当调板处于折叠状态时，会显示为图标状，如图 2-9、图 2-10 所示。

折叠调板

展开调板

图 2-7

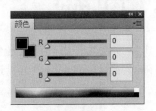

图 2-8

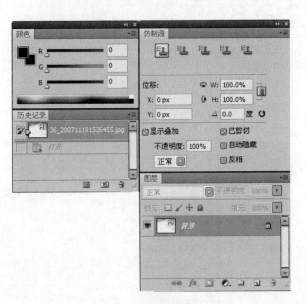

图 2-9

图 2-10

（3）拉伸调板。将光标移至调板底部的边缘。单击并上下或左右拖动鼠标，可以拉伸调板，如图 2-11、图 2-12 所示。

（4）分离调板。将光标移至调板的名字上，单击拖曳窗口的空白处，可将调板从调板组中分离出来，使之成为浮动调板。

（5）连接调板。将光标移至调板名称上，单击鼠标并将其拖至另一调板下，放开鼠标可以将两个调板连接，如图 2-13 所示。

图 2-11　　　　　　　　　　　图 2-12　　　　　　　　　　　图 2-13

2.6　工具预设

　　工具预设允许用户定义任何一个工具，将个人设定存储为一个新的、独立的工具，并可以随时调用它们。用户可以迅速从工具选项栏或者工具预设调板中调用预设。如图 2-14 所示。

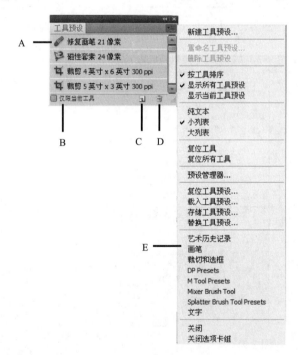

图 2-14

　　下面对调板进行详细介绍。

　　A. 在该区域中显示各种工具的工具预设。

　　B. 仅显示当前工具：勾选该选项，在 A 区域中只显示处于选择状态工具的预设。

　　C. 创建新的工具预设。

　　D. 删除已有的工具预设。

E. 调板对应的弹出菜单提供了更多控制工具预设的选项。

1）新建工具预设：功能与调板上的 B 按钮相同。

2）重命名工具预设：对已存在的预设进行重新命名。

3）删除工具预设：删除已存在的工具预设。

4）按工具排列：排列已有的工具预设。

5）显示所有的工具预设：将所有工具的工具预设显示在 A 区域。

6）显示当前工具预设：仅显示当前选中工具的预设。

7）纯文本：在 A 区域用文字显示工具预设。

8）小列表：在 A 区域用小列表显示工具预设。

9）大列表：在 A 区域用大列表显示工具预设。

10）复原工具：将选中工具的属性恢复为默认值。

11）复原所有工具：将所有工具的属性恢复为默认值。

12）预设管理器：调出预设管理器。

13）复原工具预设：将所有工具预设恢复为默认工具预设。

14）载入工具预设：载入已经存储的工具预设。

15）保存工具预设：将用户自定的工具预设保存为（*.TPL）文件。

16）替换工具预设：替换已经存在的工具预设。

本章小结

本章主要对 Photoshop CS5 的操作环境、菜单、工具箱、调板和选项栏的结构和内容做了初步介绍。本章还着重介绍了工具预设。希望读者能尽快地从对 Photoshop CS5 的感性认识上升为理性认识，认知并了解 Photoshop CS5 的各个组成部分，为后续章节的学习打下一个牢固的基础。

第 3 章

选 取 工 具

○ **本章重点** ◄◄

- 学习掌握 10 种选取工具的使用方法
- 学习绘制各种形状的选取范围
- 了解切片的概念
- 掌握用切片工具对 Web 页面进行切割的步骤

3.1 工具概览

Photoshop CS5 中选取工具一共有 10 种：

（1）矩形选框工具：创建矩形选择区域。

（2）椭圆选框工具：创建椭圆形选择区域。

（3）单行选框工具：创建水平单像素选择区域。

（4）单列选框工具：创建垂直单像素选择区域。

（5）套索工具：手绘选择区域。

（6）多边形套索工具：用鼠标点击创建多边形选择区域。

（7）磁性套索工具：自动吸附色彩边缘创建选择区域。

（8）魔棒工具：创建色彩相同或相近的选择区域。

（9）切片工具：创建薄片。

（10）切片选取工具：选择薄片。

下面是各工具的使用效果图（见图 3-1）。

矩形选框工具

椭圆选框工具

单行选框工具

单列选框工具

图 3-1

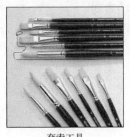
套索工具

多边形套索工具

磁性套索工具

魔棒工具

切片工具

切片选取工具

图 3-1（续）

3.2　选框工具

选框工具共有 4 种，如图 3-2 所示。默认为矩形选框工具。

图 3-2

3.2.1　矩形选框工具

选中（矩形选框工具）可以用鼠标在图层上拉出矩形选框。矩形选框工具选项栏（见图 3-3）包括：修改选择方式、羽化、消除锯齿和样式。

图 3-3

修改方式 共分 4 种：

（1）新选区：去掉旧的选择区域，创建新的选择区域。

（2）增加到选区：在旧的选择区域的基础上，增加新的选择区域，形成组合的选择区。

（3）从选区减去：在旧的选择区域中，减去新的选择区域与旧的选择区相交的部分，形成最终的选择区域。

（4）与选区交叉：新的选择区域与旧的选择区域相交的部分为最终的选择区域。

■ **操作点拨**　使用修改选择方式的步骤

01　执行菜单"文件/新建"命令，建立一个尺寸 300×300pixels，背景为白色的新文件。

02 选取（矩形选框工具），拉出一个矩形选框，红色箭头表示鼠标移动方向。

03 选择选项栏中的任意一种选择方式后，拉出第二个选框，完成选取。

04 建立选区时要选确定修改选择方式，如图 3-4～图 3-10 所示。

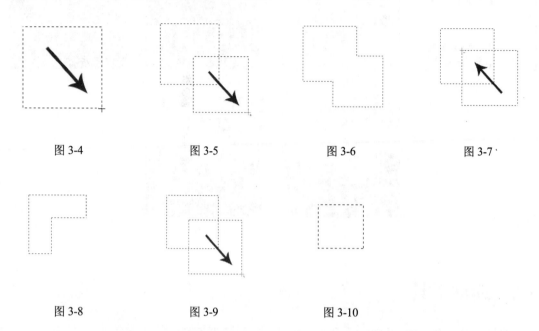

| 图 3-4 | 图 3-5 | 图 3-6 | 图 3-7 |

图 3-8　　　　　　　　图 3-9　　　　　　　　图 3-10

羽化：羽化可以消除选择区域的硬边界使其柔化，也就是使区域边界产生过渡，如图 3-11、图 3-12 所示。其取值范围在 0～255px 之间。

图 3-11　　　　　　　　　　　　　图 3-12

样式：用来规定拉出的矩形选框的形状。样式下拉菜单中有三个选项，分别为：

（1）正常：默认的选择方式，也最为常用。在这种方式下，可以用鼠标拉出任意形状的矩形，如图 3-13 所示。

（2）固定比例：在这种方式下可以任意设定矩形的 Width（宽）和 Height（高）的比，如图 3-14 所示。只需在文本框中输入相应的数字。系统缺省值为 1∶1。

（3）固定尺寸：在这种方式下可以通过输入 Width（宽）和 Height（高）的数值来精确确定矩形的大小，如图 3-15 所示，Width=100，Height=64。

提 示

　　到这里，矩形选框工具的选项栏就介绍完了。其实，各工具的选项栏有许多相似之处，以后，在介绍其他工具的选项栏时只着重介绍其特有的属性和选项。

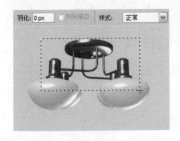

图 3-13

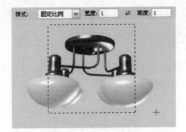

图 3-14

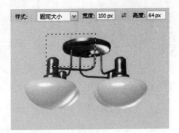

图 3-15

3.2.2 椭圆选框工具

椭圆选框工具可以用鼠标在图层上拉出椭圆形选框，其选项栏和矩形选框工具大致相同。

椭圆选框工具的选项栏中的（消除锯齿）选项变为可选。Photoshop 中的图像是以像素组成的，而像素实际上是正方形的色块，所以当进行圆形选取或其他不规则选取时就会产生锯齿边缘。而消除锯齿的原理是在锯齿之间填入中间色调，这样就从视觉上消除了锯齿现象，图 3-16 和图 3-17 分别为选前后进行填充的两种不同的视觉效果。

图 3-16

图 3-17

3.2.3 单行选框工具

选中 ▭ 单行选框工具可以用鼠标在图层上拉出单个像素高的选框，如图 3-18 所示。

图 3-18

图 3-19

单行选框工具的选项栏只有选择方式可选，用法同矩形选框工具，羽化只能为 0px，样式不可选。

3.2.4 单列选框工具

选中 ▯ 单列选框工具可以用鼠标在图层上拉出单个像素宽的选框，如图 3-19 所示。

单列选框工具的选项栏与单行选框工具完全相同。

3.3 套索工具

套索工具如图 3-20 所示，也是一种常用的选取工具，可以用来建立直线线段或徒手描绘外框的选取范围。

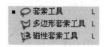

图 3-20

3.3.1 套索工具

套索工具：用鼠标自由绘制选区的工具。选中套索工具，将鼠标移到图像上后即可拖动鼠标选取需要的范围，如图 3-21 所示。

如果选取的曲线终点与起点未重合，则 Photoshop 会封闭成完整的曲线。

按住 Alt 键在起点处与终点处单击，可绘制出直线外框。

按住 Delete 键，可清除最近所画的线段，直到剩下想要留下的部分松开按键即可。

套索工具的选项栏（见图 3-22）包括：修改选择方式，羽化与消除锯齿，其内容和用法与选框工具相同，这里就不详细介绍了。

图 3-21

图 3-22

3.3.2 多边形套索工具

多边形套索工具：用鼠标点击节点绘制选区的工具。选中多边形套索工具后，将鼠标移到图像处单击，然后再单击每一个落点确定每一条直线。当回到起点时，如图 3-23 所示，光标下方会出现一个小圆圈，表示选择区域已封闭，再单击鼠标即完成此操作，如图 3-24 所示。

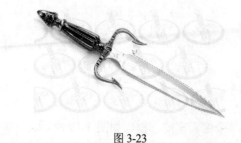

图 3-23   图 3-24

按住 Alt 键，可进行徒手描绘选取范围。

按住 Delete 键，可清除最近所画的线段，直到剩下想要留下的部分松开按键即可。

☑多边形套索工具选项栏（见图 3-25）与 ☑.套索工具完全相同。

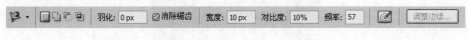

图 3-25

3.3.3　磁性套索工具

☑磁性套索工具：是一种具有可识别边缘的套索工具。选中磁性套索工具，鼠标移到图像上单击选取起点，然后沿物体边缘移动鼠标，如图 3-26 所示。无需按住鼠标，当回到起点时光标右下角出现一个小圆圈，表示选择区域已封闭，再单击鼠标即完成此操作，如图 3-27 所示。

图 3-26　　　　　　　　　　　　　　　　　图 3-27

在使用☑（磁性套索工具）时，按 Alt 键可切换至套索工具。

在选取过程中可单击鼠标以增加连接点。

按住 Delete 键，可清除最近所画的线段，直到剩下想要留下的部分松开 Delete 键即可。

☑磁性套索工具的选项栏（见图 3-28）与 ☑.套索工具不同，增加了宽度、频率、边对比度、光笔压力。

图 3-28

- 宽度：用于设置磁性套索工具在选取时探查距离。可输入 1～40 之间的数值，数值越大，探查的范围越大。
- 频率：用来设定套索连接点的连接频率。可输入 1～100 之间的数值，数值越大，选取外框越快。如图 3-29 和图 3-30 所示。

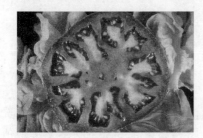 

图 3-29　　　　　　　　　　　　　　　　　图 3-30

- 边对比度：用来设置套索的敏感度。可输入 1%～100% 之间的数值，数值大可用来探查对比锐利的边缘，数值小可用来探查对比较低的边缘。如图 3-31 和图 3-32 所示为两种不同的数值时的效果图。

图 3-31   图 3-32

- 光笔压力：用来设定绘图板的笔刷压力。该项只有安装了绘图板及其驱动程序才变为可选。当此项被勾选，则光笔的压力增加时，会使套索的宽度变细。

3.4 魔棒工具

魔棒工具：此工具可以用来选择颜色相同或相近的像素，在一些具体的情况下既可节省大量的时间和精力，又能达到意想不到的效果，如图 3-33 所示。

图 3-33

魔棒工具的选项栏（见图 3-34）中包括：修改选取方式、容差、消除锯齿、连续的、应用于所有图层。

图 3-34

修改选择方式与消除锯齿就不再详细介绍了。

- 容差：数值越小，选取的颜色范围越接近，数值越大，选取的颜色范围越大。选项中可输入 0～255 之间的数值，系统默认为 32。图 3-35 和图 3-36 所示为容差取值不同时的选区。

03

图 3-35   图 3-36

- 连续的：选择连续后，容差只能选择色彩相近的连续区域；不选择连续，容差将选择图像上所有色彩相近的区域，如图 3-37 和图 3-38 所示。

图 3-37   图 3-38

- 应用于所有图层：如果被选中，则色彩选择范围可跨越所有可见图层；如不选，魔棒工具只能在应用图层进行色彩选取。

3.5 切片工具

 提示

为什么要切片？
　　从事过网页设计和网站开发的用户都知道，网页制作成功与否取决于网页下载的快慢。在不影响 Web 页面质量的前提下，为优化网页，只有减小图片的尺寸，所以切图成为当今制作 Web 页面的主要方式。

在介绍切片工具之前先向读者介绍一些概念，可以结合图 3-39 来理解：

图 3-39

- 用户切片：用户用切片工具创建的切片。
- 自动切片：Photoshop 根据用户切片边缘的连线自动创建的切片。
- 切片分割线：定义切片的边界。实线片是用户切片或基于图层的切片；点线指示切片是自动切片。
- 切片颜色：区分自动切片与用户切片和基于图层的切片。默认情况下，用户切片和基于图层的切片带蓝色标记，而自动切片带灰色标记。

- 切片编号：切片从图像的左上角开始，从左到右、从上到下编号。如果更改切片的排列或切片总数，切片编号将更新以反映新的顺序。

图 3-40

切片选取工具如图 3-40 所示。

操作点拨 如何用切片

01 选择切片工具。现有的薄片将自动地显示出来。

02 在选项栏（见图 3-41）中设定样式：

图 3-41

- 正常的：薄片的大小由鼠标随意拉出。
- 约束比例：输入薄片宽和高的比。
- 固定大小：输入宽度和高度的值，单位是 px。

03 在图像上的预定位置拖拉出薄片，如图 3-42 所示。

图 3-42

操作点拨 如何编辑薄片

01 选择切片工具。

02 在所需编辑的薄片上双击鼠标，调出切片选项对话框，如图 3-43 所示。

图 3-43

03　现在可以为薄片添加交互，使其变为一个热区。在"URL："后输入一个绝对或相对的
URL 即可，如 http://www.sohu.com/。

04　可以为薄片命名，只需在"名称："后输入新的名称即可。

05　"目标："是选择打开浏览器的方式。

06　在"尺寸"栏中，显示这个薄片的信息，如宽度、高度、薄片顶点的位置。这些数值可
根据需要进行设定。

▒ 操作点拨　　如何排列薄片

切图往往会造成薄片的重叠，可以用切片选择工具调整薄片的次序。

01　选择切片选择工具。

02　单击所需调整的薄片。

03　在选项栏（如图 3-44 所示）中选择排列方式即可：

- ▧：把所选薄片移到最前。
- ▧：把所选薄片向前移动一个水平层。
- ▧：把所选薄片向后移动一个水平层。
- ▧：把所选薄片移到最后。

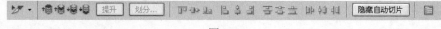

图 3-44

▒ 操作点拨　　如何拆分切片

拆分切片就是将切片等分成几个切片。

01　选中需要拆分的切片，如图 3-45 所示。

02　单击选项栏上 划分... "划分"按钮，调出"划分切片"对话框。在对话框设定拆分时，既
可以按照原有切片的尺寸平均拆分，也可以通过设定拆分后的切片大小对原有切片进行
拆分，如图 3-46 所示。

03　单击"确定"后，就对原有的切片进行了拆分，如图 3-47 所示。

图 3-45

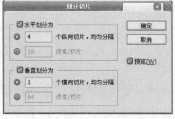

图 3-46

图 3-47

本章小结

选取工具是 Photoshop 中一组最基本的工具，大部分图像处理都离不开选取工具。熟练
地使用选取工具、建立正确的选区是成功完成创作的具有决定性的具体一步。这也是把选取
工具放在本书前面章节进行介绍的原因。

第4章

绘图修图工具

○ **本章重点** ◀◀

- 学习掌握 21 种绘图修图工具的使用方法
- 通过设定画笔调板中的参数自定义所需画笔
- 运用区域修复画笔工具和红眼工具对图片进行修复

4.1 工具概览

Photoshop CS5 中绘图修图工具一共有 22 种：

（1）修复画笔工具：通过复制修复图像。

（2）修补工具：修复选择区域。

（3）画笔工具：直接用鼠标或是电子笔进行绘画。

（4）污点修复画笔工具：在指定的区域内修复图像。

（5）红眼工具：去除红眼人物图像。

（6）铅笔工具：原理同画笔工具，具有铅笔的性质。

（7）颜色替换工具：用来替换颜色。

（8）仿制图章工具：用来复制图像。

（9）图案图章工具：用来复制定义的图案。

（10）历史记录画笔：配合历史记录调板使用，使绘画的地方恢复到历史记录。

（11）历史记录艺术画笔：原理同历史记录画笔，具有不可思议的艺术效果。

（12）橡皮擦工具：擦除图像。

（13）背景色橡皮擦工具：一种可以擦除指定颜色的擦除器。

（14）魔术橡皮擦工具：自动擦除掉颜色相近的区域。

（15）渐变工具：绘制渐变图像。

（16）油漆桶工具：填充颜色和图案。

（17）模糊工具：使图像变得模糊。

（18）锐化工具：使图像锐化。

（19）涂抹工具：绘制手指画的效果。

（20）减淡工具：使图像变亮。

（21）加深工具：使图像变暗。

（22）海绵工具：更改图像色彩的饱和度。

各工具使用效果图（见图4-1）。

修复画笔工具	修补工具	画笔工具	污点修复画笔工具
红眼工具	铅笔工具	颜色替换工具	仿制图章工具
图案图章工具	历史记录画笔	历史记录艺术画笔	橡皮擦工具
背景色橡皮擦工具	魔术橡皮擦工具	渐变工具	油漆桶工具
模糊工具	锐化工具	涂抹工具	减淡工具
	加深工具	海绵工具	

图 4-1

4.2　修复画笔工具和修补工具

图 4-2

　　<img> "修复画笔工具" 和 <img> "修补工具" 主要功能是用来修饰图像，如图 4-2 所示。

4.2.1　修复画笔工具

　　<img>修复画笔工具和 <img>图章工具有许多相近的地方，但是图章工具只是一种单纯的复制，而修复画笔工具是把被复制的图像经过一种计算复制到指定的地方，复制时包括被复制图像的像素和光源。

　　修复画笔工具的选项栏如图 4-3 所示。其中包括：画笔、模式、来源、排列、抽样于所有图层。

图 4-3

- 画笔：用来设置所需要的画笔。单击画笔右侧的小方格会出现画笔设置调板，用来设置所需的笔形，如图 4-4 所示。
  - ➢ 直径：控制画笔的大小。
  - ➢ 硬度：控制画笔硬度中心的大小。
  - ➢ 间隔：控制画笔描边中两个画笔标记之间的距离。
  - ➢ 角度：指定椭圆形（和不规则形状）画笔的长轴（或纵轴）与水平线的偏角。
  - ➢ 圆度：控制圆形笔尖长短轴的比例。
- 模式：用来选择混合模式，如图 4-5 所示。关于混合模式将在后面章节中详细介绍。
  - ➢ 来源：可以选择（标本）和（图案）。

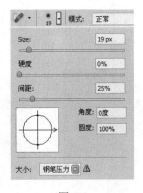

图 4-4

图 4-5

　━━ **操作点拨** ━━　如何利用修复画笔工具修复照片

01 打开想处理的图像，如图 4-6 所示，这是一张扫描后的照片，可以清楚地看见照片上有一道划痕。

02 选择 <img> "修复画笔工具"，在选项栏上设定修复画笔工具的各项参数。按住点选择复制图像的起点。如图 4-7 所示。

03 在需要修复的地方开始涂刷，放开鼠标，效果还不错。不但划痕被擦掉了，而且看不出修饰的痕迹，如图 4-8 所示。

图 4-6

图 4-7

图 4-8

提示

　　图 4-9～图 4-12 是 ✏修复画笔工具和 🖌仿制图章工具、图案图章工具的效果对比图。

图 4-9

图 4-10

图 4-11

图 4-12

4.2.2　修补工具

　　◈修补工具可以说是对 ✏修复画笔工具的一个补充。修复画笔工具使用画笔来进行图像修复，而修补工具是通过选区来进行图像修复的。

　　◈修补工具的选项栏如图 4-13 所示，其中包括：修补、透明的、使用图案。

图 4-13

● 修补选项中可选择来源，目的地。

> 来源：先用修补工具选择需要修饰的区域 A（见图 4-14），按住鼠标左键，把选区拖到目的地 B（见图 4-15），松开鼠标，Photoshop 会自动按照 B 处选区图像来修饰 A 处，取消选择后可以看到（修补工具）把选区的边缘处理得很好，与选区外面的图像很好地结合在一起（见图 4-16）。

> 目的地：选用修补工具选择用来修饰的图像选区 A（见图 4-17），按住鼠标左键，把选区拖到需要修饰的地方 B（见图 4-18），松开鼠标，Photoshop 会自动按照 A 处选区图像来修饰 B 处，取消选择后图像如图 4-19 所示。

图 4-14

图 4-15

图 4-16

图 4-17

图 4-18

图 4-19

- 透明的：一种选择修补行为。对选区内的图像进行颜色减淡混合模式处理。先在选项栏上点选透明，用修补工具选择所要处理的区域 A（见图 4-20），按住鼠标左键，把选区拖到区域 B（见图 4-21），Photoshop 会自动将 A 处选区图像与 B 处选区图像进行颜色混合，取消选择后图像如图 4-22 所示。

图 4-20

图 4-21

图 4-22

- 使用图案：用指定的图案修饰选区。选用修补工具选择所要处理的区域（见图 4-23），然后在选项栏上选择用来修饰的图案（见图 4-24），点选使用图案，系统会自动用选择的图案进行修饰，见图 4-25 所示。

图 4-23

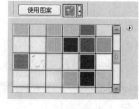
图 4-24

图 4-25

4.2.3　污点修复画笔工具和红眼工具

　　污点修复画笔工具和红眼工具，污点修复画笔工具主要功能是用来修复图像上的污迹，污点修复画笔工具主要功能是用来修复照片上的红眼现象。现在由于电脑的普及，很多人都想把自己一些珍贵的照片扫描成电子格式，永远地保存起来。但由于照片和扫描仪的问题使扫描出来的图像有时不是很理想，这需要 Photoshop 做进一步的修饰，以前经常用到的工具是图章工具、复原画笔工具和修补工具，现在有了污点修复画笔工具和红眼工具后，完成这项工作就更加轻松了，下面向读者介绍这两个工具。

1. 污点修复画笔工具

污点修复画笔工具不同于现在的修补工具，在使用之前它不需要选取选区或者定义源点。该工具只需在污迹处直接拖动鼠标进行绘制即可。

污点修复画笔工具的选项栏如图 4-26 所示，其中包括：画笔、模式、类型、创建纹理、对所有图层取样。

图 4-26

- 画笔、模式同复原画笔工具。
- 类型可以选择"近似匹配"和"创建纹理"。
- 对所有图层取样在前面已经介绍过，方法相同。

操作点拨　如何使用污点修复画笔工具修复照片

01　打开想处理的图像，如图 4-27 所示，从图中可以清楚的看到照片美丽风景上极不和谐的垃圾。

02　选择污点修复画笔工具，在选项栏上设定污点修复画笔工具的各项参数。在垃圾上面拖动鼠标，鼠标经过的地方呈现黑暗颜色，如图 4-28 所示。

03　在需要的地方进行绘制，放开鼠标，观察照片上发生的变化是不是非常的惊人。不但垃圾被清理掉了，而且看不出任何修饰的痕迹，如图 4-29 所示。

图 4-27

图 4-28

图 4-29

2. 红眼工具

红眼工具可以说是专门针对照片上的红眼现象的工具，工具的名称即可一目了然。

红眼工具的选项栏如图 4-30 所示，其中包括：瞳孔大小、变化数量。

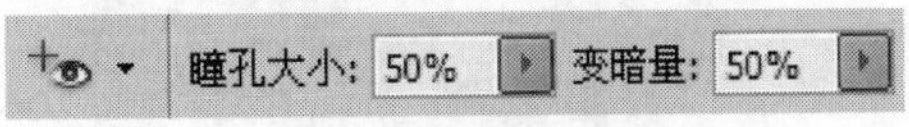

红眼工具的使用方法非常简单，打开一张具有红眼现象的照片，如图 4-31 所示，然后选择红眼工具一般情况下不需要重新设置其参数，只需在照片的红眼上单击即可消除红眼现象，如图 4-32 所示。

图 4-30

图 4-31

图 4-32

4.3 画笔调板

执行"窗口"→"画笔"命令将调出画笔调板，如图 4-33 所示。在这个调板中，用户可以对画笔笔触进行全面的控制，创造出各种绘画效果。在介绍各种绘画工具之前，先对画笔调板进行必要的说明。

Brushes 调板主要由三个部分组成：在左侧选择主要的画笔属性，在右侧确定属性的具体参数，最后在下方预览画笔效果。预览功能为用户提供了许多方便，用户可以在调板中直接预览到画笔的效果，如果不满意，可以继续调整各种参数，直到满意为止。

4.3.1 画笔预设

在左侧区域选择该选项，可以在右侧看到各种画笔预设，如图 4-34 所示。每种预设对应于一系列特定的画笔参数。点击调板右下角的（创建新画笔）按钮可以创建新的画笔预设，点击（删除画笔）按钮可以删除已有的画笔预设。

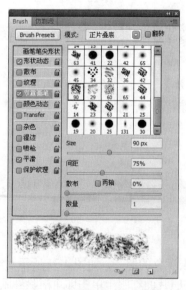

图 4-33

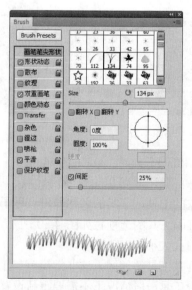

图 4-34

4.3.2 笔尖形状

可以将画笔描边理解为由许多独立的画笔标记组成的集合，而（笔尖）的直径、硬度、间距、角度和圆度等属性就决定了画笔标记的特性，进而创造出多样的描边效果。选中画笔调板，如图 4-35 所示。

首先在调板的右上方选择一种预设的笔尖形状，然后对其进行参数设置。

● 直径：控制画笔的大小。如图 4-36、图 4-37 所示。

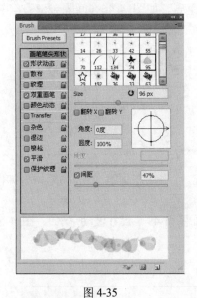

图 4-35

图 4-36

图 4-37

提示　勾选"x 轴"、"y 轴"更改画笔方向，如图 4-38、图 4-39 所示。

图 4-38

图 4-39

● 角度：指定椭圆形（和不规则形状）画笔的长轴（或纵轴）与水平线的偏角。如图 4-40（角度=0°）、图 4-41（角度=45°）所示。

图 4-40

图 4-41

● 圆度：控制圆形笔尖长短轴的比例。如图 4-42（圆度=100%）、图 4-43（圆度=50%）所示。

图 4-42

图 4-43

- 硬度：控制画笔硬度中心的大小。如图 4-44（硬度=100%）、图 4-45（硬度=25%）所示。

图 4-44   图 4-45

- 间隔：控制画笔描边中两个画笔标记之间的距离。如图 4-46（间隔=25%）、图 4-47（间隔=130%）所示。

图 4-46   图 4-47

4.3.3 动态画笔

动态画笔用于编辑画笔标记在描边中的变化情况。点击动态画笔选项，画笔调板如图 4-48 所示。

- 尺寸波动：控制画笔标记大小的变化程度。如图 4-49（尺寸波动=0%）、图 4-50（尺寸波动=100%）所示。

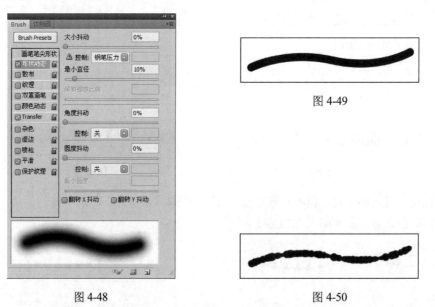

图 4-48   图 4-50

图 4-49

- 控制：确定画笔标记大小变化的方式。在其下拉菜单中："关"选项随机改变画笔标记大小。"渐隐"选项根据设定的步长值在起始直径和最小值径之间变化画笔标记大小，如图 4-51（控制=关）、图 4-52 所示（控制=渐隐，步长=100#）。"光笔压力"、"光笔倾斜"、"转轮"选项是根据光笔压力、倾斜程度和转轮的位置在起始直径和最小直径之间变化画笔标记大小，这三项需要在用户使用数字绘图板的情况下才起作用。

图 4-51　　　　　　　　　　　　　图 4-52

- 最小直径：设定选项中所指定的最小半径。如图 4-53（最小直径=1%）、图 4-54（最小直径=30%）所示。

图 4-53　　　　　　　　　　　　　图 4-54

- 角度波动：设定画笔标记的角度变化程度。如图 4-55（没选择动态画笔）、图 4-56（角度波动=30%）所示。

图 4-55　　　　　　　　　　　　　图 4-56

- 控制：选择画笔标记角度改变的方式。在其下拉菜单中："关"选项为随机改变画笔标记的角度；"渐隐"选项根据设定的步长值在起始角度和最小圆度值之间变化画笔标记；"光笔压力"、"光笔倾斜"、"转轮"选项是根据光笔压力、倾斜程度和转轮的位置在起始角度设定值之间变化画笔标记；"初始方向"选项使画笔标记的角度靠近画笔描边的初始方向；"方向"选项使画笔标记的角度靠近画笔描边的方向。
- 圆度波动：确定画笔标记的圆度变化程度。如图 4-57（圆度波动=0%）、图 4-58（圆度波动=100%）所示。

图 4-57　　　　　　　　　　　　　图 4-58

- 控制：设定画笔标记圆度改变的方式。在其下拉菜单中："关"选项为随机改变画笔标记的圆度；"渐隐"选项根据设定的步长值在起始角度和最小圆度之间变化画笔标记；"光笔压力"、"光笔倾斜"、"转轮"选项是根据光笔压力、倾斜程度和转轮的位置在起始圆度和最小圆度之间变化画笔标记。
- 最小圆度：设定 Fade 等选项中所指定的最小圆度。如图 4-59（最小圆度=25%）、图 4-60（最小圆度=60%）所示。

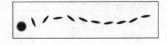 

图 4-59　　　　　　　　　　　　　图 4-60

4.3.4　散布

设定在描边中画笔标记的数目和分，选中"散布"选项后，画笔调板如图 4-61 所示。

- 散布：设定在描边中画笔标记的分散程度，如图 4-62（散布=0%）、图 4-63（散布=100%）所示。不选择"两轴"，画笔标记按照描边的垂直方向分散，如图 4-64 所示；选择两轴，画笔标记按照辐射方向分散，如图 4-65 所示。

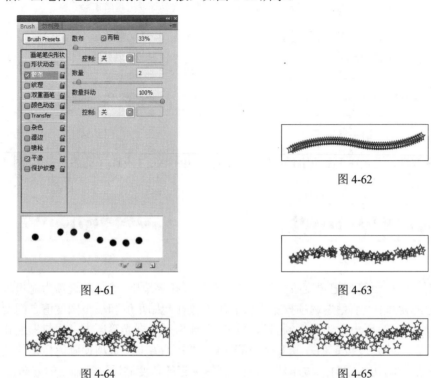

图 4-61

图 4-62

图 4-63

图 4-64

图 4-65

- 控制：确定画笔标记的分散方式。在其下拉菜单中："关"选项为随机分散画笔标记，如图 4-66 所示。"渐隐"选项按照设定的步长值分散画笔标记，如图 4-67 所示（步长=40）。"光笔压力"、"光笔倾斜"、"转轮"选项是根据光笔压力、倾斜程度和转轮位置确定画笔标记的分散方式。

图 4-66

图 4-67

- 数目：设定在间隔处画笔标记的数目。如图 4-68（数目=1）、图 4-69（数目=2）所示。
- 数目波动：设定在间隔处画笔标记数目的变化程度。

图 4-68

图 4-69

- 控制：设定画笔标记数目变化的方式。在其下拉菜单中："关"选项为随机变化画笔标记的数目；渐隐选项按照设定的步长值变化画笔标记的数目；"光笔压力"、"光笔倾斜"、"转轮"选项是根据光笔压力、倾斜程度和转轮位置确定画笔标记数目的变化方式。

4.3.5 纹理

设定画笔和图案纹理的混合方式。选择纹理选项后，画笔调板如图 4-70 所示。

- 纹理选择：点选方形纹理图案可以调出纹理样式调板，从中可以选择所需的纹理，如图 4-71 所示。

图 4-70　　　　　　　　　　　　　　　图 4-71

- 比例：确定图案纹理的缩放比例。
- 纹理化所有标记：选择此项，对单个画笔标记应用纹理，如图 4-72 所示；不选择此项，对整个画笔描边应用统一的纹理，如图 4-73 所示。

图 4-72　　　　　　　　　　　　　　　图 4-73

- 模式：确定纹理和画笔的混合模式。各种模式的作用方式将在后面章节作详细介绍。
- 深度：设定纹理与画笔的作用程度，如图 4-74（深度= 1%）。图 4-75（深度=100%）所示。

图 4-74　　　　　　　　　　　　　　　图 4-75

- 最小深度：最小深度用于设定画笔和纹理作用的最小程度。
- 深度波动：设定深度的变化程度。
- 控制：设定深度的变化方式。在其下拉菜单中："关"选项为随机变化深度；Fade 渐隐选项按照设定的步长值变化深度；"光笔压力"、"光笔倾斜"、"转轮"选项是根据光笔压力、倾斜程度和转轮位置确定深度的变化方式。

4.3.6 双画笔

创造两种画笔混合的效果。选择双重画笔选项后，画笔调板如图 4-76 所示。

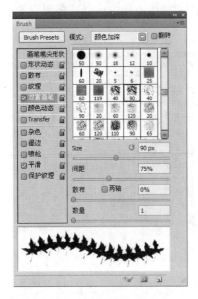

图 4-76

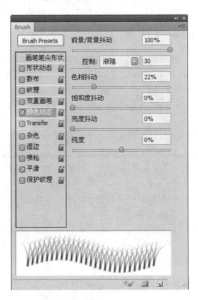

图 4-77

- 模式：设定两种画笔的混合模式。
- 直径：设定第二画笔的直径。
- 间隔：设定第二画笔的间隔。
- 分散：设定第二画笔的分散程度。
- 数：设定第二画笔中间隔处画笔标记数目。

4.3.7 颜色动态

设定画笔的色彩性质。选中颜色动态选项后，画笔调板如图 4-77 所示。

- 前景色/背景色波动：设定画笔颜色在前景色和背景色之间的变化程度。如图 4-78（前景色/背景色波动=0%）、图 4-79（前景色/背景色波动=100%）所示。

图 4-78

图 4-79

- 控制：确定画笔颜色在前景色和背景色之间变化的方式。"关"选项为随机变化，如图 4-80 所示；渐隐选项按照设定的步长值变化，如图 4-81 所示（步长=40）；"光笔压力"、"光笔倾斜"、"转轮"选项是根据光笔压力、倾斜程度和转轮位置确定变化方式。

图 4-80

图 4-81

- 色调波动：设定画笔色调的变化程度。
- 饱和度波动：设定画笔饱和度的变化程度。
- 亮度波动：设定画笔亮度的变化程度。
- 纯度：设定画笔纯度的变化程度。

 提 示　由于在画笔调板上仅或以预览到灰度显示，所以在调制画笔颜色时还需要到画布上进行尝试。

4.3.8　其他动态选项

设置"不透明度"和"流动"选项的动态效果。选择其他动态选项，画笔调板如图 4-82 所示。

- 不透明度抖动：控制画笔描边中不透明度的变化程度。
  - ➤ 控制：不透明度的变化方式。
- 流动抖动：设定画笔描边中颜料流动的变化程度。
  - ➤ 控制：控制颜料流动变化的方式。

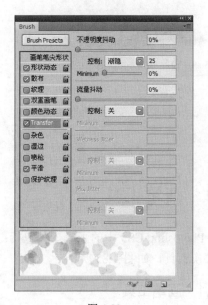

图 4-82

4.3.9　杂点

为画笔边缘添加后刺效果。

4.3.10　湿边

使画笔具有水彩笔效果。

4.3.11　喷枪

使画笔具有喷枪的性质，即在画布上某一个固定点单击鼠标，画笔颜色将加深。

4.3.12　平滑

使画笔边缘平滑。

4.3.13　保护纹理

当应用画笔预设时保持纹理设置。

4.3.14　调板的弹出菜单

画笔调板的弹出菜单如图 4-83 所示，在菜单中可以对画笔以及画笔调板进行控制。画笔调板的弹出菜单选择"大列表"，如图 4-84 所示。

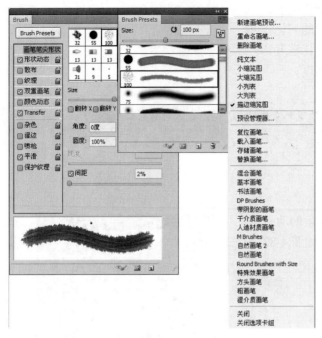

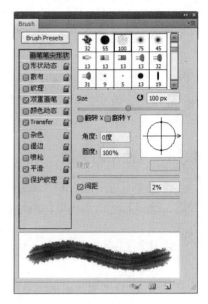

图 4-83   图 4-84

4.4 画笔工具

Photoshop CS5 中的画笔工具包括：画笔工具、铅笔工具和颜色替换工具，如图 4-85 所示。

4.4.1 画笔工具

图 4-85

● 画笔工具：直接用鼠标或是电子笔进行绘画的工具，绘画原理和现实中的画笔相似。

画笔工具的选项栏包括：画笔、模式、不透明度、流动、喷枪选择，选择画笔属性栏，如图 4-86 所示。

图 4-86

● 画笔：用来选择所需要的画笔。单击画笔右侧的小方格会出现画笔选择调板，或用来选择所需的笔形，如图 4-87 所示。其中"主画笔尺寸"是用来确定主要画笔的大小。为什么说是主要画笔呢？因为在 Photoshop CS5 中支持由两种基本画笔组成的复合画笔。调板的下半部分是可供选择的画笔样式。点选调板右上角的按钮，会弹出一个下拉菜单。其中包括：

➢ 新画笔：为设置好的新画笔取名。

➢ 重命名画笔：为画笔重新命名。

➢ 删除画笔：删除选中画笔。

> 文本、小的、大的、小的列表、大的列表、小的笔划：调板中画笔样式的各种显示形式。其中小的笔划比较好，因为它既能显示主要画笔的形状，又能显示在实际绘画时画笔的效果。

> 预置管理：设定工具预置。

> 重置画笔：取代当前的画笔，回到预设状态。

> 载入画笔：调入储存的画笔。如图 4-88 所示，文件类型是*.abr。

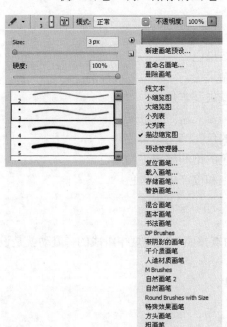

图 4-87   图 4-88

> 存储画笔：存储画笔。

> 替换画笔：载入画笔，替代当前的画笔。

菜单上剩余部分显示的是在调板的画笔样式中存放的画笔组的名称。

● 模式：此项用来选择混合模式，如图 4-89 所示。关于混合模式在以后的章节中将详细介绍。这里只简单地介绍一下。首先介绍三种色彩概念：

> 基本色：图像原有的色彩。

> 混合色：加在图像上的色彩。

> 结果色：混合后的最终颜色。

（1）标准的：Photoshop 默认的模式，在处理时直接生成结果色。

（2）溶解的：在处理时直接生成结果色，但在处理时，将基本色和混合色随机溶解开。

（3）之后的：只能在图层的透明层上编辑，效果是画在透明层后面的层上。

图 4-89

（4）重叠：基本色和混合色相加。

（5）漂白：基本色和混合色相加后取其负相。所以颜色会变浅。

（6）覆盖：图像或是色彩加在像素上时，会保留其画笔颜色的最亮处与阴影处。

（7）柔光：其效果类似于在图像上漫射聚光灯。当绘图颜色灰度小于 50%图像会变暗，反之则变亮。

（8）硬光：效果类似于在图像上投射聚光灯。

（9）避开颜色：基本色加亮后去反射混合色。

（10）减弱颜色：基本色加深后去反射混合色。

（11）更暗：将基本色和混合色中较暗部分作为结果色。

（12）更亮：将基本色和混合色中较亮部分作为结果色。

（13）相异：将基本色减去混合色或是将混合色减去基本色。

（14）不相溶：效果类似于前者，但较柔和。

（15）色调：用基本色的饱和度和明度与混合色的色相产生结果色。

（16）饱和度：用基本色的饱和度和明度与混合色的饱和度产生结果色。

（17）颜色：用基本色的明度与混合色的色相和饱和度产生结果色。

（18）明暗度：产生颜色的负相效果。

- 不透明度：设置画笔绘画时，画笔的不透明度。
- 流动：用画笔画出的轨迹其实是由许多画笔的点按照一定的规律组成的，流动就是设定每个点的色彩的浓度的百分数。
- 喷枪选择：单击后，画笔就具有了喷枪的属性。
- 选择画笔调板：单击后，就会调出画笔调板。

4.4.2 铅笔工具

铅笔工具：工作原理和现实生活中使用的铅笔相似，画出的曲线是硬的、有棱角的，工作方式与画笔相同。如图 4-90、图 4-91 为两种画笔的绘画效果。

图 4-90

图 4-91

铅笔工具的选项栏（见图 4-92）包括：画笔、模式、不透明度、自动擦除。

图 4-92

- 工具预设：画笔、模式、不透明度和画笔相同，这里就不再详细介绍了。
- 自动擦除：这是铅笔的特殊功能。当其被选中后，如果在前景色上开始拖移，则以背景色进行绘画。如果从不包含前景色的区域开始拖移，则用前景色进行绘画。如图4-93、图 4-94 所示。

04

图 4-93　起画点与前景色相同时的效果图　　　　　图 4-94　起画点与前景色不同时的效果图

4.4.3　颜色替换工具

　　颜色替换工具是 Photoshop CS5 从原修复画笔组移到画笔组中的工具。虽然图标的样式发生了改变，但功能没变，不属于新增工具。使用此工具可以替换颜色。

　　颜色替换工具的选项栏（见图 4-95）包括：画笔、模式、取样、限制、容差、消除锯齿。

图 4-95

● 画笔、模式、容差、消除锯齿的用途和使用方法前面已介绍过，这里就不再介绍了。
● 取样包含有三种选择方式：
　➢ 连续：按下鼠标左键，拖动鼠标，当鼠标拖到哪里就会以哪里的颜色为主进行颜色替换，如图 4-96（原图）、图 4-97 所示。将前景色设为蓝色，鼠标所经过的地方的颜色都将被蓝色替换。

图 4-96　　　　　　　　　　　　　　　　　　图 4-97

> ➢ 一次：按下鼠标左键时，就会以当前起点的颜色为准进行颜色替换，如图 4-98 所示。起始点颜色在花朵上，接下来的颜色就以黄色为准进行替换。

图 4-98 图 4-99

> ➢ 背景色板：以背景色为准进行颜色替换。如图 4-99 所示。将背景色设置为绿色，在图像的绿色背景上就会产生明显的颜色替换，而花朵上没有绿色，所有没有产生颜色替换。
>
> ● 限制：限制替换颜色的范围。其中包括不连续、邻近、查找边缘。

4.5 仿制图章工具/图案图章工具

仿制图章工具/图案图章工具（见图 4-100）的基本功能都是复制图像，但复制的方式不同。

图 4-100

4.5.1 仿制图章工具

仿制图章工具是一种复制图像的工具。

仿制图章工具的选项栏（见图 4-101）包括：画笔、方式、不透明度、流动、排列、抽样所有图层。

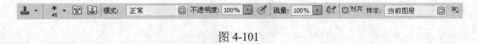

图 4-101

画笔、方式、不透明度和流动已在前面介绍过，这里就不再详细介绍了。

排列：选中此项后，不管停笔后再画多少次，每次复制都间断其连续性，这种功能对于用多种画笔复制一张图像是很有用的。如果取消此选项，则每次停笔再画时，都从原先的起画点画起。此时适用于多次复制同一图像。如图 4-102 和图 4-103 所示的两幅图就是选中排列与不选排列的效果图。

图 4-102　　　　　　　　　　　　　　　　图 4-103

操作点拨　如何使用仿制图章工具

01 首先选中仿制图章工具。

02 把鼠标移到想要复制的图像上，按住 Alt 键，这时图标变为如图 4-104 所示，选中复制起点后，松开 Alt 键。

03 此时就可以拖动鼠标在图像的任意位置开始复制，十字指针表示复制时的取样点，如图 4-105 所示。

图 4-104　　　　　　　　　　　　　　　　图 4-105

4.5.2　图案图章工具

图案图章工具：使用此工具时首先要定义图案。方法是：用选取工具选取所需复制的图像，如图 4-106 所示。然后执行编辑/定义图案命令。图案图章工具使用方法同仿制图章工具，如图 4-107 所示。

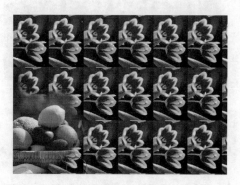

图 4-106　　　　　　　　　　　　　　　　图 4-107

图案图章工具的选项栏（见图 4-108）包括：画笔、方式、不透明度、流动、排列、图案、印象主义。

图 4-108

画笔、方式、不透明度、流动、排列的用途和使用方法同仿制图章工具。

- 图案：在这里可以选择复制的图案。单击右侧小方块会出现图案调板，里面存储着所定义过的图案。单击图案调板的右上角的小圆圈会出现一个下拉菜单，其用法同画笔调板的下拉菜单。如图 4-109 所示。

图 4-109

- 印象主义：勾选印象主义后复制出来的图像会有一种印象派绘画的效果，如图 4-110 和图 4-111 所示。

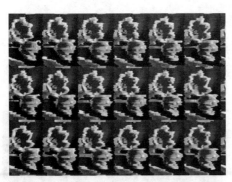

图 4-110   图 4-111

4.6 历史记录画笔/历史记录艺术画笔

历史记录画笔和历史记录艺术画笔都属于恢复工具（见图 4-112），都需要配合历史记录（见图 4-113）调板使用。和历史记录调板相比历史画笔的使用更方便，并且具有画笔的性质。

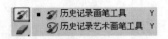

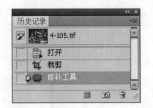

图 4-112　　　　　　　　　　　　　　　　图 4-113

4.7　橡皮擦工具

橡皮擦工具就是擦除颜色的工具。该工具组中包括三个工具，如图 4-114 所示。

图 4-114

4.7.1　橡皮擦工具

橡皮擦工具：使用方法很简单，像使用画笔一样，只需选中橡皮擦工具后，按住鼠标左键在图像上拖动即可。当作用图层为背景层时，相当于使用背景颜色的画笔；当作用于背景层时，擦除后变为透明，如图 4-115、图 4-116 所示。

 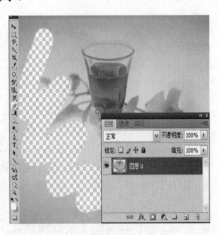

图 4-115　　　　　　　　　　　　　　　　图 4-116

● 橡皮擦工具的选项栏（见图 4-117）包括：画笔、模式、不透明度、抹到历史记录。

图 4-117

● 画笔：选择画笔的形状和大小。

- 模式：选择模式的擦除方式。包括：画笔、铅笔、块。擦除效果如图 4-118～图 4-120 所示。

| 图 4-118 | 图 4-119 | 图 4-120 |

- 不透明度：同画笔。
- 抹到历史记录：选中后，橡皮就具有历史画笔的功能，其使用方法也与历史画笔相同。选择块擦除方式时，橡皮擦工具的图标上多了一个圆弧箭头。

4.7.2　背景色橡皮擦工具

　　 背景色橡皮擦工具：一种可以擦除指定颜色的擦除器，这个指定色叫作标本色，表示为背景色。也就是说，使用它可以进行选择性的擦除，如图 4-121 所示，背景色橡皮擦工具只擦除了白色区域。其擦除功能非常灵活，在一些情况下可达到事半功倍的效果。

　　背景色橡皮擦工具的选项栏（见图 4-122）包括：画笔、取样、限制、容差、保护前景色。

图 4-121

图 4-122

- 画笔：选择背景色橡皮擦的形状。
  - ➤ 取样：同颜色替换画笔相同。
- 限制：背景色橡皮擦的擦除界限。包括三个选项。
  - ➤ 不连续：在选定的范围内可以多次重复擦除。
  - ➤ 邻近：在选定的色彩范围内只可以进行一次擦除，也就是说必须在选定的标本色内连续擦除。
  - ➤ 查找边缘：在擦除时保持边界的锐度。
- 容差：可以通过输入数值拖动滑块进行调节。数值越低，擦除的范围越接近标本色。大的容差会把其他颜色擦成半透明的，如图 4-123 和图 4-124 所示。
- 保护前景色：保护前景色，使之不会被擦除。如图 4-125 和图 4-126 所示为容差=100% 时，勾选保护前景色与不勾选保护前景色时的对比效果图。

　　在 Photoshop 中是不支持背景层有透明部分的，而背景色橡皮擦工具可以直接在背景层上擦除。因此，在擦除后 Photoshop 会自动把背景层转换为一般层，如图 4-127 和图 4-128 所示。

图 4-123

图 4-124

04

图 4-125

图 4-126

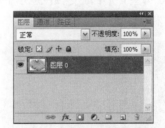

图 4-127

图 4-128

4.7.3　魔术橡皮擦工具

　　魔术橡皮擦工具：魔术橡皮擦工具的工作原理与魔术棒相似，只需选中魔术橡皮擦工具后在图像上想擦除的颜色范围内单击，就会自动擦除掉颜色相近的区域色彩。如图 4-129 和图 4-130 所示。

图 4-129

图 4-130

　　魔术橡皮擦工具的选项栏（见图 4-131）与魔术棒相似，包括：容差、消除锯齿、邻近、取样于所有图层、不透明度。

- 容差：数值越小，选取的颜色范围越接近，数值越大，选取的颜色范围越大。选项中可输入 0～255 之间的数值。

图 4-131

- 消除锯齿：其功能已在前面介绍过。
- 邻近：在当前作用层进行擦除。
- 取样于所有图层：把所有图层作为一层进行擦除。
- 不透明度：不透明度能绘制出半透明的效果。

4.8 渐变工具/油漆桶工具

渐变工具和油漆桶工具都是色彩填充工具，如图 4-132 所示。

图 4-132

但其填充方式不同，下面将逐一具体介绍。

渐变工具：使用这个工具可以创造出多种渐变效果，使用时，首先选择渐变方式和渐变颜色，用鼠标在图像上单击起点，拖拉后再单击选中终点，这样一个渐变颜色就填充完成了，用拖拉线段的长度和方向来控制渐变效果，如图 4-133 和图 4-134 所示。

图 4-133

图 4-134

渐变工具的选项栏（见图 4-135）包括：颜色、渐变方式、模式、不透明度、相反、抖动、透明区域。

图 4-135

- 颜色：选择和编辑渐变的色彩，也是渐变工具最重要的部分。双击条状色彩会出现渐变编辑器对话框，如图 4-136 所示。
- A. 不透明度起点：渐变颜色不透明度的起始色标。
- B. 开始颜色：渐变的起始颜色。
- C. 不透明度：不透明度的值。
- D. 颜色：设定颜色。
- E. 颜色中点：两种颜色变化的中点。
- F. 位置：不透明度的位置。
- G. 位置：设定的颜色的位置。
- H. 不透明度终点：不透明度终点的色标。

I. 终点颜色：渐变终点颜色的色标。

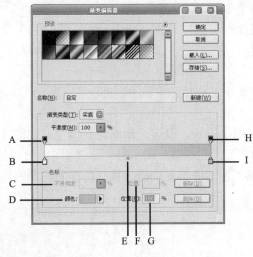

图 4-136

- 渐变方式：图 4-137～图 4-141 为几种渐变方式的效果图。
  - 线性渐变：从起点到终点做线状渐变。
  - 径向渐变：从起点到终点做放射状渐变。
  - 角度渐变：从起点到终点做逆时针渐变。
  - 对称渐变：从起点到终点做对称直线渐变。
  - 菱形渐变：从起点到终点做菱形渐变。
  - 模式：填充时的色彩混合方式。
  - 相反：掉转渐变颜色的方向。
  - 抖动：勾选此项会添加随机杂色以平滑渐变填充的效果。
  - 透明区域：只有勾选此项，不透明度的设定才会生效。

图 4-137

图 4-138

图 4-139

图 4-140

图 4-141

操作点拨 如何建立与编辑渐变

01 选中渐变工具。

02 调出渐变编辑器对话框。

03 做以下各项中的一项：

- 建立新的渐变。
- 编辑现有的，在列表中选择想要编辑的颜色，可以为颜色重新命名，只需在名字中输入新名字。

04 单击渐变轴下方左侧的小方块，设定开始的渐变颜色，如图 4-142 所示。这时颜色变为可选，小方块上面的三角也变黑，表示它处于编辑中。可以通过以下方法选取颜色。

- 单击颜色中的颜色调出拾色器复选框，挑选所需要的颜色，然后单击确定键，如图 4-143 所示。

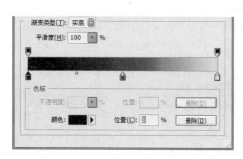

图 4-142

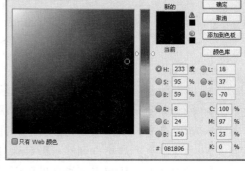

图 4-143

- 单击颜色选框左侧的小方块，出现一个菜单，在其中可以选择用前景色、用背景色、用滴管在图像上取色，如图 4-144 所示。

05 单击渐变轴下方右侧的小方块，设定结束的渐变颜色。

06 调整起点或终点的位置可采用下列两种方法：

- 用鼠标按住小方块在渐变轴上拖动。
- 选中小方块，在平滑度栏中输入数字，范围是 0～100%。0 为渐变轴的最左端，100% 为最右端。

07 要调整中间点（中间点为相邻的两种颜色的色彩平衡混合处），如图 4-145 所示，只需用鼠标拖菱形点，或在位置栏中输入适当的数值。

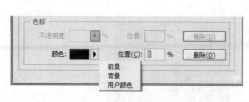

图 4-144

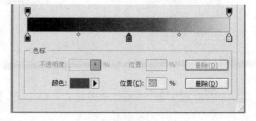

图 4-145

08 要想在渐变中填充入中间色，只需在渐变轴下方单击，即自动生成一个小方块，其颜色和位置的设定同起点和终点相同，拖动它离开渐变轴便消除了这个点。

09　一切都设定好后，单击确定。

操作点拨　**如何编辑渐变的不透明度**

每个渐变都可以调整自己的不透明度，可以在不同位置调节渐变的透明度。

01　调出渐变编辑器对话框。

02　单击渐变轴上面左侧的小方块，调节起点的不透明度，这时色标变为可选，小方块上面的小三角也变为黑色，表示它处于编辑状态，如图 4-146 所示。

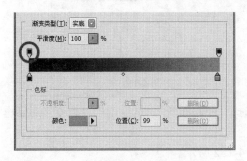

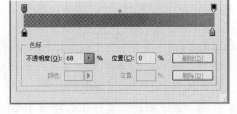

　　　　　　　图 4-146　　　　　　　　　　　　　　　　　　图 4-147

03　在不透明度中输入适当的数值，范围为 0～100%，如图 4-147 所示。

04　单击渐变轴上面右侧的小方块，调节终点的不透明度。

05　要调节起点和终点的位置，可按住小方块在渐变轴上拖动或直接在位置中输入数值。

06　要调整透明度的中间点（相邻的两种不透明度的平衡中点）：可选中小菱形沿渐变轴拖动或选中小菱形后直接在位置中输入数值。

07　想要在其中加入中间点，只需在渐变轴上面单击，会自动产生一个小方块，其不透明度和位置的调节同上。

08　一切都设定好后，单击确定。

操作点拨　**利用渐变工具制作球体**

01　执行"文件/新建"命令，弹出新建对话框，参数设置如图 4-148 所示，设置好后，单击"确定"按钮建立一个新文件，如图 4-149 所示。

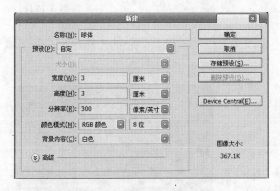

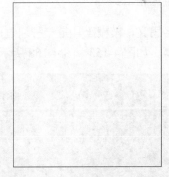

　　　　　　　图 4-148　　　　　　　　　　　　　　　　　　图 4-149

02　选择图层面板，建立一个新图层，选择工具箱中的 ⬭ 椭圆选框工具，按住 Shift 键在画面上创建一个正圆形选区。如图 4-150 所示。

图 4-150 图 4-151

03 选择工具箱中的 渐变工具，在选项栏中选择"径向渐变"。然后调出"渐变"对话框。参照图 4-151 所示设置渐变颜色。

04 在圆形选区内拖动鼠标进行渐变填充，如图 4-152 所示。

图 4-152 图 4-153

05 在球体所在图层的下方再创建一个新图层，选择 椭圆工具，在选项栏中设定适当的羽化值，画一个椭圆形选区，用黑色填充，取消选择。一个球体就制作完成了，如图 4-153 所示。

4.9 模糊/锐化/涂抹工具

在模糊工具组中包含三个工具，如图 4-154 所示。

图 4-154

4.9.1 模糊工具

顾名思义，模糊工具是一种通过画笔使图像变模糊的工具。它的工作原理是降低像素之间的反差。如图 4-155～图 4-158 所示。

图 4-155 图 4-156

图 4-157　　　　　　　　　　　　　图 4-158

这是图像放大到 500%时使用模糊工具前（见图 4-157）后（见图 4-158）的效果图，从中可以更清楚地看到模糊工具是如何降低像素之间反差的。

🜄模糊工具的选项栏如图 4-159 所示。包括画笔、模式、压力、取样于所有图层。

图 4-159

- 画笔：选择画笔的形状。
- 模式：色彩的混合方式。
- 压力：画笔的压力。
- 取样于所有图层：可以使画笔作用于所有层的可见部分。

4.9.2　锐化工具

△锐化工具：与模糊工具相反，它是一种使图像色彩锐化的工具，用于增大像素之间的反差。如图 4-160～图 4-163 所示。

图 4-160　　　　　　　　　　　　　图 4-161

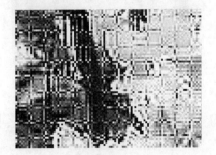

图 4-162　　　　　　　　　　　　　图 4-163

图像放大到 500%时使用锐化工具前（见图 4-162）后（见图 4-163）的效果图，从中可以更清楚地看到锐化工具是如何增加像素之间的反差的。

△锐化工具的选项栏（见图 4-164）与模糊工具的完全相同，这里就不再介绍了。

图 4-164

4.9.3 涂抹工具

涂抹工具：使用时产生的效果好像是用干画笔在未干的油墨上擦过。也就是说笔触周围的像素将随笔触一起移动。如图 4-165、图 4-166 所示。

图 4-165   图 4-166

涂抹工具的选项栏（见图 4-167）包括：画笔工具、模式、压力、取样于所有图层、手指绘画。

图 4-167

- 画笔工具、模式、压力、取样于所有图层这里就不再介绍了。
- 手指绘画：勾选此项后，可以设定涂痕的色彩，好像用蘸上色彩的手指在未干的油墨上绘画一样，如图 4-168、图 4-169 所示。

图 4-168   图 4-169

4.10 减淡、加深和海绵工具

减淡、加深和海绵工具如图 4-170 所示。

图 4-170

4.10.1　减淡工具、加深工具

　　减淡工具和加深工具这两个工具用于改变图像的亮调与暗调。原理来源于胶片曝光显影后，经过部分暗化和亮化可改善曝光效果。

　　减淡工具和加深工具的选项栏（见图 4-171）相同，包括：画笔、范围、曝光度。

图 4-171

- 画笔：同前。
- 范围介绍如下：
  - ➢ 暗调：选中后只作用于图像的暗调区域。
  - ➢ 中间调：选中后只作用于图像的中间调区域。
  - ➢ 高光：选中后只作用于图像的暗调区域。

　　能进行特殊色调区域选择是手工处理所望尘莫及的。图 4-172～图 4-178 是不同的效果图。

图 4-172

图 4-173

图 4-174

图 4-175

图 4-176

图 4-177

图 4-178

- 曝光度：图像的曝光强度。建议使用时先把曝光度的值设置小一些，15%比较合适。

4.10.2　海绵工具

　　海绵工具：一种调整图像色彩饱和度的工具，可以提高或降低色彩的饱和度。

　　海绵工具的选项栏（见图 4-179）包括：画笔、模式、流量。

图 4-179

- 画笔：同前。
- 模式：可以选择"降低色彩饱和度"和"提高色彩饱和度"，如图 4-180～图 4-182 所示。

图 4-180

图 4-181

图 4-182

如果图像为灰度模式，选择减低色彩饱和度使图像趋向于50%的灰度，选择提高色彩饱和度则使图像趋向于黑白两色，如图 4-183～图 4-185 所示。

图 4-183

图 4-184

图 4-185

本章小结

绘图修图工具是 Photoshop 工具箱中种类最多的一组工具，运用绘图工具可以轻松得到想要的效果。绘图修图工具是一组最能发挥自己创作性的工具，同时也是一组最难掌握的工具，所以在学习时要多动手练习。

第 5 章

路 径 工 具

本章重点 ◄◄

- 学习掌握 13 种路径工具的使用方法
- 了解工作路径、形状图层和填充区域三个不同的概念
- 如何运用路径工具绘制所需路径

5.1 工具概览

Photoshop CS5 中选取工具一共有 13 种：

钢笔工具：通过鼠标点击确定锚点绘制路径。

自由钢笔工具：像画笔一样自由绘制路径。

增加锚点工具：可以在路径线段上增加锚点。

删除锚点工具：可以在路径线段上删除锚点。

转换点工具：可以转化锚点类型。

路径组件选择工具：是用来选择一个或几个路径并对其进行移动、组合、排列、分发和变换。

直接选取工具：用来移动路径中的锚点和线段。

矩形工具：绘制矩形路径、形状图层和填充区域。

圆角矩形工具：绘制圆角矩形路径、形状图层和填充的区域，是制作按钮最常用的工具。

椭圆工具：绘制椭圆形路径、形状图层和填充区域。

多边形工具：绘制多边形路径、形状图层和填充区域。

直线工具：绘制直线路径、形状图层和填充区域。

自定义形状工具：绘制自定义形状路径、形状图层和填充区域。

下面是每种工具的使用说明图（见图 5-1）。

钢笔工具　　　　　　自由钢笔工具　　　　　增加锚点工具　　　　　删除锚点工具

图 5-1

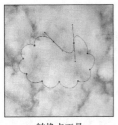
转换点工具

路径组件选择工具

直接选取工具

矩形工具

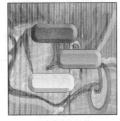
圆角矩形工具

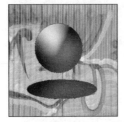
椭圆工具

多边形工具

直线工具

自定义形状工具

图 5-1（续）

5.2　工作路径、形状图层和填充像素

5.2.1　工作路径

　　路径由直线或曲线组合而成，锚点就是这些线段的端点，当选中一个锚点时，这个锚点上就会显示一条或两条方向线，而每一条方向线的端点都有一个方向点。曲线的大小形状都是通过方向线和方向点来调节的，如图 5-2 所示。

　　（1）平滑点：平滑点为两段曲线的自然连接点。这类锚点的两侧各伸出一上方向线和方向点。当调节一个方向点时，另一个方向点也随之做对称的运动。如图 5-3、图 5-4 所示。

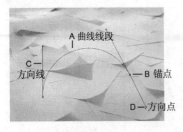
图 5-2

图 5-3

图 5-4

（2）转角点：转角点两侧的线段可以同为曲线，同为直线，或各为曲线和直线。也就是说从这类锚点两侧伸出的方向线和方向点具有独立性，当调节一条曲线时，与它相邻的曲线却不受影响，如图 5-5、图 5-6 所示。

如图 5-7～图 5-10 所示为锚点的四种状态。

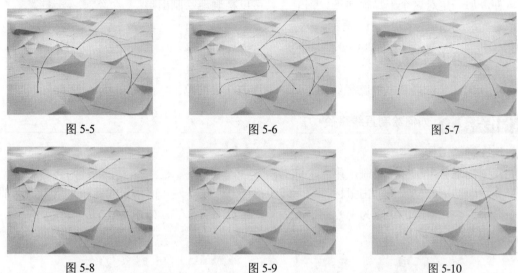

图 5-5　　　　　　　　　　图 5-6　　　　　　　　　　图 5-7

图 5-8　　　　　　　　　　图 5-9　　　　　　　　　　图 5-10

5.2.2　形状图层

形状图层是带图层剪贴路径（图层剪贴路径将在以后的章节详细介绍）的填充图层，填充图层定义形状的颜色，而图层剪贴路径定义形状的几何轮廓。通过编辑形状的填充图层并对其应用图层样式，可以更改其颜色和其他属性。而这个蒙版可作为矢量路径来编辑，其编辑方法与路径相同。这就使其在被放大和变形后不失真，也不会出现边缘锯齿现象，并且可对其风格化。所谓风格化就是对被蒙版遮罩的图层进行一系列的层风格变换，使用户在 Photoshop 中做按钮更容易，如图 5-11～图 5-13 所示。

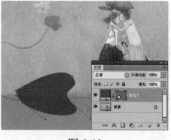
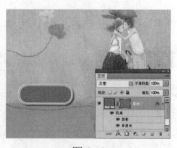

图 5-11　　　　　　　　　　图 5-12　　　　　　　　　　图 5-13

5.2.3　填充像素

填充区域可认为是用选取工具在被编辑层选择一个选区后，用前景色填充。这个区域不可被编辑，而且也不会自动生成一个新的图层。只有多边形工具才可以绘制填充区域，如图 5-14 所示。

图 5-14

5.3 钢笔工具

钢笔工具是一种矢量绘图工具，如果读者用过 Illustrator 等绘图软件，那一定对这个工具很熟悉。钢笔工具可以精确地绘制出直线或是光滑的曲线，如图 5-15 所示。

图 5-15

5.3.1 钢笔工具

钢笔工具：最基本的路径绘画工具，使用方法很简单。

操作点拨 如何绘制直线路径

01 选中钢笔工具。

02 在图像上单击鼠标，绘制出第一个锚点。

03 在线段结束的位置再单击鼠标，定下线段的终点。这时两点间用直线连接，两个锚点都是小方块，前面的锚点为空心的，最后一个锚点为实心的，如图 5-16 所示。

图 5-16   图 5-17

04 依次定锚点。

05 当光标回到第一个锚点时，光标右下角出现一个小圆圈，单击鼠标得到一个封闭的路径，如图 5-17 所示。

06 如果要结束一个开放路径的绘制，则需单击一下工具箱中的钢笔工具。

操作点拨 如何绘制曲线路径

01 选中钢笔工具。

02 在图像上按下鼠标设定第一个锚点，注意按下鼠标后不要抬起，直接向曲线延伸的方向拖拉鼠标，然后放开鼠标，得到第一个锚点，如图 5-18 所示。

图 5-18   图 5-19

03 待光标到达预定的位置，按下鼠标，向曲线延伸的方向拖拉鼠标，设定下一个锚点，如图 5-19 所示。

04 当光标回到第一个锚点位置时，光标右下角出现一个圆圈，单击鼠标即可得到一个封闭的路径。

05 如果要结束一个开放路径的绘制，则需单击一下工具箱中的钢笔工具。

✏ 钢笔工具的选项栏如图 5-20 所示。把所有路径工具的选项栏集合到了一起，就是说通过在选项栏上的操作，就可以转换其他路径工具，设定其他路径工具属性的功能。

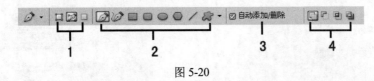

图 5-20

- 选择绘制方式：这里只可以选择绘制工作路径、形状图层和填充区域。
- 选择路径工具：这里可以选择所有的绘制路径工具。
- 修改路径方式：其使用方法与前面讲过的选区选项栏中的修改选择方式相同，这里就不再详细介绍了。
- 自动增加/删除：选择此项后，钢笔工具就具有了增加或删除锚点的功能。也就是说同时具有添加锚点工具和删除锚点工具的功能。当光标放在路径上时光标右下角会出现一个小加号（+），单击鼠标后单击处增加一个锚点，如图 5-21 所示；当光标放在锚点上时光标右下角会出现一个小减号（–），单击后此锚点被删除，如图 5-22 所示。

图 5-21

图 5-22

- 橡皮带：如图 5-23 所示。选择此项后，在图像上移动光标时，Photoshop 会自动显示一条假设的线段，只有单击鼠标后，这条线段才会真正存在。

当在选项栏中选择"形状图层"后，选项栏会自动增加几个选项，如图 5-24 所示，其中包括样式和颜色。

图 5-23

图 5-24

- 样式：单击右侧小方块会出现样式调板，这里可以选择需要的样式。具体用法与 Style 调板相同，将在以后详细介绍。在绘制形状图层时可以事先选择样式，也可以绘制后再选择。但是这里要注意样式左侧有一个锁链状的按钮，只有当它被按下时用户才可

05

以对绘制的形状图层随意改变样式；当它是弹出状态时，形状图层的样式就被锁住不能随意改变。

● 颜色：当样式选择无时，形状图层填充的颜色总是和前景色保持一致。

在进行绘画时，即钢笔工具绘制出的为形状图层。当钢笔工具画的线段大于两条时，Photoshop 会自动将其连为封闭路径并将其风格化，如图 5-25、图 5-26 所示。

图 5-25

图 5-26

5.3.2 自由钢笔工具

自由钢笔工具：使用时只需按住鼠标在图像上随意拖动即可。在拖动时，Photoshop 会自动沿光标经过的路线生成路径和锚点。

自由钢笔工具的选项栏很复杂，如图 5-27 所示。点击选项栏上的"倒三角"按钮会调出手绘钢笔选项菜单，如图 5-28 所示。下面将详细介绍。

图 5-27

图 5-28

● 曲线拟合：控制拖动光标产生路径的灵敏度，输入的数值范围为 0.5～10。数值越小，生成的锚点越多。

  ➢ 磁性的：选中后"自由钢笔工具"变为"磁性钢笔"，光标也随之发生改变。磁性钢笔与磁性套索相似都是自动寻找物体边缘的工具。磁性的对话框包括：宽度、对比、频率、光笔压力。

  ➢ 宽度：磁性钢笔探测范围的宽度。数值范围为 1～40px。

  ➢ 对比：控制磁性钢笔的灵敏度。数值范围为 1%～100%。

  ➢ 频率：控制生成路径时锚点的生成频率（见图 5-29、图 5-30）。数值范围为 5～40。

  ➢ 光笔压力：只有安装数位笔后此项才可选。

图 5-29

图 5-30

操作点拨　如何使用磁性钢笔工具

01　选中磁性钢笔工具。

02　直接在选项栏上选择磁性的或是调出磁性对话框，对磁性钢笔工具的属性进行设定。

03　光标在图像上单击确定第一个锚点。

04　沿着物体边缘拖动光标。

05　在拖动中，可以随时单击鼠标确定锚点。

06　按 Enter 键结束路径的绘制。

07　双击鼠标则自动封闭路径。

08　当光标移到第一个锚点时，光标右下角会出现一个小圆圈，单击鼠标则封闭路径。

5.3.3　添加锚点工具/删除锚点工具

　　使用 添加锚点工具和 删除锚点工具可以从路径上增加和删除锚点。

操作点拨　如何增加锚点

01　选择添加锚点工具，把光标放在路径上想要增加锚点的位置，这时光标右下方会出现一个 "+" 号，然后单击即可。如图 5-31、图 5-32 所示。

图 5-31

图 5-32

02　在路径上增加锚点，不改变路径的形状。

操作点拨　如何删除锚点

01　选择删除锚点工具，把光标放在想要删除的锚点上，这时光标右下方会出现一个 "–" 号，然后单击即可完成，如图 5-33 所示。

图 5-33   图 5-34

02 剩下的锚点将组成新的路径，如图 5-34 所示。

5.3.4 转换点工具

用 ⌐ 转换点工具可以转换锚点的类型。可以让锚点在平滑点和转角点之间互相转换。选择转换点工具在锚点上单击可以使方向线和方向点都收回锚点。如图 5-35、图 5-36 所示。

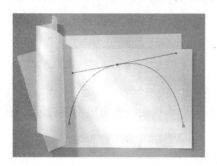
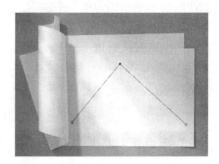

图 5-35   图 5-36

单击并拖动锚点可以拖出一对方向线和方向点，如图 5-37 所示。单击一个方向点可以使平滑点变为转角点，如图 5-38 所示。

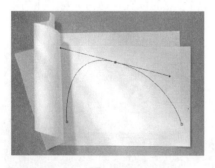
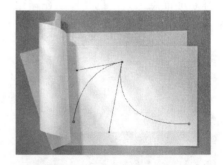

图 5-37   图 5-38

5.4 多边形工具

多边形工具是为了增强 Photoshop 处理图像的功能，也将使其在图像处理软件中的霸主地位更加稳固。如图 5-39 所示。用多边形工具可以绘制路径、形状图层和填充区域。

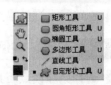

图 5-39

5.4.1 矩形工具

使用 ▢ 矩形工具可以很方便地绘制出矩形或正方形。选中矩形工具后，在画布上单击并拖拉光标即可绘制出所需矩形；在拖拉时如果按住键，则绘制出正方形。

单击矩形工具会出现如图 5-40 所示的选项栏。

图 5-40

单击右侧倒三角的小方块会出现形状选项菜单，如图 5-41 所示，其中包括：不受限制、方形、固定大小、比例、从中心、对齐像素。

- 不受限制：矩形的形状完全由光标的拖拉决定。
- 方形：绘制的矩形为正方形。如图 5-42 所示。
- 固定大小：选中此项，可以在"W："和"H："后面填入所需的宽度和高度的值，默认单位为像素。如图 5-43 所示。

图 5-41

图 5-42

图 5-43

- 比例：选中此项，可以在"W："和"H："后面填入所需的宽度和高度的整数比例。如图 5-44 所示。
- 从中心：选中此项后，拖拉矩形时光标的起点为矩形的中心，如图 5-45 所示。图中箭头表示鼠标拖拉方向。

图 5-44

图 5-45

- 对齐像素：使矩形边缘自动与像素边缘重合。

当在选项栏中选择填充像素时，选项栏变为如图 5-46 所示。其中包括模式、不透明度和消除锯齿。

图 5-46

当在选项栏中选择"形状图层"时，选项栏也随之变为如图 5-47 所示。其中包括层风格、颜色。

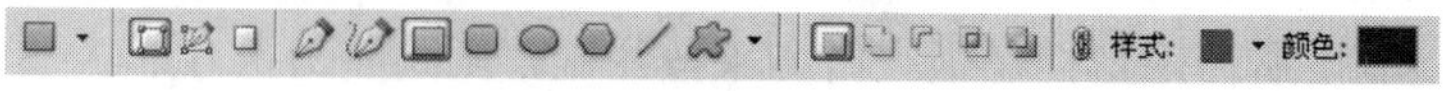

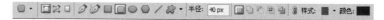

图 5-47

5.4.2 圆角矩形工具

用 ⬛ 圆角矩形工具可以绘制具有平滑边角的矩形。其使用方法与矩形工具相同，只需用光标在画布上拖拉即可。

圆角矩形工具的选项栏如图 5-48 所示，大体与矩形工具的相同，只是多了"半径"一项。

图 5-48

- 半径：控制圆角矩形的平滑程度的参数，数值越大越平滑，0px 时则为矩形，如图 5-49、图 5-50 所示。

图 5-49   图 5-50

5.4.3 椭圆工具

使用 ⬤ 椭圆工具可以绘制椭圆，按住键可以绘制正圆。椭圆工具的选项栏如图 5-51 所示。

图 5-51

5.4.4 多边形工具

使用 ⬡ 多边形工具可以绘制出所需的正多边形。绘制时光标的起点为多边形的中心，而终点为多边形的一个顶点，如图 5-52 所示。

多边形工具的选项栏如图 5-53 所示，其中有"边"一项。

- 边：输入所需绘制的多边形的边数。如图 5-54、图 5-55 所示。

图 5-52

图 5-53

图 5-54

图 5-55

图 5-56

- 多边形工具选项栏中的多边形工具下拉选框（见图 5-56）包括：半径、平滑拐角、星、缩进边依据、平滑缩进。

  ➢ 半径：多边形的半径长度，单位为 px。

  ➢ 平滑拐角：使多边形具有平滑的顶角。其多边形的边数越多越接近圆形。如图 5-57、图 5-58 所示。

  ➢ 星：使多边形的边向中心缩进，呈星状。

  ➢ 缩进边依据：设定边缩进的程度，如图 5-59 所示。

  ➢ 平滑缩进：选中"星星"后平滑缩进才可选。选中平滑缩进后使多边形的边平滑地向中心缩进，如图 5-60 所示。

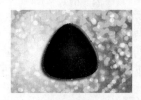
图 5-57

图 5-58

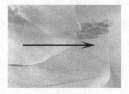
图 5-59

图 5-60

5.4.5　直线工具

使用 ＼直线工具可以绘制直线或箭头的线段。使用方法为：光标拖拉的起始点为线段起点，拖拉的终点为线段的终点。按住 Shift 键，可以使直线的方向控制在 0°、45° 或 90°。如图 5-61、图 5-62 所示。

图 5-61

图 5-62

＼直线工具的选项栏如图 5-63 所示。其中包括（粗细）设定直线的宽度，单位：像素。

图 5-63

直线工具的选项栏中的箭头菜单（见图 5-64）包括：起点、终点、宽度、长度、凹度。

图 5-64

- 起点、终点：二者可选择一项，也可以都选，以决定箭头在线段的哪一方，如图 5-65～图 5-67 所示。

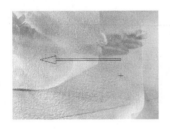

图 5-65

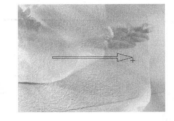

图 5-66

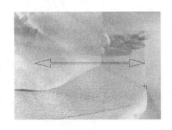

图 5-67

- 宽度：箭头宽度和线段宽度的比值，可输入 10%～1000%之间的数值。
- 长度：箭头长度和线段宽度的比值，可输入 10%～5000%之间的数值。
- 凹度：设定箭头中央凹陷的程度，可输入-50%～50%之间的数值。如图 5-68～图 5-70 所示。

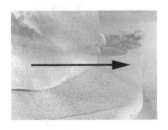

图 5-68

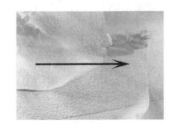

图 5-69

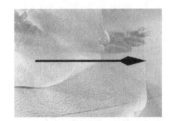

图 5-70

5.4.6 自定义形状工具

使用 自定义形状工具可以绘制出一些不规则的图形或是自定义的图形，如图 5-71 所示。

自定义形状工具的选项栏如图 5-72 所示。

- 形状：选择所需绘制的形状。单击右侧的小方块会出现形状调板，这里储存着可供选择的形状，如图 5-73 所示。

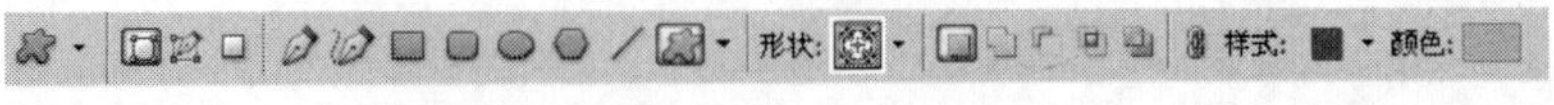

图 5-71

图 5-72

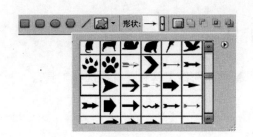

图 5-73

单击形状调板右侧的小圆圈弹出一个下拉菜单，如图 5-74 所示。单击"载入形状"命令可载入外形文件，如图 5-75 所示，其文件类型为*.CSH。

图 5-74

图 5-75

操作点拨 如何设定自定义形状

01 选择任意一种路径工具绘制出路径。

02 对路径进行调节，使其达到所需的形状。

03 选择路径，执行"编辑"→"自定形状"。

04 将出现图案名称对话框，输入名称，如图 5-76 所示。

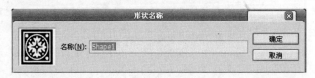

图 5-76

05 在形状调板中将出现新定义的形状。

5.5 路径选择工具

路径选择工具包括：▶路径选择工具和▶直接选择工具，如图 5-77 所示。

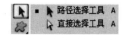

图 5-77

5.5.1 路径选择工具

▶路径选择工具是用来选择一个或几个路径并对其进行移动、组合、排列、分发和变换。

1. 移动路径

选择路径选择工具，单击所需移动的路径，然后用鼠标拖拉至适当的位置即可。移动时路径形状不会改变。

2. 组合路径

在一个工作路径层上如果有两个以上的路径，可以将它们进行组合。方法为选择路径选择工具，单击一条路径，在选项栏中选择■组合方式，如图 5-78～图 5-82 所示。

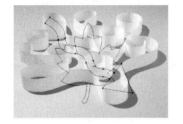
图 5-78

图 5-79

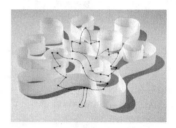
图 5-80

图 5-81

图 5-82

3. 排列路径

在一个工作路径层上如果有两个以上的路径时，可以将它们进行排列。方法为选择路径选择工具，选中所需路径，选择排列的方式即可。如图 5-83～图 5-88 所示。

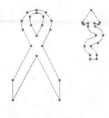
图 5-83

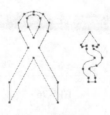
图 5-84

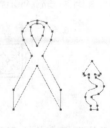
图 5-85

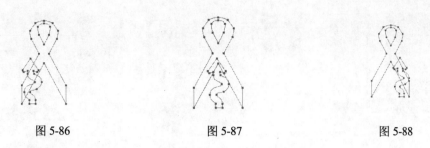

图 5-86　　　　　　　　　图 5-87　　　　　　　　　图 5-88

4. 分发路径

在一个工作路径层上如果有三个以上的路径时，可以将它们进行分发。方法为选择路径选择工具，选中所需路径，选择分发的方式即可。如图 5-89～图 5-94 所示。

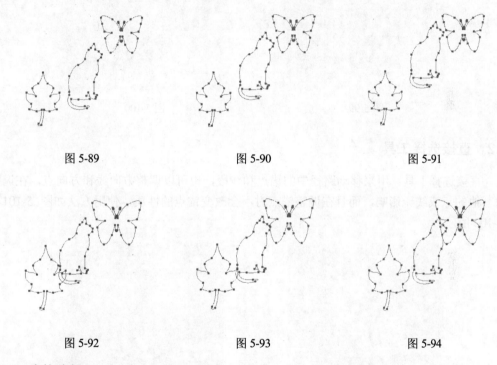

图 5-89　　　　　　　　　图 5-90　　　　　　　　　图 5-91

图 5-92　　　　　　　　　图 5-93　　　　　　　　　图 5-94

5. 变换路径

按键盘 Ctrl+T 键，就可对选中的路径进行变换。其可对一个或多个路径同时变换。变换时路径的信息将在选项栏中显示，如图 5-95 所示。

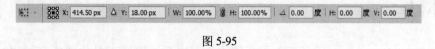

图 5-95

- 缩放比例：拖拉四个顶点可随意变换路径大小，如图 5-96 所示。
- 旋转：光标放在框外，出现旋转标志后，可随意旋转路径，如图 5-97 所示。
- 拉伸：用鼠标可沿边的方向拖拉顶点和边的中点，如图 5-98 所示。
- 变形：用鼠标可随意拖拉顶点和边的中点，在拖拉一个点时对其他点无影响，如图 5-99 所示。
- 透视：可按透视原理变换路径，如图 5-100 所示。

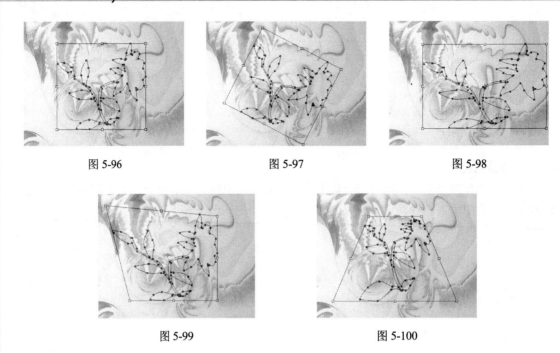

图 5-96   图 5-97   图 5-98

图 5-99   图 5-100

5.5.2　直接选择工具

直接选择工具：用来移动路径中的锚点和线段，也可以调整方向线和方向点，在调整时对其他的点或线无影响，而且在调整锚点时不会改变锚点的性质，使用方法如图 5-101、图 5-102 所示。

图 5-101

图 5-102

本章小结

自从 Photoshop 6.0 对路径工具做了很大改善之后，路径工具的功能有了质的提高。Photoshop CS5 中矢量绘图功能的提高，使得图像处理和网络编辑的功能更加完善。现在路径工具的使用比以前更加方便快捷。

第6章

文 字 工 具

本章重点

- 学习掌握 4 种文字工具的使用方法
- 如何输入点文字和段落文字
- 使用弯曲文本选项制作多种变形文字

6.1　工具概览

Photoshop CS5 中文字工具一共有 4 种：

横排文字工具：创建水平的文字。

直排文字工具：创建垂直的文字。

横排文字蒙版工具：创建水平的文字外形的选区。

直排文字蒙版工具：创建垂直的文字外形的选区。

下面为各工具的使用效果图（见图 6-1）。

横排文字工具

直排文字工具

横排文字蒙版工具

直排文字蒙版工具

文本框

变形文本

图 6-1

6.2 文字概述

6.2.1 文字

Photoshop 中的文字是由像素构成的点阵字。点阵字的锐利程度取决于文字的大小和图像的解析度，所以文字也有锯齿现象。

6.2.2 Photoshop CS5 中的文字工具

文字的输入与处理一直是 Photoshop 的弱点，图 6-2 所示为文字列表。

6.2.3 文字类型

横排文字与直排文字工具可以在新的图层上建立彩色文字，文字图层是可以进行编辑的。

横排文字蒙版和直排文字蒙版用来创建文字外形的选区，可作为一般选区编辑。

文字可以转换成路径，这将在以后的章节详细介绍。

6.3 输入文字

文字是平面设计作品的重要组成部分，它不仅可以传达信息，还可以起到美化版面、强化主题的作用。本软件提供多个用于创建文字的工具，文字的编辑和修改方法也非常灵活。在这一章中，我们就来详细了解文字的创建与编辑的方法。

图 6-2

6.3.1 输入点文字

操作点拨 如何输入点文字

01 选择文字工具，如图 6-3 所示。

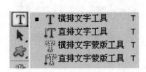

图 6-3

02 在选项栏中选择/改变文字方向：用鼠标点击选项栏上的按钮，可以选择/改变文字方向。

03 选择另外的文本属性，如字体、大小、消除锯齿、段落格式等，如图 6-4 所示。

图 6-4

04 在图像上欲输入文字处单击，出现"I"图标，这就是输入文字的基线，如图 6-5 所示。

图 6-5　　　　　　　　　　　　　　　　　　图 6-6

05 输入所需文字，如图 6-6 所示。

06 输入的文字将生成一个新的文字图层。

6.3.2　输入段落文字

操作点拨　　如何输入段落文字

01 选择文字工具。

02 在选项栏中选择/改变方向：用鼠标点击选项栏上的 ⅠT 按钮，可以选择/改变文字方向。设置文本属性，如字体、大小、消除锯齿、段落格式等。

03 在图像上欲输入文本处用鼠标拖拉出定界框，在定界框内出现"Ⅰ"图标，这就是输入文本的基线，如图 6-7 所示。或按住键拖移，以显示"段落文字大小"对话框。输入"宽度"和"高度"的值，单击"确定"。

图 6-7　　　　　　　　　　　　　　　　　　图 6-8

04 输入所需的文本，如图 6-8 所示，如果输入的文字超出定界框所容纳的大小，定界框上将出现一个溢出的图标。如果需要的话，可以对定界框调整大小、旋转或拉伸。

05 输入的文字将生成一个新的文字图层。

提示

　　点文字适合输入少量的标题类型的文字，因为点文字输入方式不能自动换行，而段落文字就适合处理大量的文本。在进行文字的输入时，选项栏上会自动生成两个选择按钮，单击 ◎ 按钮，则自动取消这次文本输入的操作；单击 ✔ 按钮，则自动结束本次文本输入。

6.3.3　定界框的调节

定界框可以拉伸和旋转。

- 把光标放在定界框的顶点上就会出现拉伸的标志。
  - ➢ 文字大小不变的缩放：用鼠标直接拉定界框，这时文字的大小不随定界框的大小而改变，就是说如果定界框变小会有部分文字无法显示出来，如图 6-9 所示。
  - ➢ 文字大小改变的缩放：用鼠标拖拉定界框的同时按住 Ctrl 键，这样文字的大小将随定界框的大小而自动改变，如图 6-10、图 6-11 所示。
  - ➢ 把光标放在定界框外就会出现旋转的标志，按住鼠标左键直接拖曳就可以旋转定界框，如图 6-12 所示。

图 6-9

图 6-10

图 6-11

图 6-12

6.4　编辑文字

6.4.1　消除锯齿

Photoshop 中的文字为点阵字，由像素组成，会产生锯齿现象。在输入文字前应选择是否消除锯齿。选项栏中提供了 5 个选项：无、锋利、脆的、强、平滑，如图 6-13 所示。

图 6-14～图 6-18 为这 5 种选项的文字放大后的效果图，可用来比较它们之间的差别。

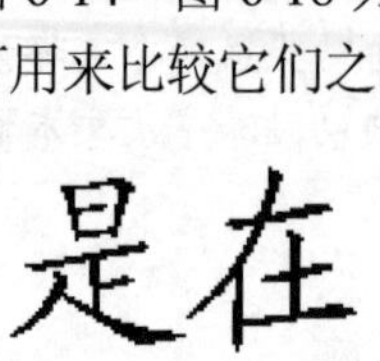

图 6-13

是在　　　是在　　　是在

图 6-14 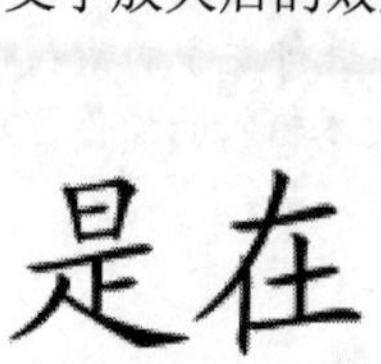　　　　　图 6-15 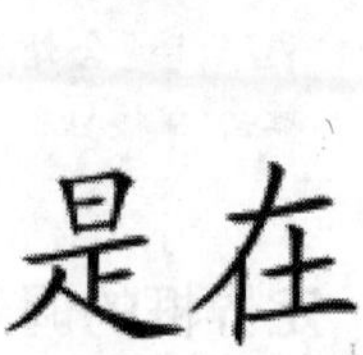　　　　　图 6-16

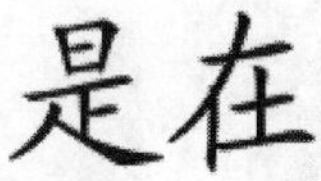

是在　　　　　是在

图 6-17 　　　　　　　　　图 6-18

6.4.2　段落的格式编排

段落格式包括：左对齐、居中、右对齐。单击选项栏上的，可以调出文本与段落调板，这两个调板的具体使用以后章节会详细介绍。

6.4.3　弯曲文本

使用"弯曲文本"选项可以为文本做多种变形。单击 会出现变形文字调板，如图 6-19 所示。各选项为：

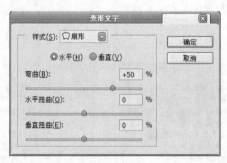

图 6-19

图 6-20

- 风格：选择哪种风格的变形，单击右侧小方块弹出风格菜单，如图 6-20 所示。
- 水平和垂直：选择弯曲的方向。
- 弯曲、水平扭曲、垂直扭曲：输入适当的数值，控制弯曲的程度。

图 6-21～图 6-36 是各种风格变形的效果图。

图 6-21

图 6-22

图 6-23

图 6-24

图 6-25

图 6-26

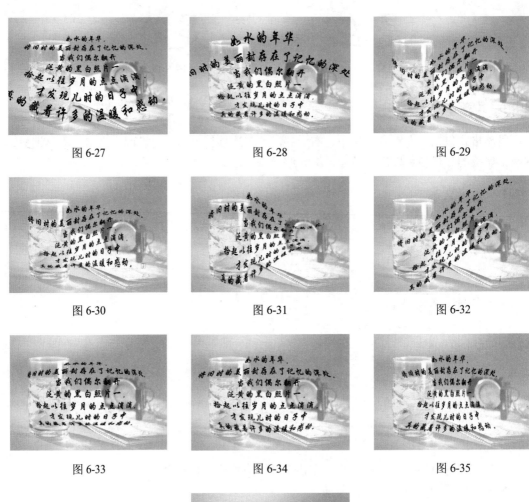

图 6-27　　　　　　　　图 6-28　　　　　　　　图 6-29

图 6-30　　　　　　　　图 6-31　　　　　　　　图 6-32

图 6-33　　　　　　　　图 6-34　　　　　　　　图 6-35

图 6-36

本章小结

　　配合段落和文字调板，无论是输入点文字还是段落文字，Photoshop 中的文字工具都会满足用户的要求。

第 7 章

其 他 工 具

本章重点

- 学习掌握其他工具的使用方法
- 了解如何测量距离、角度和面积
- 3D 工具的使用方法

7.1 工具概览

Photoshop CS5 其他工具：

移动工具：可将选区或图层移动到图像中的新位置。

裁切工具：可剪切图像，并重新设置图像的大小。

滴管工具：选择图像上的颜色作为前景色。

彩色取样工具：一次可以在同一图像上设定四个采样点。

标尺工具：可以测出两点间的距离、角度等信息。

注释工具：增加文字注释。

计数工具：对图像中的对象计数。

抓手工具：可以在画布上移动画面。

缩放工具：对图像进行放大或缩小。

3D 对象编辑工具：使模型围绕其 X Y Z 轴旋转。

移动 3D 照相机：可以移动视图，同时保持 3D 对象的位置不变。

下面是各种工具的使用效果图（见图 7-1）。

移动工具　　　　　　　　　　裁切工具　　　　　　　　　　注释工具

图 7-1

滴管工具

彩色取样工具

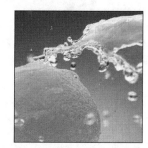

计数工具

标尺工具

抓手工具

缩放工具

3D 对象编辑

移动 3D 照相机

图 7-1（续）

7.2　移动工具

　　使用 ▶✛ 移动工具可以将选区或图层移动到图像中的新位置。在"信息"调板打开的情况下，可以准确跟踪移动的距离。移动工具的选项栏，如图 7-2 所示。

图 7-2

7.2.1　选择图层

　　选择图层有两种方法：
　　直接在图层调板中选择所需图层。
　　选择移动工具，在选项栏中勾选"自动选择"，用鼠标在图像上单击，可自动选择光标所接触的非透明图像的那一层。

7.2.2　变换图层

选择移动工具，在选项栏中勾选"显示更换控件"，用鼠标单击图像后，可对已选中的一个或多个图层进行变换，如图 7-3 所示。用鼠标左键选中边框后再单击右键会出现下拉菜单，在菜单中可选择变换的方式，如图 7-4 所示。同时选项栏也将随之变化，如图 7-5 所示，其中有许多变化的参数可以设定。

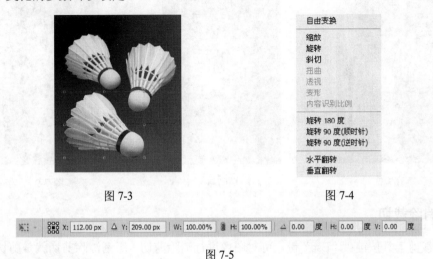

图 7-3　　　　　　　　　　　　　　　　图 7-4

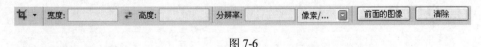

图 7-5

7.2.3　排列图层

在图层调板中选中两个以上的连接层时，用移动工具可以对它们进行排列，只需在选项栏中选择所需的排列方式，然后按下相应的按钮即可。

7.2.4　分发图层

在图层调板中选中三个以上的连接层时，只需在选项栏中选择所需的分发方式按下相应的按钮即可。

7.3　裁切工具

使用 裁切工具可剪切图像，并重新设置图像的大小。"裁切工具"的选项栏如图 7-6 所示。

图 7-6

7.3.1　裁切图像

操作点拨　如何裁切图像

01　选中裁剪工具。

02 在选项栏中设定好裁剪工具的属性。

03 在所需剪切的图像上，用鼠标拖曳出剪切区间框，如图 7-7 所示。

04 对剪切框进行调节，达到预定效果，如图 7-8 所示。

05 按键 "Enter" 或在框内双击鼠标进行剪切，如图 7-9 所示。

图 7-7 图 7-8 图 7-9

7.3.2 消除裁切

选择裁剪工具按键盘 "Esc" 键，可对图像进行消除剪切。所谓消除剪切就是剪切时图层和画面同时被剪切。

7.3.3 隐藏裁切

选中裁剪工具选项栏中的 "屏蔽" 按钮，可对图像进行隐藏剪切。所谓隐藏剪切就是剪切时只对画布进行剪切，而对图层无影响，就好像把图层隐藏起来一样。

7.3.4 设定图像大小

在剪切时用户可以设定剪切后的图像的大小和分辨率。在选项栏（见图 7-10）中，在 "宽度:" 和 "高度:" 后面输入所需要的宽度和高度的值，在裁后面输入所需的分辨率的值，单位是像素/尺寸。这样剪切后的图像将自动生成所设定的大小。单击选项栏中的清除将清除所有的设定。

图 7-10

7.4 信息工具

信息工具包括：吸管工具、颜色取样器工具、标尺工具、注释工具、计数工具，如图 7-11 所示。前三个工具从不同的方面显示了光标所在点的信息。

图 7-11

7.4.1 吸管工具

吸管工具：可以选定图像中的颜色作为前景色，在信息调板中将显示光标所在点的颜色信息，如图 7-12 所示。

　　吸管工具的选项栏如图 7-13 所示，其中取样大小用来设定吸管工具的取色范围，包括：单点取样、3×3 平均、5×5 平均等。

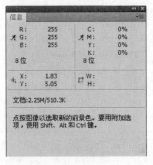

图 7-12　　　　　　　　　　　　　　　　图 7-13

7.4.2　颜色取样器工具

　　使用 颜色取样器工具可以在图像中最多定义 4 个取样点，如图 7-14 所示，而且颜色信息将在信息调板中保存，如图 7-15 所示。用户可以用鼠标拖动取样点，从而改变取样点的位置，如果想删除取样点，只需用鼠标将其拖出画布即可。

图 7-14　　　　　　　　　　　　　　　　图 7-15

7.4.3　标尺工具

　　使用 标尺工具可以测量两点或两线间的信息，如图 7-16 所示。信息将在 Info 调板中显示，如图 7-17 所示。使用方法为：选择 Measure Tool 在图像上单击确定起点，拖曳出一条直线，单击后就确定了一条线段，然后按键创建第二条测量线。

7.4.4　注释工具

　　 注释工具，如图 7-18 所示。可以在图像上增加文字注释，可以作为图像的说明文件，起提示作用。

图 7-16

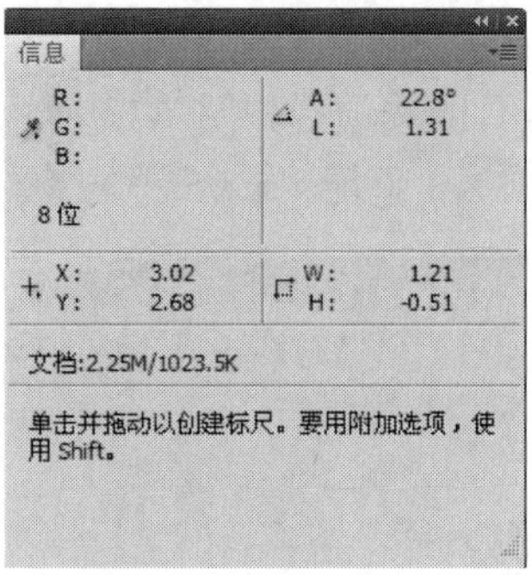

图 7-17

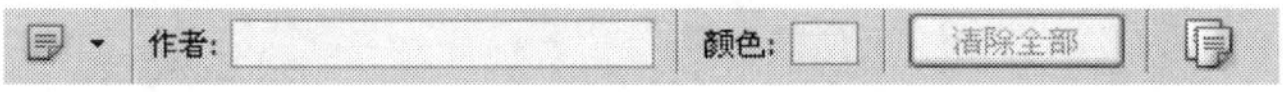

图 7-18

操作点拨　如何创建文字注释

01　选择注释工具。

02　在选项栏中设置所需选项（见图 7-18）。

- 输入作者名字，名字出现在标题栏的注音窗口。
- 选择文本的字体和大小。
- 为注音窗口选择颜色。

03　单击需要放置注释的地方，或用光标直接拖曳出注释窗口。

04　单击注释窗口内部，输入所需文本，如图 7-19 所示。

05　单击关闭窗口图标，关闭注释窗口，如图 7-20 所示。

图 7-19

图 7-20

7.5　抓手工具

使用 抓手工具可以在图像窗口中移动整个画布，移动时不影响图层间的位置，如图 7-21 所示。

抓手常常配合导航器调板一起使用，如图 7-22 所示。

图 7-21

图 7-22

7.6 缩放工具

缩放工具可以对图像进行放大或缩小。选择缩放工具并单击图像时，对图像进行放大处理；按住"Z"键，将缩小图像。

缩放工具选项栏中包含了该工具的控制选项。

- 放大：按下该按钮后，单击鼠标可以放大图像的显示比例。
- 缩小：按下该按钮后，单击鼠标可以缩小图像的显示比例。
- 调整窗口的大小以满屏显示：勾选该项后，在缩放图像的同时将自动调整窗口的大小。
- 缩放所有窗口：勾选该项后，可以同时缩放打开图像。
- 实际像素：单击该按钮，图像将以实际像素，即 100%的比例显示，也可以双击工具箱中的缩放工具来进行同样的调整。
- 适合屏幕：单击该按钮，可以在窗口中最大显示完整图像。也可以双击工具箱中的抓手工具来进行同样调整。
- 打印尺寸：单击该按钮，可以按照实际打印尺寸显示图像。

提示 　用户可以使用多种方法放大或缩小视图。窗口的标题栏显示缩放百分比（除非窗口太小，不适合显示），窗口底部的状态栏也显示缩放百分比。图像的 100%视图显示的图像与其在浏览器中显示的一样（显示器分辨率和图像分辨率相同）。

操作点拨 　如何放大视图

选择缩放工具，指针将变为中心带有一个加号的放大镜，单击想放大的区域。每单击一次，图像便放大至下一个预设百分比，并以单击的点为中心显示，如图 7-23 所示。当图像到达最大放大级别 6400%时，放大镜中的加号将消失。

图 7-23

操作点拨 如何缩小视图

选择缩放工具，按住"Z"键以启动缩小工具。指针将变为中心带有一个减号的放大镜。单击想要缩小的图像区域。每单击一次，视图便缩小到上一个预设百分比。当文件已经到达最大缩小级别，以至于在水平和垂直方向只能看到 1 个像素时，放大镜中的减号消失。

操作点拨 如何通过拖移放大

01 选择缩放工具。

02 在想放大的图像上拖移。缩放选框内的区域按最可能的放大级别显示。如图 7-24、图 7-25 所示。

图 7-24   图 7-25

提示

按此选项按比例调整缩放级别和窗口大小，以使图像适合可用的屏幕空间。这将在放大或缩小图像视图时调整窗口大小。

若选择默认设置，则无论图像的放大级别是多少，窗口都保持一个不变的大小。这在使用较小的显示器和处理拼贴视图时非常有用。

7.7　3D 对象编辑

使用对象编辑工具可以移动、旋转和缩放 3D 模型。当操作 3D 模型时，相机视图保持固定。图 7-26 所示为 3D 对象编辑工具及工具选项栏。

图 7-26

7.7.1　3D 旋转工具

3D 旋转工具使用该工具上下拖动可以使模型围绕其 X 轴旋转，两侧拖动可围绕其 Y 轴旋转，按住 Alt 键的同时拖动则可以滚动模型。如图 7-27 所示。

7.7.2　3D 滚动工具

🔄3D 滚动工具在两侧拖动可以使模型围绕其 z 轴旋转，如图 7-28 所示。

图 7-27　　　　　　　　　　　　　　　图 7-28

7.7.3　3D 平移工具

✛3D 平移工具在两侧拖动可沿水平方向移动模型，上下拖动可沿垂直方向移动模型，按住 Alt 键的同时拖动可沿 x/y 轴方向移动，如图 7-29 所示。

7.7.4　3D 滑动工具

✛3D 滑动工具在两侧拖动可沿水平方向移动模型，上下拖动可将模型移近或移远，如图 7-30 所示，按住 Alt 键的同时拖动可沿 x/y 轴方向移动。

图 7-29　　　　　　　　　　　　　　　图 7-30

7.7.5　3D 比例工具

⊹3D 比例工具上下拖动可放大或缩小模型，按住 Alt 键的同时拖动可沿 z 轴缩放。

提　示
　　按住 Shift 键进行拖动，可以将旋转、拖动、滑动或缩放工具限制为沿单一方向运动。

7.8　移动 3D 照相机

　　使用移动 3D 相机工具可以移动相机视图，同时保持 3D 对象的位置不变，图 7-31 所示为 3D 相机工具及属性选项栏。

图 7-31

7.8.1　3D 环绕工具

　　3D 环绕工具拖动鼠标可以将相机沿 x/y 轴方向环绕移动，如图 7-32 所示，按住 Ctrl 键的同时进行拖动可以滚动相机。

7.8.2　3D 滚动工具

　　3D 滚动工具拖动可以滚动照相机，如图 7-33 所示。

图 7-32

图 7-33

7.8.3　3D 平移视图工具

　　3D 平移视图工具拖动可将照相机沿 x 或 y 方向移动，如图 7-34 所示，按住 Ctrl 键的同时拖动可沿 x 或 z 方向移动。

7.8.4　3D 移动视图工具

　　3D 移动视图工具移动可以步进相机（z 转换和 y 旋转），如图 7-35 所示，按住 Ctrl 键的同时拖动可沿 z/x 方向步览（z 转换和 x 旋转）。

图 7-34

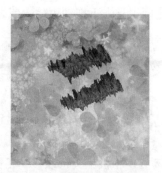

图 7-35

7.8.5　3D 缩放工具

3D 缩放工具拖动可以更改 3D 相机的视角，如图 7-36 所示。

图 7-36

本章小结

不要小看本章介绍的这一组工具，它们使用的频率可是最高的。熟练地掌握和使用这一组工具，可以使用户的创作事半功倍。

第 8 章

颜 色 调 整

本章重点 ◄◄

- 了解工具栏上的其他选项
- 拾色器的使用
- 了解色彩模式及其转换

8.1 颜色理论及色彩模式

对于图像设计者、画家、艺术家、录像制作者来说，创建完美的颜色是至关重要的。当颜色运用得不正确的时候，表达的概念就不完整，图像不能成功地表达它的信息，艺术经验就丢失了。如果一幅本来应是郁郁葱葱的森林景象，由于颜色偏黄而显得病快快的，则大自然的重要性就没有体现出来，户外的"健康"感觉也就没有了。如果森林中的火焰中的灼灼红光变得黯淡，则传递的是一种衰败和锈蚀的感觉，而不是一种热烈的感觉。要创建完美的颜色，可不是一件容易的事。画家必须混合、再混合颜料，直到调出的颜色与所看见的或所想象的景象的色泽完全相符。摄影师和电影制作者必须花费很多时间来测试、重调焦距和增加光线，直到创建一幅适当的景观。

从许多方面来看，在计算机上看到的颜色与真实的没有什么不同。用户该如何保证在屏幕上看到的颜色与自然的或者用户艺术想象中的颜色一致呢？而且，用户又如何使在屏幕上看到的颜色就是打印图像输出的颜色呢？在 Photoshop 中要创建合适的颜色必须先有一些有关颜色理论的知识。一旦用户懂得了颜色理论的基本知识，就会认识 Photoshop 中的对话框、菜单及调色板等所用到的颜色术语。当用户在进行色彩校正的时候，也将懂得增色及减色的过程。有了颜色理论的知识，用户将知道如何用一种丰满浓郁的蓝色去着色天空。用户将能够挑选颜色，从而使自己在 Photoshop 中创建的翠色欲滴的翡翠绿出现在打印纸张上的森林上。

为了在 Photoshop 中成功地选择正确的颜色，用户必须首先懂得颜色模式。创建颜色模式是用来提供一种将颜色翻译成数字数据的方法，从而使颜色能在多种媒体中得到连续的描述。例如，当我们提到一种"蓝绿"色时，对这种颜色的理解在很大程度上取决于个人的感觉。从另一方面来说，如果我们在一种颜色模式中为它赋了一个专有的颜色值——在 CMYK 模式中为100%的青色，3%的洋红色，30%的黄色以及15%的黑色，那么不断地产生这同一种颜色就有了可能。

用户在使用 Photoshop 的颜色功能时，将会遇到几个不同的颜色模式：RGB、CMYK、

HSB 和 Lab。RGB 和 CMYK 颜色模式会让用户永远记得自然的颜色，用户监视器上的颜色以及打印纸张上的颜色是以完全不同的方法创建的。监视器是通过发射红、绿、蓝三种光束来创建颜色的，它使用的是 RGB（红／绿／蓝）颜色模式。为了在彩色照片上复制出一种连续色泽的效果，打印技术使用了一种青色、洋红色、黄色及黑色墨法的组合物，从而反射和吸收各种光的光波。通过添印这四种颜色而创建的颜色是 CMYK（青／洋红／黄／黑）颜色模式的一部分。HSB（色泽／饱和度／明亮度）颜色模式是基于人类感觉颜色的方式的，从而为将自然颜色翻译成用户计算机创建的色彩提供了一种直觉方法。Lab 颜色模式则提供了一种创建"不依赖设备"的颜色的方法，这也就是说，无论使用何种监视器。

颜色的存在是因为有三个实体：光线、被观看的对象，以及观察者。物理学家们已经证明了白光是由红、绿、蓝三种波长组成的。人眼是把颜色当作由对象吸收或反射不同波长的红、绿、蓝形成的。例如，假定用户在一个晴朗的日子参加了一次野餐，正准备拿一个红苹果。阳光照射在苹果上，光的红色波长就从苹果处反射到用户的眼睛里。而绿色和蓝色的波长则被苹果吸收了。用户眼睛里的传感器对反射的光线作出反应，发射信息，该信息由用户的大脑解释为红色。用户对红色的感觉取决于苹果、光线及自己本身。一个苹果可能比另一个苹果吸收更多的绿色和蓝色，因此它的颜色就显得更红。如果云彩遮住了太阳，则苹果的红色就变得黯淡了一些。用户对这个苹果的感觉也会受到生理条件、吃苹果的经验或者已经整天没有吃东西这些事实的影响。用户能看见苹果的红、绿、蓝三种波长，它们是自然界中所有颜色的基础。这也就是为什么我们经常将红、绿、蓝三色称为光的基色的原因。光谱中的所有颜色都是由这三种波长的不同强度构成的。把三种基色交互重叠，它们就产生了次混合色：青、洋红、黄色。基色及次混合色是彼此的互补色。互补色是彼此之间最不一样的颜色。黄色是由红色和绿色构成的。其中蓝色是缺少的一种基色，因此，蓝色和黄色便是互补色。绿色的互补色是洋红色，红色的互补色是青色。这就是为什么用户能看到除红、绿、蓝三色之外其他颜色的原因。在一朵太阳花中，用户看到了黄色是因为红色和绿色的波长反射到了用户的眼里，而同时蓝色则被太阳花吸收了。所有基色的混合便形成了白色。用户也许会以为将这些颜色加到一起会产生一种更暗的颜色，但是别忘了，我们加的可是光线。当我们把光的波长加到一起的时候，得到的将会是更明亮的颜色。这就是为什么基色经常被称为添加色的原因。通过将所有颜色的光波都加到一起，我们就会得到最明亮的光线：白光。因此，当我们看到一张白纸的时候，所有的红、绿、蓝波长都被反射到了我们的眼睛里。当我们看到黑色时，所有的红、绿、蓝波长都完全被物体吸收了，因此也就没有任何光线反射到我们的眼睛里。

在 Photoshop 中，了解模式的概念是很重要的，因为色彩模式决定显示和打印电子图像的色彩模型（简单说色彩模型是用于表现颜色的一种数学算法），即一副电子图像用什么样的方式在计算机中显示或打印输出。常见的色彩模式包括位图模式、灰度模式、双色调模式、HSB（表示色相、饱和度、亮度）模式、RGB（表示红、绿、蓝）模式、CMYK（表示青、洋红、黄、黑）模式、Lab 模式、索引色模式、多通道模式以及 8 位/16 位模式，每种模式的图像描述和重现色彩的原理及所能显示的颜色数量是不同的。

色彩模式除确定图像中能显示的颜色数之外，还影响图像的通道数和文件大小。这里提到的通道也是 Photoshop 中的一个重要概念，每个 Photoshop 图像具有一个或多个通道，每个通道都存放着图像中颜色元素的信息。图像中默认的颜色通道数取决于其色彩模式。例如，CMYK 图像至少有四个通道，分别代表青、洋红、黄和黑色信息。除了这些默认颜色通道，也可以将叫做 Alpha 通道的额外通道添加到图像中，以便将选区作为蒙版存放和编辑，并且可添加专色通道。一个图像有时多达 24 个通道，默认情况下，位图模式、灰度双色调和索引色图像中仍一个通道；RGB 和 Lab 图像有三个通道；CMYK 图像有四个通道。

1. HSB模式

HSB 模式是基于人眼对色彩的观察来定义的，在此模式中，所有的颜色都用色相或色调、饱和度、亮度三个特性来描述。

（1）色相（H）。

色相是与颜色主波长有关的颜色物理和心理特性，不同波长的可见光具有不同的颜色。众多波长的光以不同比例混合可以形成各种各样的颜色，但只要能确定波长组成情况，那么颜色就确定了。非彩色（黑、百、灰色）不存在色相属性，所有色彩（红、橙、黄、绿、青、蓝、紫等）都是表示颜色外貌的属性。它们就是所有的色相，有时色相也称为色调。

（2）饱和度（S）。

饱和度指颜色的强度或纯度，表示色相中灰色成分所占的比例，用 0%～100%（纯色）来表示。

（3）亮度（B）。

亮度是颜色的相对明暗程度，通常用 0%（黑）～100%（白）来度量。

2. RGB模式

RGB 模式是基于自然界中三种基色光的混合原理，将红（R）、绿（G）和蓝（B）3 种基色按照从 0（黑）～255（白色）的亮度值在每个色阶中分配，从而指定其色彩。当不同亮度的基色混合后，便会产生出 256×256×256 种颜色，约为 1670 万种。例如，一种明亮的红色可能 R 值为 246，G 值为 20，B 值为 50。当 3 种基色的亮度值相等时，产生灰色；当 3 种亮度值都是 255 时，产生纯白色；而当所有亮度值都是 0 时，产生纯黑色。当 3 种色光混合生成的颜色一般比原来的颜色亮度值高，所以 RGB 模式产生颜色的方法又被称为色光加色法。

3. CMYK模式

CMYK 颜色模式是一种印刷模式。其中四个字母分别指青（Cyan）、洋红（Magenta）、黄（Yellow）、黑（Black），在印刷中代表四种颜色的油墨。CMYK 模式在本质上与 RGB 模式没有什么区别，只是产生色彩的原理不同，在 RGB 模式中由光源发出的色光混合生成颜色，而在 CMYK 模式中由光线照到有不同比例 C、M、Y、K 油墨的纸上，部分光谱被吸收后，反射到人眼的光产生颜色。由于 C、M、Y、K 在混合成色时，随着 C、M、Y、K 四种成分的增多，反射到人眼的光会越来越少，光线的亮度会越来越低，所有 CMYK 模式产生颜色的方法又被称为色光减色法。

4. Lab模式

Lab 模式的原型是由 CIE 协会在 1931 年制定的一个衡量颜色的标准，在 1976 年被重新定义并命名为 CIELab。此模式解决了由于不同的显示器和打印设备所造成的颜色扶植的差异，也就是它不依赖于设备。

Lab 颜色是以一个亮度分量 L 及两个颜色分量 a 和 b 来表示颜色的。其中 L 的取值范围是 0～100，a 分量代表由绿色到红色的光谱变化，而 b 分量代表由蓝色到黄色的光谱变化，a 和 b 的取值范围均为-120～＋120。

Lab 模式所包含的颜色范围最广，能够包含所有的 RGB 和 CMYK 模式中的颜色。CMYK 模式所包含的颜色最少，有些在屏幕上看到的颜色在印刷品上却无法实现。

5. 其他颜色模式

除基本的 RGB 模式、CMYK 模式和 Lab 模式之外，Photoshop 支持（或处理）其他的颜色模式，这些模式包括位图模式、灰度模式、双色调模式、索引颜色模式和多通道模式。这些颜色模式有其特殊的用途。例如，灰度模式的图像只有灰度值而没有颜色信息；索引颜色模式尽管可以使用颜色，但相对于 RGB 模式和 CMYK 模式来说，可以使用的颜色真是少之又少。下面就来介绍这几种颜色模式。

（1）位图模式。

位图模式用两种颜色（黑和白）来表示图像中的像素。位图模式的图像也叫作黑白图像。因为其深度为 1，也称为一位图像。由于位图模式只用黑白色来表示图像的像素，在将图像转换为位图模式时会丢失大量细节，因此 Photoshop 提供了几种算法来模拟图像中丢失的细节。

在宽度、高度和分辨率相同的情况下，位图模式的图像尺寸最小，约为灰度模式的 1/7 和 RGB 模式的 1/22 以下。

（2）灰度模式。

灰度模式可以使用多达 256 级灰度来表现图像，使图像的过渡更平滑细腻。灰度图像的每个像素有一个 0（黑色）～255（白色）之间的亮度值。灰度值也可以用黑色油墨覆盖的百分比来表示（0%等于白色，100%等于黑色）。使用灰度扫描仪产生的图像常以灰度显示。

（3）双色调模式。

双色调模式采用 2～4 种彩色油墨来创建由双色调（2 种颜色）、三色调（3 种颜色）和四色调（4 种颜色）混合其色阶来组成图像。在将灰度图像转换为双色调模式的过程中，可以对色调进行编辑，产生特殊的效果。而使用双色调模式最主要的用途是使用尽量少的颜色表现尽量多的颜色层次，这对于减少印刷成本是很重要的，因为在印刷时，每增加一种色调都需要更大的成本。

（4）索引颜色模式。

索引颜色模式是网上和动画中常用的图像模式，当彩色图像转换为索引颜色的图像后包含近 256 种颜色。索引颜色图像包含一个颜色表。如果原图像中颜色不能用 256 色表现，则 Photoshop 会从可使用的颜色中选出最相近颜色来模拟这些颜色，这样可以减小图像文件的尺寸。用来存放图像中的颜色并为这些颜色建立颜色索引，颜色表可在转换的过程中定义或在声称索引图像后修改。

（5）多通道模式。

多通道模式对有特殊打印要求的图像非常有用。例如，如果图像中只使用了一两种或两三种颜色时，使用多通道模式可以减少印刷成本并保证图像颜色的正确输出。

（6）8 位/16 位通道模式。

在灰度 RGB 或 CMYK 模式下，可以使用 16 位通道来代替默认的 8 位通道。根据默认情况，8 位通道中包含 256 个色阶，如果增到 16 位，每个通道的色阶数量为 65536 个，这样能得到更多的色彩细节。Photoshop 可以识别和输入 16 位通道的图像，但对于这种图像限制很多，所有的滤镜都不能使用，另外 16 位通道模式的图像不能被印刷。

6. 颜色模式的转换

为了在不同的场合正确输出图像，有时需要把图像从一种模式转换为另一种模式。Photoshop 通过执行（图像/模式）子菜单中的命令，来转换需要的颜色模式。这种颜色模式的转换有时会永久性地改变图像中的颜色值。例如，将 RGB 模式图像转换为 CMYK 模式图像时，CMYK 色域之外的 RGB 颜色值被调整到 CMYK 色域之外，从而缩小了颜色范围。

由于有些颜色在转换后会损失部分颜色信息，因此在转换前最好为其保存一个备份文件，以便在必要时恢复图像。

（1）将彩色图像转换为灰度模式。

将彩色图像转换为灰度模式时，Photoshop 会扔掉原图中所有的颜色信息，而只保留像素的灰度级。

灰度模式可作为位图模式和彩色模式间相互转换的中介模式。

（2）将其他模式的图像转换为位图模式。

将图像转换为位图模式会使图像颜色减少到两种，这样就大大简化了图像中的颜色信息，并减小了文件大小。要将图像转换为位图模式，必须首先将其转换为灰度模式。这会去掉像素的色相和饱和度信息，而只保留亮度值。但是，由于只有很少的编辑选项能用于位图模式图像，所以最好是在灰度模式中编辑图像，然后再转换它。

在灰度模式中编辑的位图模式图像转换回位图模式后，看起来可能不一样。例如，在位图模式中为黑色的像素，在灰度模式中经过编辑后可能会灰色。如果像素足够亮，当转换回位图模式时，它将成为白色。

（3）将其他模式转换为索引模式。

在将色彩图像转换为索引颜色时，会删除图像中的很多颜色，而仅保留其中的 256 种颜色，即许多多媒体动画应用程序和网页所支持的标准颜色数。只有灰度模式和 RGB 模式的图像可以转换为索引颜色模式。由于灰度模式本身就是由 256 级灰度构成，因此转换为索引颜色后无论颜色还是图像大小都没有明显的差别。但是将 RGB 模式的图像转换为索引颜色模式后，图像的尺寸将明显减少，同时图像的视觉品质也将会受损。

（4）将 RGB 模式的图像转换成 CMYK 模式。

如果将 RGB 模式的图像转换成 CMYK 模式，图像中的颜色就会产生分色，颜色的色域就会受到限制。因此，如果图像是 RGB 模式的，最好选在 RGB 模式下编辑，然后再转换成 CMYK 图像。

（5）利用 Lab 模式进行模式转换。

在 Photoshop 所能使用的颜色模式中，Lab 模式的色域最宽，它包括 RGB 和 CMYK 色域中的所有颜色。所以使用 Lab 模式进行转换时不会造成任何色彩上的损失。Photoshop 便是以 Lab 模式作为内部转换模式来完成不同颜色模式之间的转换。例如，在将 RGB 模式的图像转换为 CMYK 模式时，计算机内部首先会把 RGB 模式转换为 Lab 模式，然后再将 Lab 模式的图像转换为 CMYK 模式图像。

（6）将其他模式转换成多通道模式。

多通道模式可通过转换颜色模式和删除原有图像的颜色通道得到。

将 CMYK 图像转换为多通道模式可创建由青、洋红、黄和黑色专色（专色是特殊的预混油墨，用来替代或补充印刷四色油墨；专色通道是可为图像添加预览专色的专用颜色通道）构成的图像。

将 RGB 图像转换成多通道模式可创建青、洋红和黄专色构成的图像。

从 RGB、CMYK 或 Lab 图像中删除一个通道会自动将图像转换为多通道模式。原来的通道被转换成专色通道。

8.1.1　设定前景色和背景色

利用色彩控制图标可以设定前景色和背景色。单击前景色或背景色会出现"拾色器"对话框，如图 8-1 所示，在其中可以选定所需颜色。也可以直接在图像上或在颜色调板中拾取色彩，如图 8-2～图 8-4 所示。单击可以切换前景色和背景色；单击 D 键可以将前景色和背景色变为初始的默认颜色，即前景色为黑色，背景色为白色。

图 8-1

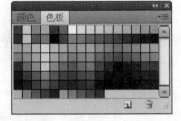

图 8-3

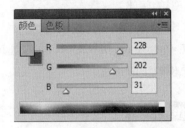

图 8-4

8.1.2　拾色器的使用

1. 使用色域或颜色滑块指定颜色

用 HSB、RGB 和 Lab 颜色模型可以在"拾色器"对话框中使用色域或颜色滑块选择颜色。颜色滑块为选中的颜色（例如 H、S 或 B）显示可用的色阶范围，如图 8-5 所示 H 被选中。色域显示其余两个图素的范围——一个在水平轴上，一个在垂直轴上。例如，如果当前颜色是黑色，用户使用 RGB 颜色模型点按了红色图素（R），则颜色滑块显示红色的范围（0在滑块的底部，255 在滑块的顶部）、色域沿着其水平轴显示蓝色的值，沿着其垂直轴显示绿色的值，如图 8-6 所示。

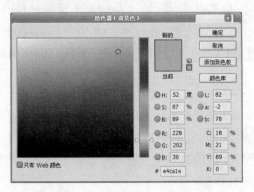

图 8-5

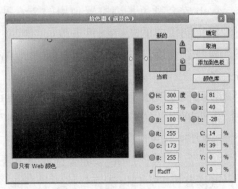

图 8-6

如何使用色域和颜色滑块指定颜色

01 点按 HSB、RGB 或 Lab 值旁的图素，例如选中 G，如图 8-7 所示。

02 选择颜色：

- 沿滑块拖移白色三角形。
- 在颜色滑块内点击。
- 在色域内点击。

在色域中点击时，一个圆形标记指示颜色在色域中的位置。在使用色域或颜色滑块调整颜色时，数字值随即更改以反映新颜色。颜色滑块右侧的颜色矩形在矩形的顶部区域中显示新颜色。原来的颜色出现在矩形的底部。

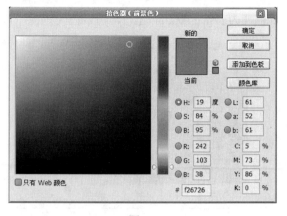

图 8-7

2. 使用数字值指定颜色

在 Photoshop 拾色器中，可以通过为每个颜色图素指定数字值，选择四种颜色模型中任一颜色模型中的颜色。

如何使用数字值指定颜色

执行下列任一操作：

- 在 CMYK 颜色模式中（打印机使用的模式），指定每个图素值（青色、洋红、黄色和黑色）的百分比。
- 在 RGB 颜色模式（监视器使用的模式）中指定 0～255（0 是黑色，255 是纯色）间的图素值。
- 在 HSB 颜色模式中，指定饱和度和亮度百分数，指定色相为一个与色轮上位置相关的 0°～360° 间的角度。
- 在 Lab 模式中，输入 0～100 间的亮度值（L）和值从 -128～-127 的 a 值（从绿色到洋红）以及 b 值（从蓝色到黄色）。

3. 使用Web安全颜色

Web 安全颜色是浏览器使用的 216 种颜色，与平台无关。在 8 位屏幕上显示颜色时，浏览器将图像中的所有颜色更改成这些颜色。216 种颜色是 Mac OS 的 8 位颜色调板的子集。通过只使用这些颜色，可以确保为 Web 准备的图片在 256 色的显示系统上不会出现仿色。

4. 如何在Photoshop拾色器中识别Web安全颜色

勾选拾色器左下角的"只有 Web 颜色"选项，然后选取拾色器中的任何颜色。在选定此选项时拾取的任何颜色都是 Web 安全颜色，如图 8-8 所示。

在拾色器中选择颜色。如果选取非 Web 颜色，则拾色器中彩色矩形旁显示一个警告立方体。点按警告立方体以选择最接近的 Web 颜色，如图 8-9 所示。

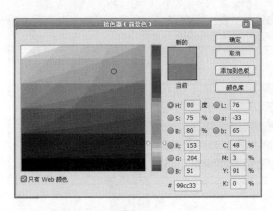

图 8-8 图 8-9

5. 识别不可打印的颜色

由于在 CMYK 模型中没有 RGB、HSB 和 Lab 颜色模型中的一些颜色（如霓虹颜色），因此无法打印这些颜色。当选择不可打印的颜色时，"拾色器"对话框和"颜色"调板中将出现一个警告三角形。与 CMYK 最接近的等价色显示在三角形的下面。如果已选取使用 Web 安全滑块，则警告三角形不可用。可以打印的颜色由"颜色设置"对话框中定义的当前 CMYK 工作空间确定。

操作点拨 为不可打印的颜色选择最接近 CMYK 颜色

单击在"拾色器"对话框调板中出现的警告三角形，图 8-10 和图 8-11 为点选前后的示意图。

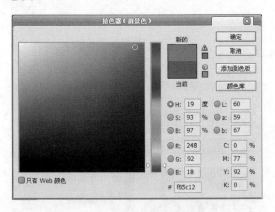

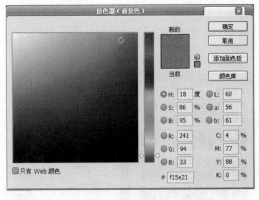

图 8-10 图 8-11

6. 选取自定颜色

操作点拨 如何选取自定颜色

01 打开 Photoshop 拾色器并单击"颜色库"，如图 8-12 所示。"颜色库"对话框显示与拾色器中当前选中的颜色最接近的颜色，如图 8-13 所示。

02 对于"色库"，请选取颜色系统，如图 8-14 所示。

03 输入油墨量或沿滚动条拖移三角形，确定所需的颜色，如图 8-15 所示。

04 在列表中点击所需要的颜色补丁，如图 8-16 所示。

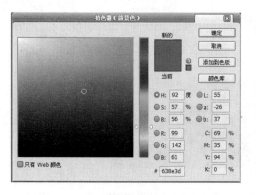

图 8-12

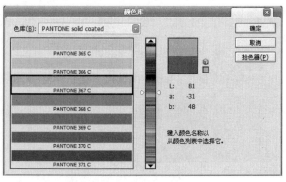

图 8-13

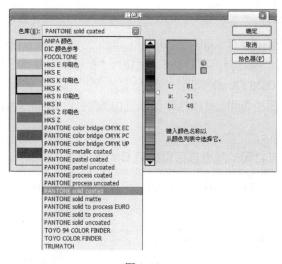

图 8-14

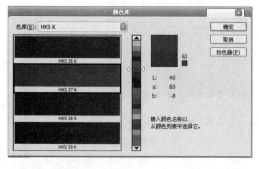

图 8-15

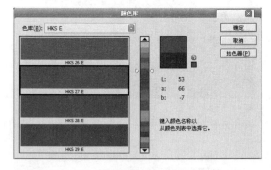

图 8-16

05 单击"确定"按钮。

8.2 模式

快速蒙版模式可以在检验图像的同时，编辑任意的选取范围。它的优点在于灵活、方便、快捷。几乎可以用 Photoshop 中的所有编辑工具或滤镜来编辑蒙版。

操作点拨　如何建立快速蒙版

01 使用选取工具，选取图像上需要编辑的区域，如图 8-17 所示。

02 单击工具箱下方的◎模式图标，进入快速蒙版模式。此时会有色彩覆盖在选择区域之外的被保护区域。Photoshop 默认的色彩为透明度 50％红色，如图 8-18 所示。

图 8-17

图 8-18

03 编辑蒙版可选择绘画工具，在图像上直接绘制即可。在默认的情况下，画黑色会增加蒙版的区域，减少选取范围，画白色与之相反，可根据色彩的深浅生成不同透明度的区域，如图 8-19 所示。

04 回到标准模式，则未受保护部分变为选区，而且支持羽化，如图 8-20 所示。

图 8-19

图 8-20

05 对选区内的图像进行编辑。

8.3　屏幕显示

按键盘 "F" 键可以在三种屏幕显示模式间互相转换。三种模式为：标准屏幕模式（见图 8-21）、带有菜单的屏幕模式（见图 8-22）和全屏模式（见图 8-23）。

图 8-21

图 8-22

图 8-23

本章小结

　　工具栏中的其他选项因为功能很少，往往不被人重视，但对于提高工作效率还是有很大帮助。"拾色器"对话框的使用是本章的重点，正确快捷的设定所需颜色是 Photoshop 中最基础的操作之一，也是进行绘画等其他操作的前提。

第9章

文 件 菜 单

本章重点 ◄◄

- 学习新建、打开、存储、输入、输出等最基本的文件操作
- 学习用新的（浏览）命令检索图片
- 学习使用各种自动化指令，不断提高工作效率

9.1 新建命令

建立一个 Photoshop 文件，并给出想要的设置。执行"文件"→"新建"命令（见图 9-1），弹出的对话框如图 9-2 所示。

图 9-1

图 9-2

图 9-3

- 名称：可以输入新建文件名称，也可以使用默认的文件名称。创建文件后，名称会显示在图像窗口的标题栏中，在保存文件时，文件的名称也会自动显示在储存文件的对话框内。
- 预设：在该选项下拉菜单中可以选择系统预设的文件尺寸，如图 9-3 所示。
- 宽度：新建文件的宽度，其中包括 cm（厘米）为宽度的单位，也可以选择英寸、像素、点、派卡、列为单位。
- 高度：新建文件的高度，单位同上。
- 分辨率：新建文件的分辨率。其中（像素/英寸）为分辨率的单位，也可以选择（像素/厘米）为单位。
- 颜色模式：新建文件的模式，其中包括位图、灰度、RGB 颜色、CMYK 颜色、Lab 颜色等几种模式。
- 背景内容：新建文件的背景颜色。
  - ➢ 白色：白色背景。
  - ➢ 背景色：以所设定的背景色（相对于前景色）为新建文件的背景。
  - ➢ 透明：透明的背景，以灰色与白色交错的格子表示。
- 图像大小：设置好以上各项后，在对话框的右侧即可显示出新建文件的大小。
- 高级：点击新建对话框中的图标，即打开高级选项设置区域。一般情况下不是展开形式显示。也不做特别的设置，采取默认状态即可。

其中包括"颜色配置文件"和"像素长宽比"。

9.2　打开命令

打开某种格式的文件。一般情况下"文件类型"默认为"所有格式"，也可以选择某种特定文件格式，在大量的文件中进行筛选。图 9-4 所示的是打开对话框。

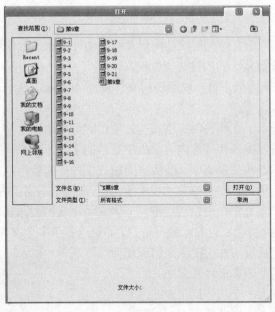

图 9-4

按 Ctrl+O 键，或者在 Photoshop 灰色的程序窗口中双击鼠标，都可以打开对话框。

9.3　在 Bridge 中浏览命令

执行"文件"→"在 Bridge 中浏览"命令可以运行 Adobe bridge。在 Adobe bridge 中查找文件时可以观察到文件的浏览效果，找到文件后，双击文件即可打开。如图 9-5 所示。它可以组织、浏览和查找所需文件，以创建供印刷、Web、电视、电影及移动设备使用的内容，并轻松访问原始 Adobe 文件以及非 Adobe 文件，用户可以根据需要将文件拖入版面中，还能够预览文件，甚至添加元数据，使文件的查找更加方便。

图 9-5

- 查找位置菜单：列出文件夹层次结构以及收藏文件夹和最近使用的文件夹，使用户可以快速找到包含要显示的项目的文件夹。
- 收藏夹面板：在该面板中可以快速访问文件夹及 Adobe stock photos、versioncue\bridge home。
- 文件夹面板：显示了文件夹的层次结构，使用它可以浏览文件夹。
- 筛选器面板：可以排序和筛选内容面板中显示的文件。
- 内容面板：显示查找位置菜单、收藏夹面板或文件夹面板指定文件。
- 预览面板：显示所选的一个或多个文件的预览。预览不同于内容面板中显示的缩览图，并通常大于缩览图，可以通过拖动分隔来缩小或扩大预览。
- 元数据面板：包含所选文件的元数据信息，如果选择了多个文件，则会列出共享数据。
- 关键字面板：可通过附加关键字来组织图像。
- 向前：可进入到下一个文件目录中。
- 向后：可返回到上一个文件目录中。
- 向上：可返回到上一级文件夹中。

- 创建新的文件夹：可新建一个文件夹。
- 逆时针旋转 90°：将选择的图形或图像文件逆时针旋转 90°。
- 顺时针旋转 90°：将选择的图形或图像文件顺时针旋转 90°。
- 删除项目：用来删除选择的文件或文件夹。
- 旋转到紧凑模式：将对话框切换为只显示少量选项的紧凑模式。
- 系统状态：显示了当前打开的文件夹中的文件的总数和被选取的文件数量。
- 缩览图滑块：拖动滑块可缩放缩览图。
- 工作区按钮：可显示收藏夹、文件夹、筛选器、内容、预览、元数据、关键字面板。

9.4 打开为命令

指定打开文件所使用的文件格式。如果文件未打开，则选取的格式可能与文件的实际格式不匹配或文件已损坏。

9.5 打开为智能对象命令

打开为智能对象命令与打开命令用法基本相似，与其不同的是打开的文件将自动转化为智能对象，如图 9-6 所示，这里就不作介绍了。

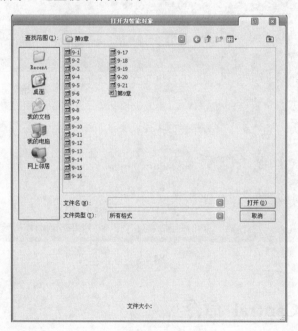

图 9-6

9.6 最近打开文件命令

以最为快捷的方法找到近期在 Photoshop 中打开过的文件，如图 9-7 所示。在下拉菜单中显示了最近打开的 10 个文件，单击某一文件即可将其打开。选择下拉菜单中的"清除最近"

命令，可以清除保存的目录。

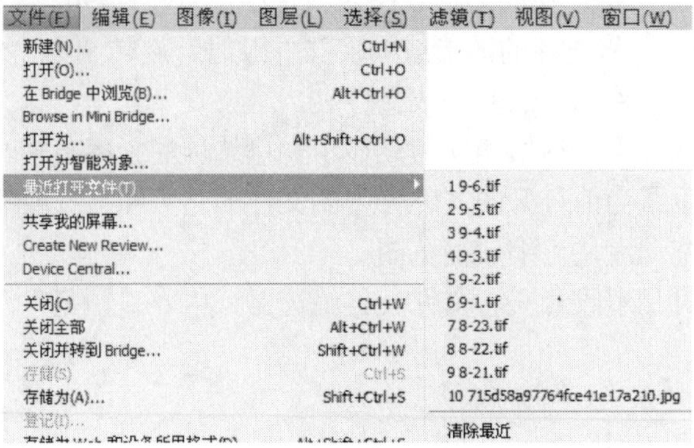

图 9-7

9.7　共享我的屏幕命令

执行该命令，将共享您的 Photoshop 屏幕，还需填入"Adobe ID"及密码如图 9-8 所示。

图 9-8

9.8　Device Central 命令

选择该命令，可运行 Device Central，如图 9-9 所示，在 Device Central 中可以创建具有为特定设置的像素大小的新文档。

9.9　关闭命令

关闭正在处理的文件。

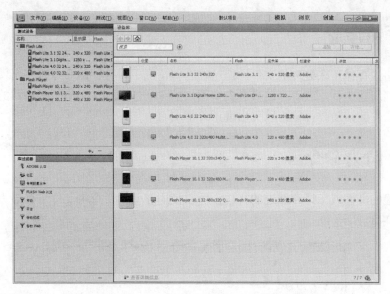

图 9-9

9.10 关闭全部命令

关闭正在处理的全部文件。

9.11 关闭并转到 bridge 命令

执行"文件"→"关闭并转到 bridge"命令可以运行 Adobe bridge。在 Adobe bridge 中查找文件时可以观察到文件的浏览效果，找到文件后，关闭即可如图 9-10 所示。

图 9-10

9.12 存储命令

以原有格式存储正在处理的文件。但是在有些情况下执行存储命令时将出现存储为对话框，比如存储新建文件，或者存储具有多个图层的 JPEG、GIF、BMP 等格式的文件。对于正在编辑的文件应该随时存储，以免出现意外情况。

9.13 存储为命令

对于新建的文件或已经存储过的文件，可以使用存储为命令将文件另存储为某种特定的格式，如图 9-11 所示。

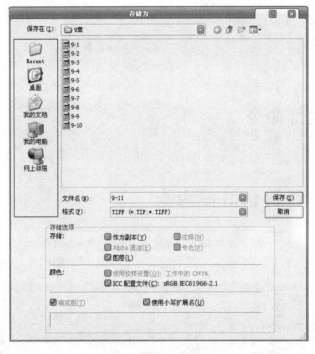

图 9-11

- 存储：对于各种要素进行存储前的取舍。
  - ➢ 作为副本：将所有编辑的文件存储成文件的副本并且不影响原有的文件。
  - ➢ Alpha 通道：当文件中存在 Alpha 通道时，可以选择存储 Alpha 通道（勾选此项）或不存储 Alpha 通道（不勾选此项）。要查看图像是否存在 Alpha 通道，执行"窗口/通道命令"打开通道调板，并在其中查看。
  - ➢ 图层：当文件中存在多图层时，可以保持各图层独立进行存储（勾选此项）或将所有图层合并为同一图层存储（不勾选此项）。要查看图像是否存在多图层，执行"窗口/图层"命令打开图层调板，在其中查看。
  - ➢ 注释：当文件中存在注释时，可以通过此选项将其存储或忽略。
  - ➢ 专色：当图像中存在专色通道时，可以通过此选项将其存储或忽略。专色通道同样可以在通道调板中查看。

- 颜色：为存储文件配置颜色信息。
- 图标：为存储文件创建缩览图，该选项为灰色，说明 Photoshop 自动为其创建缩览图。
- 使用小写扩展名：用小定字母创建文件的扩展名。

9.14 签入命令

执行"文件"→"签入"命令保存文件时，允许存储文件的不同版本以及各版本的注释，该命令可用于 Ver-sion Cue 工作区管理的图像，如果使用的来自 Adobe resion Cue 项目的文件，则文档标题栏会提供有关文件状态的其他信息。

9.15 存储为 Web 和设备所用格式命令

为了减少图片在线浏览的下载时间，可以用存储为 Web 和设备所用格式命令对图像进行优化，在保证图像质量的前提下，尽可能减少文件大小。执行存储为 Web 和设备所用格式命令出现的调板如图 9-12 所示。

图 9-12

- 抓手工具：当图像大小超出边框范围时，用该工具来移动画面。
- 切片选择工具：用来选择和编辑图片上的切片。
- 缩放工具：缩放图像比例。
- 吸管工具：用来在图像上采集颜色。
- 吸管工具当前的颜色：用以显示已经取得的颜色。
- 转换切片可视性：显示或隐藏切片边框。

- 优化控制调板：用于控制图片的优化方式。按照选择优化格式的不同，可以分 GIF 控制调板、JPEG 控制调板、PNG-8 控制调板和 PNC-24 控制调板。
- 颜色控制调板（GIF 格式和 PNG 格式）和文件尺寸调整调板。
- 状态栏：显示光标所在处图片的部分属性。

9.16　恢复命令

执行"文件"→"恢复"命令，将图像恢复到初始状态。

9.17　置入命令

执行文件菜单栏中置入命令可以将照片、图片、EPS\PDF\ADOBE ILLUSTRATOR AI 等矢量格式的文件作为智能对象置入 Photoshop 文件中。

操作点拨　置入 EPS 格式的文件

01 打开一个文件如图 9-13 所示。

02 执行"文件"→"置入"命令，打开"置入"对话框，选择要置入的 EPS 格式文件，单击"置入"按钮，将其置入到该文件中，如图 9-14 所示，将光标移至定界框的控制点上，按 Shift 键拖动可缩放图像。

图 9-13

图 9-14

03 按回车确认，如图 9-15 所示，打开"图层"调板可以看到置入的文件夹被创建了智能对象，如图 9-16 所示。

图 9-15

图 9-16

9.18　导入与导出命令

在 Photoshop 中，可以在图像中导入视频图层、注释和 WI 支持等内容。"文件"→"导入"下拉菜单中包含着各种导入文件的命令，如图 9-17 所示。

某些数码照相机使用"Windows 图像采集"（WIA）支持来导入图像，如果使用的是 WIA，则可通过 Photoshop 与 Windows 以及数码照相机或扫描仪软件配合工作，将图像直接导入到 Photoshop 中要使用 WIA 从数码照相机导入图像，首先将数码照相机连接到计算机，然后执行"文件"→"导入"→"WIA 支持"命令进行操作。

Photoshop 中的图像除了可以保存为不同的格式外，还可以导出到 illustrator 或视频设备中，从而满足了不同的使用目的，"文件/导出"下拉菜单中包含用于导出文件的命令，如图 9-18 所示。

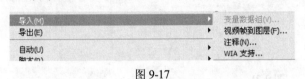

图 9-17　　　　　　　　　　　　　　　　　图 9-18

导出 zoomify 是一种用在 Web 上提供高分辨率图像的格式，利用 Viewpoint Media Player，用户可以放大或缩小图像并全景扫描图像以查看它的不同部分。

如果 Photoshop 中创建了路径，可执行"文件"→"导出"→"路径到 illustrator"命令，将路径导出到 illustrator 中，在 illustrator 中可继续对路径进行编辑。

9.19　自动与脚本命令

"文件/自动"下拉菜单中包含着各种导入文件的命令，如图 9-19 所示。

脚本语言是介于 HTML、Java、C++和 Visual Basic 之间的语言。脚本语言主要用于格式化文本和使用以编程语言编写的已编译好的组件。脚本事件管理窗口可对特定的工作流程运行脚本操作。对话框如图 9-20 所示。

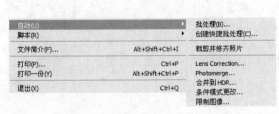
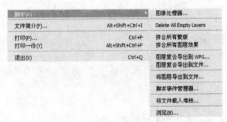

图 9-19　　　　　　　　　　　　　　　　　图 9-20

9.20　文件简介

设定各种文件信息，对话框如图 9-21 所示。该命令既可以为图像添加"文档说明"、"作者"、"作者地址"、"说明"、"说明作者"、"关键字"、"版权状态"、"版权公告"和"版权信息 URL"等。其中"关键字"为一些图像浏览器提供分类和搜索图像的方法；"类别"允许输入三个字符的字母类别代码；"起源"提供图像的历史信息。

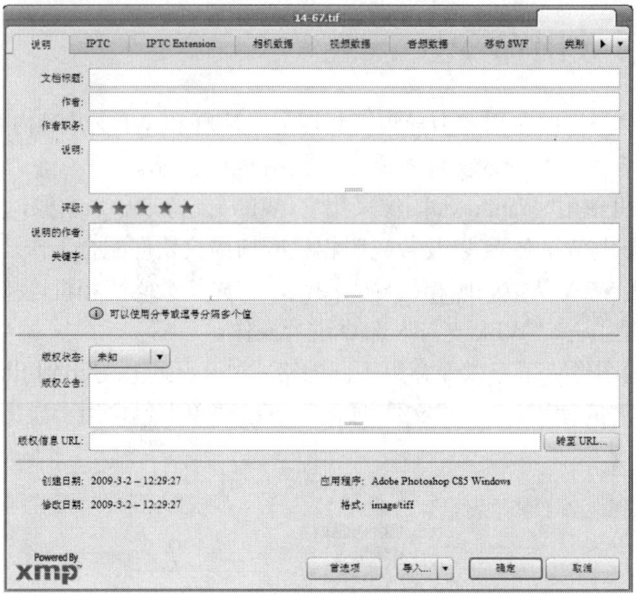

图 9-21

设定完毕后点击"确定"，这些信息将被保存在图像中，并以文件信息查看。当然也可以保存、导入、添加文件信息。

9.21　页面设置、打印、打印一份命令

进行打印前的设置并实现最终打印。

- 页面设置：显示特定于打印机、打印机驱动程序和操作系统的选项。
- 打印：显示"打印"对话框，可以在此对话框中预览打印作业并选择打印机、打印份数、输出选项和色彩管理选项。
- 打印一份：打印一份文件而不会显示对话框。

> **提 示**　如果打算缩放打印的图像，请选择"文件"→"打印"，并使用"打印"对话框而不是"页面设置"对话框中的缩放选项。"打印"对话框显示缩放图像的预览，因此它更有用。此外，您不希望在"页面设置"对话框和"打印"对话框中都设置缩放选项，这将会应用两次缩放，生成的图像可能不是按预期的大小打印。

9.22　退出命令

退出 Photoshop 应用程序。

本章小结

本章主要介绍了文件菜单各种命令的使用方法，其中较多篇幅重点介绍了新建、打开、存储、导入、导出等最基本的文件操作。

第 10 章

编 辑 菜 单

本章重点

- 了解图像的恢复与还原操作方法
- 根据工作的需要，利用定义画笔预设和定义图案命令定制画笔和图案
- 明白首选项中各项参数的意义，从而制定自己的工作环境

10.1 还原命令

在图像处理的过程中，如果操作出错，即可使用还原命令将图像还原到操作前的状态（见图 10-1）。执行一次还原命令后，还原命令会变成重作命令，执行它使图像恢复到前次操作后的状态。

编辑/还原命令虽然简单，但用它来快速比较操作前与操作后的图像效果是很方便快捷的。使用快捷键 Ctrl+Z，对节约时间是很有帮助的。

10.2 前进一步、后退一步命令

利用向前/向后命令，用户可以一步一步地回到以前的任何一次编辑状态。不过，利用历史记录面板可以更方便地做到这一点。

10.3 渐隐命令

就是画笔的笔画逐渐变细或变小直至消失，意思是逐渐消
隐。这是设置画笔的一种特殊功能，就是在绘画时，画笔逐渐消失。

图 10-1

10.4 剪切/拷贝/合并拷贝/粘贴/贴入命令

剪切、拷贝、粘贴命令相信对所有的电脑用户来说都是再熟悉不过的操作了。在 Photoshop

里，可以剪切或拷贝选区内图像和图层，并将它们以新图层的形式粘贴到同一图像或不同图像中。同时，还可以使用剪切或拷贝命令在 Photoshop 或 ImageReady 和其他应用程序之间拷贝选区内图像。

提示 请熟练使用快捷键：Ctrl+X（剪切）、Ctrl+C（拷贝）、Ctrl+V（粘贴），因为在任何地方它们都被频繁使用。

执行合并拷贝命令可以将选区内的所有可见图层的内容一起拷贝到剪贴板中。

执行粘贴入命令，可以将剪切或拷贝的内容粘贴到同一图像或不同图像中的另一个选区中。被剪切或拷贝的内容被粘贴到了一个新图层中，而且目标选区将转换为图层蒙板。

提示 记住在不同分辨率的图像之间粘贴选区或图层时，被粘贴的数据将保持它原有的像素尺寸，这会造成粘贴的部分与新图像不成比例，引起图像颜色的损失，导致图像失真。因此，在拷贝和粘贴之前，应执行图像菜单下的"图像大小"。

10.5 清除命令

执行编辑菜单下的清除命令，可以将选区内的内容清除，并以背景色或图层透明度替换选区。按键也能达到相同的效果。

如果当前工作图层是背景层，执行"编辑"→"清除"，将会以背景色填充选区。

如果当前工作图层只是普通图层，则清除命令将以透明色替换选区原来的区域，即清除后的选区部分是透明的，可以看到下一图层的内容。

10.6 拼写检查命令

Photoshop CS5 中内嵌了一个单词库，利用编辑菜单下的拼写检查命令，可以参照这些词汇对当前文本进行拼写检查。执行"编辑"→"拼写检查"。输入的单词如图 10-2 所示，则弹出如图 10-3 所示的对话框，表示拼写正确。

图 10-2

图 10-3

10.7 查找替换文本

利用查找和替换文本命令可以为图像中的文本层替换文字、标点或其他符号。执行"编

辑"→"查找和替换文本"，弹出如图 10-4 所示的
对话框。

图 10-4

- 查找内容：键入需要替换的文字、标点或
  其他符号。
- 更改为：键入用来替换的目标文本。
- 搜索所有图层：勾选此项，将在所有图层
  中查找文本，以进行整体替换。
- 区分大小写：勾选此项，将区分字母的大小写。
- 向前：向前图层查找并替换文本。
- 全字匹配：仅查找或替换文字，不包括标点及其他符号。

10.8　填充命令

利用填充命令，可以为选区或图层填充前景
色、背景色和图案。或使用纯色、渐变或图案填
充来为图层创建特殊效果。当使用填充图层填充
选区时，可以轻松更改所用图层的类型。

执行填充命令,弹出如图 10-5 所示的对话框。

图 10-5

1. 内容
- 选择填充类型，选项有：前景色、背景
  色、图案、历史记录及黑色、50%灰色、
  白色。
- 若要选择填充图案，单击图案示例旁的反向箭头，并从弹出式调板中选择图案。可以
  使用弹出式调板菜单载入附加的图案。选择图案库的名称，或选择载入并找到包含要
  使用图案的文件夹。
- 选择历史记录，可以将选中的区域恢复到图像的某个状态或快照。

2. 混合
- 在模式和不透明度中，设定绘画的混合模式和不透明度。
- 如果用户正在处理图层，并想填充只包含像素的区域，则选取"保留透明区域"
  选项。
- 如果正在填充路径，则输入一个"羽化半径"值以混合填充路径的边缘，如果想对路
  径消除锯齿，则选择"消除锯齿"。

提示

> 如果填充 CMYK 图像，则 Photoshop 用 100%黑色填充所有通道。这可能导致油墨量多
> 于打印机的允许量。为在填充 CMYK 图像时获得最好的效果，请将前景色设为适当的黑色。

10.9　描边命令

利用编辑菜单下的描边命令，可以为选区、图层和路径勾画彩色边缘。与"图层样式"

对话框中的描边样式相比，描边命令可以使用户更加快速地创建更为灵活、柔和的边界，图层样式只能作用于图层边缘。

图 10-6

当为选区或图层描边时，弹出如图 10-6 所示的对话框。

- 宽度：设定描边的画笔宽度和边界颜色。
- 位置：指定描边位置是在边界内、边界中还是在边界外。
- 不透明度：设置描绘颜色的模式及不透明度，并可选择描边范围是否包括透明区域。

操作点拨 如何利用描边命令为选区描边

01 打开一幅图片，如图 10-7 所示。下面要为其创建描边效果。

图 10-7   图 10-8

02 单击工具箱中的 魔棒工具，因为图像与背景有明显的颜色差异，所以可以通过魔棒工具转绕图像建立选区，最后的效果如图 10-8 所示。

03 执行"编辑"→"描边"，在弹出的描边对话框中设定描边宽度为 5px，选择颜色为绿色，描边位置为居外，其他保持默认选项，如图 10-9 所示。单击确定，最终的效果如图 10-10 所示。

图 10-9   图 10-10

10.10 内容识别比例命令

"内容识别比例"工具的使用方法、效果与"自由变换"工具非常类似，可以称为"升级版"的自由转变工具。"内容识别比例"让我们省去了大量、复杂的后期修补、润饰工作，并且不再忍痛裁切掉需要的画面。

提　示

当我们压缩图片时，"内容识别比例"工具会智能地压缩非重要的区域，而保留主体区域。使原来大量的、复杂的后期修补、润饰工作变得非常简单，只需要简单拖动一下鼠标即可。

10.11　自由变换与变换命令

利用编辑菜单下的自由变换命令，可以对"选区"、"图层"、"路径"、"矢量形状"或"选区边框"应用缩放或旋转变换。执行自由变换命令或使用快捷键 Ctrl+T，此时 Photoshop 会用定界边框围住选中的区域，通过对定界边框的控制，就能实现对目标对象特有的变换。

在拖移定界框手柄的同时，配合使用相应的快捷键，还可以执行斜切、扭曲和透视变换。不用拖动手柄，在选项栏中输入相应的数值，也能达到相同的变换效果。

操作点拨　　如何利用自由变换命令实现各种变换效果

01 对选区或图层的变换。当变换对象是图层的一部分时，首先建立选区（若要变换整个图层，则这一步可以省略），然后执行"编辑"→"自由变换"。待出现定界边框后，通过对手柄的控制来实现各种变形效果。

- 当鼠标定位到手柄上，指针变为双箭头时，拖动双箭头可实现缩放变换。若拖移角手柄的同时按住 Shift 键，则可实现按比例缩放。如图 10-11 所示。

- 当鼠标移动到定界框的外部，指针变成弯曲的双向箭头时，拖移可实现旋转变换。若按住 Shift 键，可按 15° 增量框旋转。若要围绕其他点而非选区中心旋转，则应在旋转前将中心点拖移到选区中的其他位置。如图 10-12 所示。

图 10-11

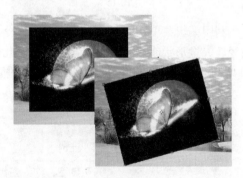

图 10-12

- 若要斜切，则应按住 Ctrl+Shift 键，当鼠标定位到手柄上时，指针则会变成带小双箭头的灰色箭头，拖移即可实现斜切变换。如图 10-13 所示。

- 如要扭曲，则应按住 Ctrl 键，待指针变成灰色箭头时，拖移即可实现扭曲。如图 10-14 所示。

- 若要实现透明变换，则需按住 Ctrl+Alt+Shift 键并拖移角手柄，待鼠标定位到角手柄时，指针变成灰色箭头，拖移即可实现透视变换。如图 10-15 所示。

02 对路径或矢量形状的变换

若变换对象是路径或矢量图形，则应首先在 Path 面板中首先将其选中，并确保当前工具是钢笔或形状工具。执行"编辑"→"自由变换"，即可实现对路径或矢量图形的变换。

03 对选区边框的变换

若要实现对选区边框的变换，应首先建立选区，然后执行"编辑"→"自由变换"，出现定界边框后即可对选区边框实现各种变换。如图 10-16 所示。

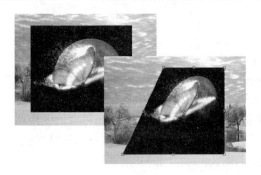

图 10-13

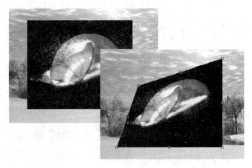

图 10-14

图 10-15

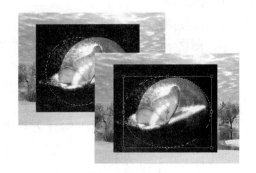

图 10-16

利用编辑菜单下的变换子菜单中的命令，如图 10-17 所示，同样可以实现对选区、图层、路径、矢量形状或选区边框的各种变换。此外，还可以应用再次、旋转 180 度、顺时针旋转 90 度、逆时针旋转 90 度以及水平翻转、垂直翻转等操作。使得变换操作更为得心应手。

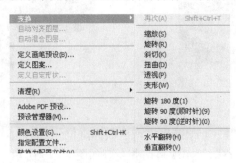

图 10-17

操作点拨 如何使用变换命令为饮料包装更换图案

01 打开两幅图片，如图 10-18、图 10-19 所示。

图 10-18

图 10-19

02 选择工具箱中的 矩形选框工具，参照图 10-20 所示进行框选，然后选择工具箱中的移动工具，配合按下 Ctrl 键选区内的图像拖入到图饮料文件中。如图 10-21 所示。

图 10-20

图 10-21

03 执行"编辑"→"自由变换"，并在属性调板中将图片调整为半透明，然后沿饮料的外包装轮廓对各锚点进行调节，如图 10-22 所示。调整完毕按 Enter 键结束。效果如图 10-23 所示。

图 10-22

图 10-23

04 选择饮料所在的背景图层，将其转换为普通图层。然后执行"色相"→"饱和度"，参数设置如图 10-24 所示，最终效果如图 10-25 所示。

图 10-24   图 10-25

10.12 自动对齐图层和自动混合图层命令

- 选取"文件"→"脚本"→"将文件载入图层"。
- 在"载入图层"对话框中，从"使用"菜单中选取"文件"或"文件夹"，然后浏览以定位要使用的文件。完成后，单击"确定"。
- 请勿包含覆盖场景顶部（顶点）或底部（最低点）的图像。这些图像将稍后添加。
- 选择"图层"面板中的所有图层，然后选取"编辑"→"自动对齐图层"。
- 在"自动对齐图层"对话框中，选择"自动"投影或"球面"投影。
- 可选，选择"晕影去除"或"几何扭曲"，进行"镜头校正"。
- Photoshop 使用镜头元数据自动检测是否使用鱼眼镜头拍摄。如果检测到鱼眼镜头，则自动选定"几何扭曲校正"选项。
- 单击"确定"。
- 选取"编辑"→"自动混合图层"。
- 在"自动混合图层"对话框中，选择"全景"作为"混合方法"，选择"无缝色调"和"颜色"选项，然后单击"确定"。
- 全景图像边缘也许会有透明像素。这会使最终的 360°全景图无法正确折叠。您可以裁剪掉像素，或使用"位移"滤镜来标识并移去像素。
- 选取"3D"→"从图层新建形状"→"球面全景"。
- 可选，手动将顶部图像和底部图像添加到球面中。还可以在 3D 球面全景图层中涂掉任何剩余的透明像素。

10.13 定义画笔预设命令

仅仅利用 Photoshop 自带的画笔显示不能满足任何绘画的要求，因此，在编辑菜单下的"定义画笔预设"命令显出了前所未有的重要性，通过此命令创建新的画笔，再配合颜色调板强大的功能，不难创作出理想的作品。

在 Photoshop 中，可定义整个图像为画笔，也可以通过建立选区选择图像的一部分来创建自定义画笔。同时，为使画笔形状更加鲜明，应让它显示在纯白色背景上。如果想定义带柔边的画笔，应选择由包含灰度值的像素组成的画笔形状（彩色画笔的形状显示为灰度值）。

10.14　定义图案命令

执行定义图案命令，可以利用图像的一部分或整个图像来创建自定义图案。这使得除了Photoshop 提供的图案库外，还可以获得自己所需要的图案。创建了图案后，可以将它们存储在图案库中，然后使用"预设管理器"载入和管理图案库。这样可以在一幅图像中使用多个图案，而且还可以使用图案图章用自定义的图案绘画。

操作点拨　如何用定义图案命令定义图案

01　打开一幅图片，围绕要定义的区域建立选区。执行"编辑"→"定义图案"，如图 10-26 所示，单击确定，即可通过选区内容建立一个图案。

图 10-26　　　　　　　　　　　　　　图 10-27

02　建立一个新文件。选择"图案图章工具"，在属性栏中选择填充定义的图案，最后的填充效果如图 10-27 所示。

10.15　定义自定形状命令

编辑菜单下的"定义自定形状"命令使用户使用 Photoshop 自带的图形库外，还可以根据需要定义合适的图形。通过使用钢笔工具创建路径或用直接选择工具对已有形状进行移动、调整大小和编辑，从而创建新的图形。

操作点拨　如何使用定义自定形状命令定义图案

01　打开一幅图片，选择工具箱中的钢笔工具在图像中建立一"标志"路径，如图 10-28 所示。下面来定义一个"标志"图形。

02　在保持路径的情况下，执行"编辑"→"定义自定形状"，利用路径定义一个"标志"图形，如图 10-29 所示。选择工具箱中的 自定义图形工具，选项栏参数设置如图 10-30 所示。

03　利用自定义图形工具在图中建立若干图形，最后的效果如图 10-31 所示。

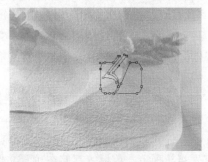

图 10-28

图 10-29

图 10-30

图 10-31

10.16　清除命令

　　执行编辑菜单下的清理命令，可以释放由还原命令、剪贴板和历史记录面板使用的内存，其子菜单如图 10-32 所示。当内存中的信息量过大以致影响了 Photoshop 的使用性能时，应用清理命令是非常必要的。

图 10-32

　　清理命令会将由命令或缓冲存储的操作从内存中永久清除，该操作不能还原。即为弹出警告对话框，提示用户"本次操作不能被还原，是否继续？"

10.17　Adobe PDF 预设命令

　　在编辑菜单下的新增添的 Adobe PDF 预设命令，是用来处理 PDF 格式文件，只有当计算机安装有绘制此格式文件的软件时才具有效用。

10.18　预设管理器命令

　　使用预设管理器可以管理预设画笔、色板、渐变、样式、图案、等高线和自定义形状库。这使用户可以很容易重复使用或共享预设库文件。每种类型的库均有自己的文件扩展名和默认文件夹。默认预设可以恢复。注意不能使用"预设管理器"创建新的预设，因为每个预设都是在各自类型的编辑器内创建的。"预设管理器"使用户可以创建由多个单个类型的预设组成的库。

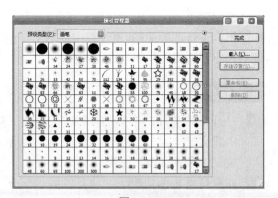

图 10-33

　　执行"编辑"→"预设管理器"，弹出预设管理器对话框，如图 10-33 所示。

　　任何新的预设画笔、色板等都自动显示在"预设管理器"中。在将其存储到预设库之前，先将新画笔、色板等存储在预置文件中，以便能在编辑过程中继续使用。若要将新项目永久存储为预设，则需要将其存储在创建它的编辑器中。否则，如果创建了新库，或替换了（而不是追加）一个同类型的新库，该项目将会丢失。

10.19　颜色设置

在出版系统中，没有设备能够重现人眼可以看见的整个范围的颜色。每种设备只在一定的色彩空间内工作，且只能生成某一范围或色域的颜色。由于色彩空间不同，在不同设备之间传递文档时，颜色在外观上会发生改变。颜色变化有多种原因：图像源的不同（扫描仪和软件使用不同的色彩空间生成图像），软件应用程序定义颜色的方式不同，印刷介质的不同（新闻印刷纸与杂志质量的纸相比重现的色域较小）和其他物理属性的变化，如显示器在制造或使用年限上的差别等。

由于不同的设备和软件使用不同的色彩空间会产生颜色匹配问题，解决方案就是通过某个系统来准确地解释和转换设备之间的颜色。色彩管理系统（CMS）可将创建颜色的色彩空间与将输出该颜色的色彩空间进行比较并做必要的调整，使不同的设备尽可以一致地表现颜色。

Photoshop 将大多数的色彩管理控制集合在了一个颜色设置对话框中，从而简化了设置颜色管理工作流程的任务。可以从预定义的色彩管理设置列表中选择，也可以手动调整控制来创建自定设置，甚至可以保存自定设置，以便和其他用户及其他使用"颜色设置"对话框的 Adobe 应用程序如 Illustrator 共享这些设置。

执行"编辑"→"颜色设置"，在弹出的颜色设置对话框中，即可进行色彩管理设置。如图 10-34 所示。

- 设置：在这里选择一种预定的色彩管理设置。Photoshop 提供了一个预定的色彩管理设置集合，用于为变通的出版工作流程产生一致的颜色，例如为 Web 或平版印刷输出做准备。在大多数情况下，预定设置为用户的需要提供足够的色彩管理。这些设置也可以作为自定义工作流程特定设置的起点。

图 10-34

当选择预定的配置时，颜色设置对话框更新为显示与配置相关的特定色彩管理设置。

- 自定义颜色管理设置：虽然预定设置可为许多出版工程提供足够的色彩管理，但有时可能需要在配置中自定义个别选项。例如，可能需要将 CMYK 工作空间更改为与输出中心使用的校对系统相匹配的配置文件。
- 工作空间：工作空间会为每个色彩模型指定工作空间配置文件（色彩配置文件定义颜色的数值如何对应到其视觉外观）。工作空间可用于没有色彩管理的文件，以及有色彩管理的新建文件。可以指定处理 RGB、CMYK、Gray 配置文件及指定显示专色通道和双色调时将使用的网点补正。
- 色彩管理方案：方案指定如何管理特定颜色模型中的颜色。它处理颜色配置文件的读取和嵌入、嵌入的颜色配置文件和工作区的不匹配，还处理从一个文档到另一个文档间的颜色移动。

- 可供选择的方案有：关、保留嵌入的配置文件及转换为色彩空间。
- 配置文件不匹配：指定何时得到有关配置文件不匹配的通知。其中包括：打开时提问和粘贴时提问。
- 缺少配置文件-打开时提问：启用时且相应的策略为关闭，只要打开不带嵌入配置的现有文档即通知，并提供选项以指定颜色配置文件。

10.20　指定配置文件与转换为配置文件命令

指定配置文件/转化为配置文件命令是从原来版本的图像菜单下的模式中提出的两项内容，现在放置于编辑菜单下。

执行"编辑"→"指定配置文件"命令，弹出指定配置文件对话框，如图 10-35 所示。

图 10-35

指定配置文件/转化为配置文件命令可以为图像重新分配颜色。一般在输出有不同用途的图像时需要用到这个命令，且只适合于高级用户。

要让图像根据激活的工作空间的改变而改变，可以选"编辑"→"指定配置文件"，并选择"不对此文档应用色彩管理"选项。这时，#标志将会出现在文档的标题栏中。

要给激活的文档指定一个与"当前工作色彩空间"不匹配的另一个色彩空间，可以选"编辑"→"转化为配置文件"选项。这时，*标志将出现在文档的标题栏中。

转化为配置文件命令提供了对指定配置文件命令的一个补充。选择它既能将打开的文档切换到不同的色彩空间中，又能转换像素，其结果是图像文档在屏幕上保持不变。

而指定配置文件命令只是为图像文档分配了一个新的色彩空间并在那里工作，所以用这个命令转换过的图像仍然保持所有像素的色彩数值不变，Photoshop 只是在新的空间中显示旧的像素，而且允许在屏幕上转换像素。即不转换像素还能导致可见的色彩转换，而转换像素却看不到色彩转换。

如果指定配置文件命令可以保持像素不变，从而使它们能在屏幕上进行变更，那么肯定还有一个命令可以用来转换像素，从而使它们能够在屏幕上保持一致，而这个命令正是转化为配置文件，在它的对话框中标识了当前文档正在使用的色彩空间，并允许指定转换至另一个色彩空间，应用这个命令，Photoshop 可以一次性完成"色彩模式"转换和"色彩空间"的转换，它不仅重新映射色彩，而且还能完成通道间的转换。也就是说无论用户工作在哪一个色彩空间中，当要准备输出（或保存）文档时，可以用这个命令将图像文档转换到不同类型的工作中去。

10.21　键盘快捷键与菜单命令

执行"编辑"→"键盘快捷键"将弹出键盘快捷键对话框，如图 10-36、图 10-37 所示。

键盘快捷键命令，功能在于设置应用程序菜单、调板菜单和工具的快捷键，以便用户更加快捷的进行工作。

菜单命令主要功能在于改变应用程序菜单和调板菜单的显示类型和有选择性的显示各菜单及调板的选项。

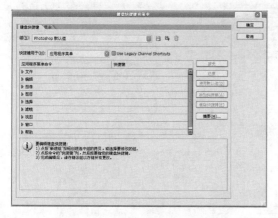 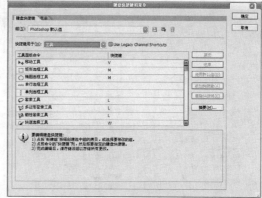

　　　　　图 10-36　　　　　　　　　　　　　　　　图 10-37

　　如图 10-38 所示，在打开编辑菜单的子菜单，在后面有眼睛形状的图标，单击相应的图标即可实现对该命令的隐藏显示。

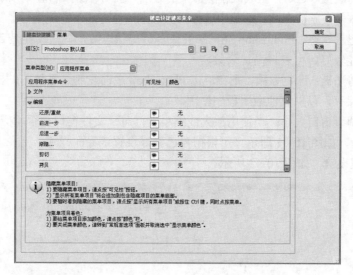

图 10-38

10.22　首选项命令

　　利用"编辑"→"首选项"命令弹出子菜单（见图 10-39），可以进行常规选项、界面选项、文件处理选项、性能选项、光标选项、透明区域与色域选项、单位与标尺选项、参考线、网格和切片选项、增效工具选项和文字选项及 Camera Raw 等选项的设置，从而定制自己的工作环境。这些设置在每次退出应用程序时都会自动保存在一个名为 Adobe Photoshop CS5 Prefs.psp 文件中，这一文件的默认位置因操作系统而异，可使用操作系统的"查找"命令搜索这一文件。

●　常规设置，如图 10-40 所示。

　　➤　拾色器：如果是 Windows 操作系统，那么最好选用 Adobe 的拾取器，因为它能根据 4 种颜色模型从整个色谱及 Pantone 等颜色匹配系统中选择颜色。

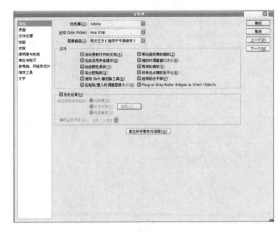

图 10-39 图 10-40

> 图像插值：当用到自由变换或图像大小命令时，图像中像素的数目会随图像形状的改变而改变。这时，生成或删除像素的方法，就叫"图像插值"。如果用户的计算机不是太差，就请在图像插值中选择两次立方插值方法，它能进行最精确的处理。

> 历史记录状态：Photoshop 能记录的最多历史状态数，默认设置是 20，如果计算机的性能较好，可以提高记录数。

> 输出剪贴板：选定该项，则在退出 Photoshop 之前复制到系统剪贴板的内容将会被系统保存，以供其他应用程序使用。

> 缩放调事窗口大小：当使用放大或缩小文件时，文件窗口是否相应地调整大小。

● 界面设置，如图 10-41 所示。可根据自己喜好设置该界面样式。

● 文件处理设置，如图 10-42 所示。

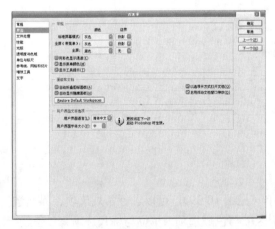

图 10-41 图 10-42

> 图像预览：选择"总是存储"，则 Photoshop 在保存文件时都会同时保存一压平后的小图，在下次执行"文件"→"打开"命令选择该文件时，对话框中会显示该文件的缩略图，即提供图像预览。

> 文件扩展名：选择文件的扩展名是大写还是小写。

> 文件兼容性：包括忽略 EXIF 配置文件标记、储存分层的 TIFF 文件之前进行询问和启用大型文档格式 3 种样式供选择。

> 启用 Version Cue 工作组文件管理：选定该项，则可以设定以何种方式与服务器联系以便共同处理文件。

> 近期文件列表包含：确定"文件"→"最近打开文件"命令所包含的最近打开过的文件数。

- 性能设置，如图 10-43 所示。可根据实际情况设置暂存盘大小。
- 光标设置，如图 10-44 所示。

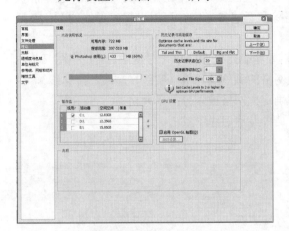

图 10-43

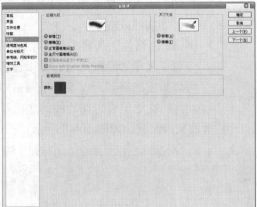

图 10-44

> 绘画和其他光标：选定"标准"，使用的工具将以实际形态出现；选择"精确"，绘画工具将以十字形光标显示；选择"正规画笔提示"，则光标将以画笔的正常形状显示。

- 透明度与色域设置，如图 10-45 所示。

> 透明区域设置：在"网格尺寸"中设定网格大小，在"网格颜色"中为网格选定一种颜色。

> 色域警告：如果图像中使用了显示器可以显示但在打印机上无法打印的颜色时，将给出警告。

- 单位与标尺设置，如图 10-46 所示。

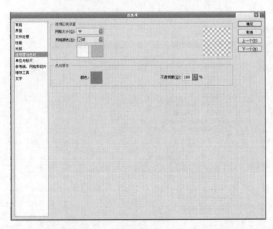

图 10-45

图 10-46

- 单位：其中"标尺"单位有像素、英寸、厘米、毫米、派克、百分比；"文字"单位有像素、点、厘米。

> 列尺寸：在有必要精确定义图像尺寸时，如从事出版之类的工作，就需要在"列尺寸"中确定宽度和订口，以用于打印装订。

> 新文件的预设分辨率：为新建文件设定的"打印分辨率"和"屏幕分辨率"。

- 参考线、网格和切片设置，如图 10-47 所示。

> 参考线：显示标尺，点击标尺边缘拖动鼠标，即可拉出参考线。参考线只是一种辅助工具，用于精确定义图像的水平与垂直位置。它不是图像的一部分，也不能被打印。通过视图菜单可以锁定、清除和新建参考线。可以设置参考线的颜色及风格，即实线或虚线。

> 网格：网格位于图像的最上层，在需要精确定位图像单元时使用。通过视图菜单命令可以显示和隐藏网格。可以设置网格的颜色及风格（实线、虚线、点化线），也可以设置网格间距以及在子网格中确定大网格被划分的单元格数。

> 切片：在这里设定切片线的颜色及是否显示切片序数。

- 增效工具设置，如图 10-48 所示。

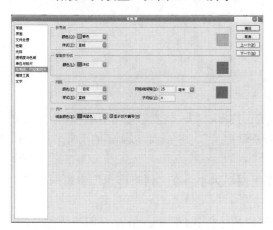

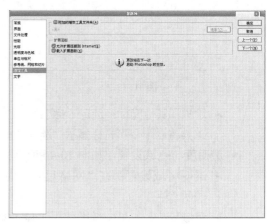

图 10-47　　　　　　　　　　　　　　　　图 10-48

- 文字设置，如图 10-49 所示。
- Camera Raw 设置，如图 10-50 所示。

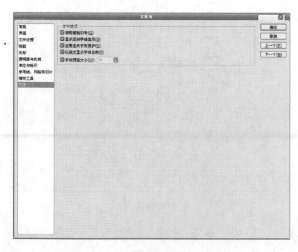

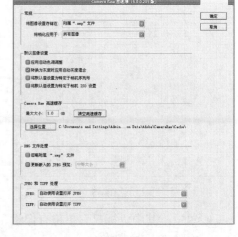

图 10-49　　　　　　　　　　　　　　　　图 10-50

本章小结

编辑菜单是 Photoshop 的传统菜单，没有涉及 Photoshop 的核心技术，却是图像处理的基础。拿到 Photoshop 的第一天，不要只陶醉于它强大的渲染效果，终日只为追求眼前缭乱的特效，而应好好地从基础做起，掌握最基本的，也是最常用的操作方法，循序渐进，一步一步地提高自己的编辑技能。用好编辑菜单，是渴望掌握图像处理技术的用户首先需要具备的素质。

10

第11章

图 像 菜 单

○ 本章重点 ◁◁

- 学会结合直方图分析图像的颜色品质
- 了解各种色彩模式的机理
- 灵活运用调整命令对图像进行颜色处理
- 学会使用裁剪与裁切命令

图像菜单涉及了大量的有关颜色的知识，包括各种色彩模式，各种色彩调整命令，以及利用色彩进行图像合成等（见图11-1）。图像菜单中的各种命令都是基于图像的颜色，因此学会观察图像的颜色是学好图像菜单的第一步。

不过，在具体介绍图像菜单之前，先来学习一些有关计算机图像的基本知识。从本质上说，图像共分两种：矢量图形和位图图像。

- 矢量图形：其轮廓和填充方法由相应的参数方程决定，是一种与分辨率无关的图像。但是最终反映到屏幕上或是打印纸上时，还是以位图方式呈现。

- 位图图像：也称点阵图像，由像素构成。像素是位图图像的最小单位，将一幅位图图像放大数倍，就能发现图像实际上是由许多的小方块组成，每个小方块就是一个像素，如图11-2所示。每一个像素只分配一种颜色，相邻像素颜色非常接近，共同构成一幅平滑的图像。

- 图像的分辨率：位图图像的分辨率反映了图像每英寸包含的像素个数。物理尺寸及分辨率推算出图像中包含的像素个数。比如，一幅5平方英寸的图像，其分辨率为每英寸16个像素，则可以算出图像中共包含了 $16 \times 16 \times 5$ 个像素。

- 颜色容量：也称颜色深度，是指图像每个像素所能分配的最大颜色数，单位是位。比如图像中每个像素最多只分配8种不同深度的颜色，就称图像的颜色容量是8位；

图 11-1

图 11-2

每个像素能分配 16 种不同深度的颜色，则图像的颜色就是 16 位的。

- 减色方法：把高颜色容量的图像转换为低颜色容量的图像时，必须丢弃一些颜色，这种在处理过程中丢弃颜色的方法，就称之为"减色方法"。不同的减色方法，基于的算法也不一样，最终的转换效果也就各有所异。

11.1　模式命令

所谓"色彩模式"，就是图像中各种不同的颜色组织起来的一种方法。具体地说，各种色彩模式决定了其图像具有相应的颜色容量及不同的颜色混合方式。

模式命令的子菜单（见图 11-3）中包含了各种色彩模式命令，如常见的 HSB（色相、饱和度、亮度）、RGB（红色、绿色、蓝色）、CMYK（青色、洋红、黄色、黑色）和 Lab 模式。Photoshop 也包括用于特别颜色输出的模式，如索引颜色和双色调模式。

图 11-3

11.1.1　位图模式

在位图模式下，图像的颜色容量是 1 位，即每个像素的颜色只能在两种深度的颜色中选择，不是"黑"就是"白"。相应的图像也就是由许多的小黑块和小白块组成的。

只有灰度模式的图像才能转换为位图模式，其他模式的图像必须选转换为灰度模式，才能进一步被转换为位图。

执行"模式"→"位图"命令，弹出位图对话框，在其中可以设定转换过程中的减色处理方法，如图 11-4 所示。

- 分辨率：在"输出"中设定转换后图像的分辨率。
- 方法：在转换过程中可以使用五种减色处理方法。
  - 50% 阈值：转换图像时，将灰度级别大于 50% 的像素全部转化为黑色，将灰度级别小于 50% 的像素转化为白色。
  - 图案仿色：此种方法将黑白像素以一定图案为模式进行减色处理。
  - 扩散仿色：与图案仿色类似，但减色处理更为精确，转换后的颗粒效果明显。
  - 半调网屏：选择半调网屏时，弹出半调网屏对话框，如图 11-5 所示。在其中可以设定频率、角度和形状。

图 11-4

图 11-5

- 自定义图案：以自定义的图案为模板进行减色处理。比较图 11-6～图 11-11 所示的几幅图像，就能看出各种减色方法能产生什么样的效果。

| 图 11-6 | 图 11-7 | 图 11-8 |

图 11-9   图 11-10   图 11-11

11.1.2 灰度模式

使用黑白扫描仪生成的图像通常都是以灰度模式显示。此模式下的图像映色彩信息，仅表现为黑白灰。灰度图像的颜色容量为 8 位，即每个像素可以分配从黑（0）、灰到白（255），共 256（2 的 8 次方）种不同灰度级别的灰度值中的任一种。

当从位图模式或其他颜色模式转换为灰度模式时，Photoshop 放弃原图像中的所有颜色信息，转换后的像素的灰阶（色度）表示原像素的亮度，如图 11-12 所示。

图 11-12

当从灰度模式转换到 RGB 模式时，像素的颜色值取决于其原来的灰色值。灰度图像也可以转换为 CMYK 图像（用于创建印刷色四色调，而不必转换为双色调模式）或 Lab 彩色图像。

11.1.3 双色调模式

双色调模式可以弥补灰度图像的不足。因为灰度图像虽然拥有 256 种灰度级别，但是在印刷输出时，印刷机的每滴油墨最多只能表现出 50 种左右的灰度。这意味着如果只用一种黑色油墨打印灰度图像，图像将非常的粗糙。但如果混合另外一种、两种或三种彩色油墨，因为每种油墨都能产生 50 种左右的灰度级别，那么理论上至少可以表现出 50×50 种灰度级别，这样打印出来的双色调、三色调或四色调图像就能表现得非常流畅了。这种靠几种油墨混合打印的方法被称之为"套印"。

以双色调套印为例：一般情况下，双色调套印应用较深的黑色油墨和较浅的灰色油墨进行印刷，黑色油墨用于表现阴影，灰色油墨用于表现中间色调和高光；但更多的情况是将一种黑色油墨与一种彩色油墨配合，用彩色油墨来表现高光区。利用这一技术能给灰度图像轻微上色。

因为双色调使用不同的彩色油墨重新生成不同的灰阶，因此在 Photoshop 中，将双色调视为单通道、8 位的灰度图像。在双色调模式中，不能像在 RGB、CMYK 和 Lab 模式中那样直接访问单个的图像通道，而是通过"双色调选项"对话框中的曲线来控制通道。

执行"模式"→"双色调模式"，弹出"双色调选项"对话框，如图 11-13 所示。

- 类型：从单色调、双色调、三色调和四色调中选择一种套印类型。
- 油墨：选定了套印类型后，即可在各色通道中用曲线工具调节套印效果。单击调整曲线方框，弹出"双色调曲线"，如图 11-14 所示。

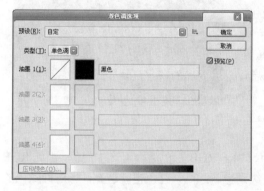

图 11-13

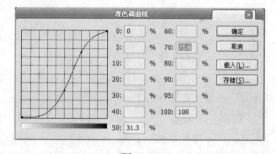

图 11-14

通过调整曲线形状可调整油墨的密度分布与灰度图像明暗度分布之间的关系。曲线的横坐标表示图像的明暗度，从左到右，从亮到暗；纵坐标表示油墨密度，坐标越高表示使用的油墨越多，相应区域也越暗。系统默认的初始形状是从左下角到右上角的一条对角线，即油墨密度与明暗度成正比，显示是一种保持图像原始明暗度的上色方式。当然，如果对原图像的明暗度分布不满意，或者想创作出具有特殊效果的图像，就可以在这里做一些调整。

在文本框中键入的值表示油墨颜色的百分比，如果在 100% 文本框中输入 70，则将使用油墨颜色的 70% 网点打印图像的 100% 暗调区域。调整曲线时，数值自动输入百分比文本框中。

单击黑色方框，弹出"拾色器"对话框，如图 11-15 所示。在这里选择一种套印颜色。

如果选择的是双色调以上的套印类型，还会出现"自定义颜色"对话框，如图 10-16 所示。在这里可以选择用于套印的油墨种类。

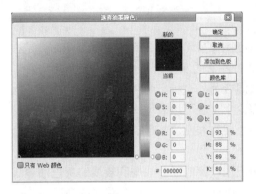

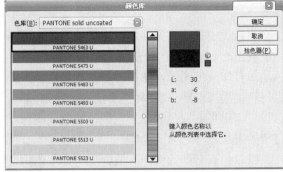

图 11-15　　　　　　　　　　　　　　　　　　　图 11-16

提示　只有灰度图像才能转换到双色调模式，其他颜色模式的图像必须选转换为灰度模式，然后才能被转换为双色调图像。

11.1.4　RGB 模式

RGB 模式具有 3 个颜色通道，分别是 Red（红色）通道、Green（绿色）通道和 Blue（蓝色）通道，如图 11-17 所示。每个通道的颜色具有 8 位，即 256 种亮度级别（从 0～255），3 个通道合在一起，每个像素也就有 24 位的颜色容量，相应就能产生 1670 多万（即 2 的 24 次方）种颜色。在 16 位/通道的图像中，通道将转换为每像素 48 位的颜色信息，具有再现更多颜色的能力。

在绝大多数可见光谱可用红色、绿色和蓝色（RGB）三色光的不同比例和强度的混合来表示。在

图 11-17

这三种颜色的重叠处产生青色、洋红、黄色和白色。由于 RGB 三色混合可产生白色，因此 RGB 模式是一种加色模式，即如果 Red 越多，其亮度级别也就起高，红色也就越亮，当三种颜色的亮度级别都是 0 时，对应像素就呈现黑色；当三种颜色亮度级别都是 255 时，对应像素就呈现白色。这种加色模式显示符合自然光的叠加原理。因此 RGB 模式是一种真彩色标准模式。

显示器的颜色模式也是 RGB 模式，这很容易理解，因为显示器是靠荧光粉发光来显示的，这也意味着当在非 RGB 颜色模式，如 CMYK 下工作时，Photoshop 将临时使用 RGB 模式进行屏幕显示。

11.1.5　索引颜色模式

在索引颜色模式下，每个像素也具有 8 位最大颜色容量，就是说，索引颜色图像最多也只有 2 的 8 次方，共 256 种颜色。但是与灰度模式不同，它的图像可以是彩色的。

当转换成索引颜色时，Photoshop 将构建一个颜色查找表，用以存放并索引图像中的颜色。如果原图像中的某种颜色没有出现在该表中，则程序将选取现有调色板中最接近的一种，或使用现在调色板模拟该颜色。

通过限制调色板，索引颜色文件可以做得非常小，同时保持视觉品质不变，非常适于做多媒体动画或 Web 页。

不过在索引颜色模式下只能进行有限的编辑。若要进一步编辑，请临时转换为 RGB 模式。

提示 索引颜色图像多只能有 256 种颜色，如果要从含有多于 256 种颜色的图像转换到索引颜色图像时，图像的多余色彩会丢失，仅保留 256 色。用户可以先将显示器调到 256 色，再试着转换一下，看看有什么效果。

11.1.6 CMYK 模式

CMYK 是一种基于印刷油墨的颜色模式，具有 4 个颜色通道，分别是 Cyan（青色）通道、Magents（洋红色）通道、Yellow（黄色）通道和 Black（黑色）通道，如图 11-18 所示。

每个通道的颜色是 8 位，即 256 种亮度级别（0～100%），四个通道组合使得每个像素具有 32 位的颜色容量，在理论上能产生 2 的 32 次方种颜色。但实际上因为 CMYK 是以印刷油墨为基础，显示用油墨打印出来的图像不可能比真彩色还逼真，所以实际上 CMYK 图像的颜色数比 RGB 图像的颜色数要少。

图 11-18

CMYK 模式以打印纸上的油墨的光线吸收特性为基础。当白光照射到半透明油墨上时，色谱中的一部分被吸收，而另一部分被反射回眼睛。理论上，纯青色（C）、洋红（M）、黄色（Y）色素混合将吸收所有颜色并生成黑色，因此 CMYK 模式是一种减色模式，即为最亮（高光）颜色指定的印刷油墨颜色百分比较低，而为较暗（暗调）颜色指定的百分比较亮。例如，亮红色可能包含 2%青色、93%洋红、90%黄色和 0%黑色。因为青色的互补色是红色（洋红色和黄色混合即能产生红色），减少青色的百分含量，其互补色红色的成分也就越多，因此 CMYK 模式是靠减少一种通道颜色来加亮它的互补色，这显然符合物理原理。

在制作需要用印刷色打印的图像时，请使用 CMYK 模式。不过最好由 RGB 图像开始，编辑完后转换成 CMYK。在 RGB 模式下，可以使用"图像"→"模式"命令选择 CMYK 模式转换后的效果，而无需更改图像数据。用户也可以使用 CMYK 模式直接处理从高档系统扫描或导入的 CMYK 图像。

11.1.7 Lab 模式

Lab 颜色模式是一种与设备无关的模式，无论使用何种设备（如显示器、打印机、计算机或扫描仪）创建或输出图像，这种模式都能生成一致的颜色。

由通道调板可以看出，Lab 颜色模式共有三个通道：亮度通道、a 通道和 b 通道，如图 11-19 所示。其中，亮度通道表现了图像的明暗度，其范围是从 0～100；a 通道和 b 通道是两个专色通道，其颜色值范围都是从-120～120，它们对应的颜色范围分别

图 11-19

是：从绿到红（a 通道）、从蓝到黄（b 通道），包括了 RGB 和 CMYK 模式的所有颜色。

与其他颜色模式相比，Lab 颜色模式有两个特点：其一，它是 Photoshop 中最大的颜色集合，包含了 Photoshop 中所有其他的颜色模式；其二，它在颜色组织方面具有独到之处，即将亮度通道多色彩通道中分离出来作为了一个独立的通道。

这两点对于一位设计师来说是再好不过的事了，首先，由于它是 Photoshop 中最大的颜色集合，因此由其他颜色模式转换为 Lab 颜色模式时，不必经过减色处理，这样图像不会发生失真。同时，在 Lab 颜色模式中，设计师可以通过轻松地去掉颜色通道而保留亮度通道，得到百分百逼真的图像亮度信息。倘若直接由 RGB 模式转换为 Crayscale 模式，则图像必须要经过减色处理，造成失真，并且由于直接转换，颜色的存在会给灰度图像带来意想不到的阴影，影响黑白图像的表现。

▓▓ 操作点拨　　如何利用 Lab 模式获得最逼真的黑白图像

01 打开一幅 RGB 图像，如图 10-20 所示。首先执行图像菜单下的"模式"→"灰度"命令，将图像转换为灰度图像，如图 10-21 所示。

图 10-20

图 10-21

02 回到原始 RGB 图像，执行图像菜单下的"模式"→"Lab 颜色"命令，此时图像虽然没有什么变化，但观察通道调板可知，此时图像已被转换为了 Lab 颜色模式，具有了 a 通道、b 通道和明度通道。在通道面板中点击明度通道，仅使亮度通道得以显示，如图 11-22 所示。

图 11-22

图 10-23

03 在只有明度通道被选中的情况下，执行"模式"→"灰度"命令，在弹出警告对话框中将图像的其他通道去掉，最后的效果如图 10-23 所示，与直接用灰度命令转换来的灰度图像相比较，以 Lab 颜色模式为中介转换获得的灰度图像黑白效果更为逼真。

11.1.8　多通道模式

多通道模式下，每个通道也有 256 种灰度级别。多通道模式对于特殊打印非常有用。例如，转换双色调以 Scitex CT 格式打印。

多通道模式没有固定的通道，通常由其他模式转换而来。原图像中的通道在转换后的图像中成为专色通道。如 CMYK 图像转换为多通道模式可以创建青色、洋红、黄色和黑色专色通道；RGB 图像转换为多通道模式可以创建青色、洋红和黄色专色通道。

从 RGB、CMYK 或 Lab 图像中删除通道也可将图像转换为多通道模式。

11.1.9　8 位/通道命令

选择 8 位/通道命令，则不管是何种颜色模式，其通道的颜色容量最大为 8 位，即每个通道的颜色数最多为 256 色。只有在这一前提下才能在理论上计算出如 RGB 或 CMYK 模式等所能具有的最大颜色数。

11.1.10　16 位/通道命令

选择 16 位/通道命令，则各种颜色模式的通道最多能具有 16 位的颜色容量，即每个通道的颜色数最多可以达到 2 的 16 次方。颜色数的剧增会使得文件大小也急剧增加，而且对于人的肉眼来说，每个通道只有 8 位的 RGB 或 CMYK 图像，已经可以达到最佳效果了。

16 位图像只能保存为 Psd、Raw 或 Tif 格式。

11.1.11　32 位/通道命令

选择 32 位/通道命令，则各种颜色模式的通道最多能具有 32 位的颜色容量，比 16 位/通道的颜色容量大很多。

11.1.12　颜色表命令

当图像被转换为索引颜色模式时，Photoshop 会自动根据原图像的颜色创建一张颜色表，也可称之为调色板。此时"模式"→"颜色表"命令被激活，单击它即可看到所创建的颜色表，如图 11-24 所示。

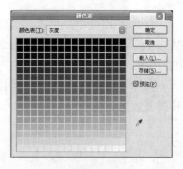

图 11-24

提示　利用颜色表对话框，可以选择一个新的颜色表（调色板），也可以去掉或改变原始颜色表中的一种或几种颜色，以创建特色效果。

11.2　调整命令

选择"图像"→"调整"命令，弹出如图 11-25 所示的子菜单命令。

图 11-25

利用调整命令，可以对图层或图层的一部分进行色彩调整。其包括的各种调整命令通过将现有范围的像素值映射到新范围的像素值，即永久性改变图层的像素来达到调整色彩的目的。当然，也可以创建调整图层，使调整效果仅保留在调整图层中，而不会改变原图层的任何像素（有关调整图层的内容，请参阅第 12 章的相关内容）。

调整前，将视图的放大倍数设置为 100%，这样可以保证准确的屏幕预览效果。在各色彩调整对话框中，若要取消更改但不关闭对话框，请按住 Alt 键将取消按钮更改为复位按钮，点按即可将对话框恢复到更改前的数值。

11.2.1 亮度/对比度调整命令

亮度/对比度命令可以对图像的色调范围进行简单的调整。此命令对图像中的每个像素进行同样的调整。亮度/对比度命令对单个通道不起作用，建议不要用于高端输出，因它会引起图像中细节的丢失。

执行"调整"→"亮度/对比度"命令，弹出"亮度/对比度"对话框，如图 11-26 所示。其调节效果如图 11-27 所示。

图 11-26   图 11-27

11.2.2 色阶调整命令

色阶调整命令使用用户可以通过调整图像的暗调、中间调和高光的强度级别，校正图像的色调范围和色彩平衡。色阶对话框中的直方图可以用来作调整图像基本色调的直观参考。直方图中纵坐标越高，表示含有相应色调的像素数目越大，图像对应区域的细节就表现得越丰富。

执行"调整"→"色阶"命令，弹出"色阶"对话框，如图 11-28 所示。

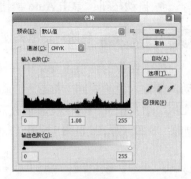

图 11-28

- 通道菜单：利用通道菜单，可以在整个颜色范围内对图像进行色调调整，也可以单独编辑特定颜色通道的色调。若要同时编辑一组颜色通道，请在选取色阶命令之前，按住 Shift 键在通道调板中选择这些通道。之后，通道菜单会显示目标通道缩写。例如，CM 代表青色和洋红。该菜单还包含所选组合的个别通道，用户可以分别编辑专色通道和 Alpha 通道。

- 输入色阶：在输入色阶选项中，可以分别调整暗调、中间调和高光的亮度级别来修改图像的色调范围，以提高或降低图像对比度。

  ➤ 在输入色阶方框中键入目标值：这种方法比较精确，但直观性不好。

  ➤ 拖动输入色阶滑块：以输入色阶直方图为参考，拖动三个输入色阶滑块，使色调调整更为直观。

最左边的黑色滑块（暗调滑块）：向右拖动，将增大图像暗调范围，使图像显得更暗。同时拖动的程度会在输入色阶最左边的方框中得到量化。

最右边的白色滑块（高光滑块）：向左拖动，增大图像的高光范围，使图像变亮。高光的范围也会在输入色阶最右边的方框中显示。

中间的灰色滑块（中间色调滑块）：左右拖动以增大或减小中间色调范围，从而改变图像的对比度。其作用与在输入色阶中间方框输入数值相同。

- 输出色阶：输出色阶选项中只有暗调滑块和高光滑块，通过拖动滑块或在方框中键入目标值，可以降低图像的对比度。具体地说，向右拖动暗调滑块，输出色阶左边方框中的值也会相应增大，但此时图像却会变亮；向左拖动高光滑块，输出色阶右边方框中的值会相应减小，但图像却会变暗。这是因为在输出时 Photoshop 是这样的一个处理过程。比如，将第一个方框的值调为 10，则表示输出图像会以输入图像中色调值为 10 的像素的暗度为最低暗度，所以图像会变。将第二个方框的值调为 245，则表示输出图像会以在输入图像中色调值为 245 的像素的亮度为最高亮度，所以图像会变暗。

- 吸管工具：除了调整色调范围外，还可以利用色阶对话框中的吸管工具调整图像的色彩平衡。

01 首先使用工具箱中的颜色取样器工具，结合信息面板观察并标记图像的中性灰色区域。

02 执行"调整"→"色阶"命令，在弹出的"色阶"对话框中双击灰色吸管工具以显示拾色器，为中性灰色区域选择一种中性色（一般情况下，给中性灰色指定相等颜色成分值，如在 RGB 图像中指定相等的红色、绿色和蓝色值以产生中性灰色）。

03 在图像中,单击由颜色取样器标记的中性灰色区域,即可出现相应的色彩调整效果。

● 自动按钮:单击 Auto 按钮可以将高光和暗调滑块自动移动到最高点和最暗点。

▓ 操作点拨 ▓ **色阶对话框的使用**

如果图像的细节主要集中在高光区和暗调区,则在色阶对话框中调节中间调滑块向右移动,使输入色阶中间方框显示的数值比 1 小,这样可以减小原图像中的中间色调区域的像素比例,增大图像的对比度,使在高光区和暗调区的细节更为突出,无疑会产生更好的效果,如图 11-29(原图)、图 11-30(参数设置)和图 11-31(效果图)所示。

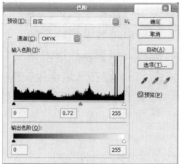

图 11-29 图 11-30 图 11-31

11.2.3 曲线调整命令

与色阶命令类似,曲线调整命令同样可以调整图像的整个色调范围及色彩平衡。但与色阶命令不同,它不是通过控制三个变量(暗调、中间色调和高光)来调节图像色调,而是可以对 0～255 色调范围内的任意点进行精确调节。同时,也可以使用曲线命令对个别颜色通道的色调进行调节以平衡图像色彩。其强大的调节控制能力实在让人叹为观止。

执行"调整"→"曲线"命令,弹出"曲线"对话框,如图 11-32 所示。

● 通道:若要调整图像的色彩平衡,就请在通道菜单中选取要调整的通道。如果图像或图像的一部分中某一通道色显得过重,可能会在图像中产生污迹效果。这时就可以单独调整这一通道的色调,以平衡图像色彩,消除污迹。

● 曲线:水平轴(输入色阶)代表原图像中像素的色调分布,初始时分成了四个带,从左到右依次是暗调(黑)、1/4 色调、中间色调、3/4 色调、高光(白);垂直轴代表新的颜色值,即输出色阶,从下到上亮度值逐渐增加。默认的曲线形状是一条从下到上的对角线,表示所有像素的输入

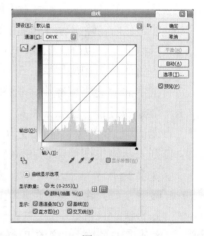

图 11-32

与输出色调值相同。用曲线调整图像色调的过程,也就是通过调整曲线的形状来改变像素的输入输出色调,从而改变整个图像的色调分布。

对于 RGB 图像，曲线显示 0~255 之间的强度值，暗调（0）位于左边。对于 CMYK 图像，曲线显示 0~100 之间的百分数，高光（0）位于左边。若要随时反转暗调和高光的显示，请点按曲线下的双箭头。

若要使曲线网格更精细，请按住 Alt 键，然后点按网格。再次按住 Alt 键然后点按可以使网格变大。

操作点拨 如何利用曲线纠正常见的色调问题

- 平均色调图像，如一些扫描照片。这类图像的色调过于集中在中间色调范围内，缺少明暗对比。这时可以将曲线调整成 S 形，使阴影区更暗，高光区更亮，明暗对比就明显一些，如图 11-33～图 11-35 所示。

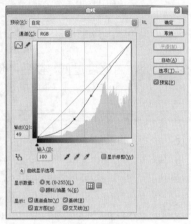

图 11-33　　　　　　　　　　图 11-34　　　　　　　　　　图 11-35

- 低色调图像。色调过低往往会导致图像暗部细节的丢失。这时可以将曲线稍微调整成上凸曲线，使图像的各色调区按比例被加亮，如图 11-36～图 11-38 所示。

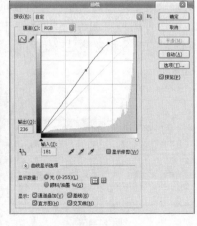

图 11-36　　　　　　　　　　图 11-37　　　　　　　　　　图 11-38

- 高亮度图像。色调过高导致图像亮部的细节丢失。这时可以将曲线稍稍调成下凹曲线，使各色调区按一定比例被减暗，如图 11-39～图 11-41 所示。

图 11-39　　　　　　　　图 11-40　　　　　　　　图 11-41

11.2.4　曝光过度调整命令

曝光过度是指曝光过度，整体偏亮，对比度过低，颜色不够鲜艳。如图 11-42～图 11-44 所示为曝光过度后对比效果。

图 11-42　　　　　　　　图 11-43　　　　　　　　图 11-44

11.2.5　自然饱和度调整命令

新增了一个自然饱和度调整命令，这是源自 Camera Raw 的一个叫做"细节饱和度"的功能。和色相/饱和度命令类似，可以使图片更加鲜艳或暗淡，相对来说自然饱和度效果会更加细腻，智能的处理图像中不够饱和的部分和忽略足够饱和的颜色。如图 11-45～图 11-47 所示为使用自然饱和度前后对比效果。

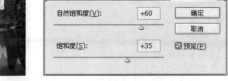

图 11-45　　　　　　　　图 11-46　　　　　　　　图 11-47

11.2.6　色相/饱和度调整命令

色相/饱和度命令让用户调节整个图像或图像中单个颜色成分的色相、饱和度和亮度。

所谓色相，就是常说的颜色，即红、橙、黄、绿、青、蓝、紫。

所谓饱和度，简单地说就是一种颜色的纯度，颜色越纯，饱和度越大；颜色纯度越低，相应颜色的饱和度越小。

对于亮度，就是指色调，即图像的明暗度。

关于色相和饱和度，可以参考色轮图，如图 11-48 所示。

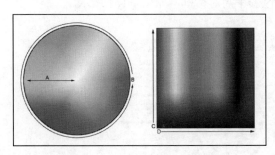

图 11-48

图 11-49

调整色相（或颜色）表现为绕色轮移动，调整饱和度（或颜色的纯度）表现为在色轮半径上移动。

执行"调整"→"色相"→"饱和度"命令，弹出"色相/饱和度"对话框，如图 11-49 所示。

- 编辑：选择要编辑的颜色。
- 全图：可以一次调整所有颜色。
- 单色：调整各单色。此时吸管工具变为可选，对话框下部的颜色条也发生变化。
- 色相：在方框中输入一个目标值或拖动滑块在滑杆上左右移动来调整色相。方框中的数值代表了在色轮图上从像素的起始颜色旋转到目标颜色时转过的度数，范围是 −180～+180。正值代表顺时针旋转，负值代表逆时针旋转。
- 饱和度：在方框中输入一个正值或拖动滑块向右移动能增大所调颜色的饱和度，输入负值或向左拖动滑块则减小所调颜色的饱和度。调节饱和度对应着在色轮图上从颜色的起始饱和度向着圆心或远离圆心移动，方框的数值范围是−100～+100。
- 亮度：在方框中输入目标值或左右拖动滑块都能改变所调颜色的亮度，数值范围是 −100～+100。
  - 颜色条：在对话框中显示有两个颜色条，它们以各自的顺序表示色轮中的颜色，上面的颜色条显示调整前的颜色，下面的颜色条以全饱和状态显示调整是如何影响所有色相的。
  - 吸管工具：当选择编辑单色时，3 个吸管工具就变成了可选项，可以从图像中选取颜色来编辑范围。选择普通吸管工具可以具体编辑所调单色的范围，选择带+号的吸管可以增加所调单色的范围，选择带−号的吸管则能减少所调单色范围。
- 着色：利用着色选项可为灰度图像上色或创建单色调效果。

11.2.7　色彩平衡

色彩平衡命令可以简单调节图像暗调、中间色调和高光区的色彩平衡。

在平衡色彩的过程中，有一张色轮图作参考，如图 11-50 所示。

在色轮图中，相对的两种颜色组成一对互补色，如绿色和洋红成互补色，黄色和蓝色成互补色，红色和青色成互补色。所谓互补，就是图像中一种颜色成分的减少，必然导致它的互补色成分增加，绝不可能有一种颜色和它的互补色同时增加或减少的情况。其次，每一种颜色可以由它的相邻颜色混合得到，如洋红可以由红色和蓝色混合而来，青色可以由绿色和蓝色混合而来，黄色可以由绿色和红色混合得到。

执行"调整"→"色彩平衡"命令，打开色彩平衡对话框，如图 11-51 所示。

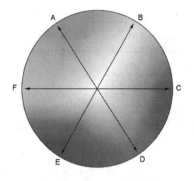

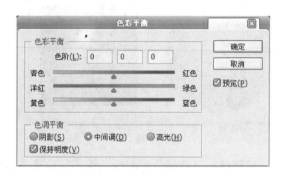

图 11-50   图 11-51

- 色彩平衡选项：通过调节色彩平衡中的三个滑块或在色阶方框中输入-100～+100 之间的一个目标值即可达到色彩平衡的目的。从上到下三个滑块分别对应（青-红）、（洋红-绿）、（黄-蓝）三组互补色。平衡色彩时，首先分析图像中哪种颜色成分过重，然后以色轮图为参考，将滑块移向该颜色的互补色一方，以加重其互补色，达到减少该颜色成分的目的。
- 色调平衡选项：选择调节哪个色调区的色彩平衡。
- 保持亮度：在平衡色彩时保持图像中相应色调区的图像亮度不变。

11.2.8 黑白调整命令

使用此命令方便地把彩色照片转换成黑白照片。如图 11-52～图 11-54 所示为使用"黑白"命令前后效果对比。

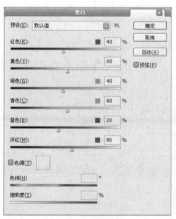

图 11-52   图 11-53   图 11-54

11.2.9　照片滤镜调整命令

这是一个跟摄影有关的重要图像调整命令。

照片滤镜命令的使用方法如下：

在相机镜头前面加彩色滤镜，以便调整通过镜头传输的光的色彩平衡和色温，使胶片曝光。照片滤镜命令还允许用户选择预设的颜色，以便向图像应用色相调整。如果希望应用自定颜色调整，则照片滤镜命令允许使用 Adobe 拾色器来指定颜色（即自定义滤镜颜色）。

执行"照片滤镜"命令，弹出对话框如图 11-55 所示。

点击滤镜右边下拉列表，弹出了一共 20 种滤镜。前 6 种是柯达雷登色温滤镜，后 14 种是色彩补偿滤镜。图 11-56 所示为此部分中英文对照表。

如果整幅照片影调偏蓝（见图 11-57），一是色温很高造成的。阴天或薄云蔽日的天气，自然光色温高达 7000K～12000K，没有使用色温滤镜；二是四周有茂密的林荫或巨幅蓝色广告、幕墙等环境反射光的影响。

图 11-55

图 11-56

图 11-57

解决办法是在拍摄时，使用一块雷登 85 或 81 降色温滤镜，如附近有蓝色环境光反射，尽可能移往开阔场地拍摄。

在使用暖色调滤镜纠正蓝色偏差时，因为亮度信号有一定损失，所以应将亮度与对比度调高一些，效果会好一些。

提　示

> 因天空环境色温较高，所以拍出来图片色调偏蓝。

加温滤镜做色温补偿，来降低色温，浓度 40％左右，再调一下对比度。纠正色温后的图像效果如图 11-58 所示。

11.2.10　通道混合器调整命令

通道混合器命令靠混合当前颜色通道来改变某一颜色通道的颜色。使用该命令，用户可以完成下列操作：

进行富有创意的颜色调整，其效果通常是其他颜色调整命令做不到的。

图 11-58

从每种颜色通道选择一定的百分比来创作出高质量的灰度图像。

创建高品质的棕褐色调或其他彩色图像。

将图像转换为替代色彩空间（如 YCbCr），或从该色彩空间转换图像。

交换或复制通道。

在通道调板中，确认选择了复合通道。执行"调整"→"通道混合器"，弹出如图 11-59 所示的通道混合器对话框。

图 11-59

- 输出通道菜单：选择要进行调整作为最后输出的颜色通道，可选项随颜色模式而异。
- 源通道：向右或向左拖动滑块可以增大或减小该通道颜色对输出通道的贡献。在方框中输入一个-200～+200 之间的数也能达到相同作用，如果输入一个负值，则是先将原通道反相，再混合到输出通道上。
- 常数：在方框中输入数值或拖动滑块，可以将一个具有不透明度的通道添加到输出通道，负值作为黑色通道，正值作为白色通道。
- 单色：选择单色，一样可以将相同的设置应用于所有输出通道，不过创建的是只包含灰色值的彩色模式图像。如果先选择单色，然后再取消选择，则可以单独修改每个通道的混合，从而创建一种手绘色调的效果。

::: 操作点拨　如何利用通道混合器命令创建特殊效果

01 打开一幅图像，如图 11-60 所示。下面用通道混合器命令来创作一些特殊效果。

02 执行"调整"→"通道混合器"命令，设置对话框，图像中柿子的径为绿色调，因此改变绿色的输出应该能创建鲜明的调整效果，如图 11-61 所示，增大输出绿色通道的绿色和蓝色成分，使图像中的绿色调更为鲜明。

03 单击确定按钮确认。图片最后的效果如图 11-62 所示。

图 11-60

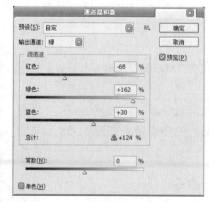

图 11-61

图 11-62

11.2.11　反向调整命令

执行（反向）命令，通道中每个像素的亮度值都被转化为 256 级亮度值刻度上相反的值，比如说，原来亮度值为 10 的像素，经过反向之后其亮度值就变成了 256-10=255。因此，利用反向命令可以将一张白纸黑白图像变成负片，或从扫描的黑白负片得到一张正片。

彩色胶片的最底层含有一层橙色膜，因此反向命令不能从扫描的彩色负片得到精确的正片图像。

反向前后的效果对比如图 11-63、图 11-64 所示。

图 11-63   图 11-64

11.2.12　色调分离调整命令

色调分离命令可以指定图像中每个颜色通道的色调级（或亮度值）数目，然后将像素映射为与之最接近的一种色调，如在 RGB 图像中指定两种色调级，就能得到 6 种颜色，两种亮度的红、两种亮度的绿和两种亮度的蓝。

关于色调分离的效果参看图 11-65～图 11-67 所示。

图 11-65   图 11-66   图 11-67

11.2.13　阈值调整命令

阈值命令可以将灰度图像或彩色图像转换为高对比度的黑白图像。

执行"调整"→"阈值"命令，在弹出的阈值对话框中将某个色阶指定为阈值，这时，图像中所有比阈值亮的像素都被转换为白色，而所有比阈值暗的像素都将被转换为黑色。如图 11-68～图 11-70 所示。

阈值命令对确定图像的最亮和最暗区域非常有用。

- 若要识别图像中的高光，请先将滑块向最右端拖移直至图像变成纯黑色，然后再将滑块缓慢向中心移直至一些纯白色区域出现在图像中，这些纯白色区域就是图像的高光。
- 若要识别图像中的暗调，也是先将滑块向最左端拖移直至图像变成纯白色，然后再将滑块缓慢向中心拖移直至一些纯黑色区域出现在图像中，这些黑色区域就是图像的暗调。

图 11-68

图 11-69

图 11-70

11.2.14 渐变映射调整命令

渐变映射命令将图像的色阶映射为一组渐变的色阶，如指定双色渐变填充时，图像中的暗调被映射到渐变填充的一个端点颜色，高光被映射到另一个端点颜色，中间调被映射到两个端点间的层次。

执行"调整"→"渐变映射"命令，弹出"渐变映射"对话框，如图 11-71 所示。

图 11-71

- 从渐变填充列表中选择一种渐变类型，默认情况下，图像的暗调、中间调和高光分别映射到渐变填充的起始（左端）颜色、中间点和结束（右端）颜色。
  - ➢ 仿色：通过添加随机杂色，使渐变映射效果的过渡显得更为平滑。
  - ➢ 反向：颠倒渐变填充方向，形成反向映射效果。

11.2.15 可选颜色调整命令

可选颜色校正是高档扫描仪和分色程序使用的一项技术，它基于组成图像某一主色调的四种基本印刷色（CMYK），选择性地改变某一主色调（如红色）中某一印刷色（如青色 C）的含量，而不影响该印刷色在其他主色调中的表现，从而对图像的颜色进行校正。

确保在通道调板中选择了复合通道（只有查看复合通道时，可选颜色命令才可用），执行"调整"→"可选颜色"命令，弹出"可选颜色"对话框，如图 11-72 所示。

- 颜色菜单：选择要进行校正的主色调。可选颜色有 RGB、CMYK 的各通道色及白、中性色和黑。

图 11-72

- CMYK 滑块：通过输入目标值或拖动各基本色滑块，重新确定各颜色的含量，以达到调整主色调的作用。

其调节效果如图 11-73（原图）、图 11-74 和图 11-75（效果图）所示，将原图像中的粉色调整为紫色，而没有影响其他主色调的表现。

- 相对：增加或减少每种印刷色的相对改变量。如为一个起始含有 50%洋红的像素增加 10%，则该像素的洋红含量变为 55%。
- 绝对：增加或减少每种印刷色的绝对改变量。如为一个起始含有 50%洋红色的像素增加 10%，则该像素的洋红含量变为 60%。

 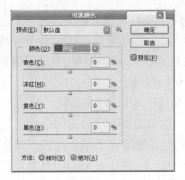 

图 11-73　　　　　　　　　　图 11-74　　　　　　　　　　图 11-75

11.2.16　阴影/高光调整命令

阴影/高光命令，多用于修复数码照片。

启动阴影/高光调整工具后勾选下方 "显示更多选项"，会出现一个很大的设置框。分为暗调、高光、调整三大部分，如图 11-76 和图 11-77 所示。

图 11-76

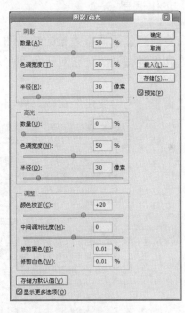

图 11-77

- 暗调的调整效果：现在先将高光的数量设为 0%。单独来看看暗调的调整效果。暗调部分调整的作用是增加暗调部分的亮度，从而改进照片中曝光不足的部分。也可称为补偿暗调。

  数量的数值越大，增加的程度也就越高。

- 色调宽度：色调宽度有点类似讲解魔棒工具时涉及的色彩容差的概念。这里的色调宽度就是暗调改变范围的大小，色调宽度约大，涉及的亮度就越多，改变的效果也就越明显。

- 半径：半径的概念类似于上面的色调宽度，不过色调宽度是针对全图作用的。而半径是针对图像中暗调区域的大小而言的。它们的区别有点类似魔棒工具的邻近选取与非邻近选取一样。因此不同图像的半径也是不同的，理论上要将这个数值调整为与图像中需要调整区域相近的大小。但在实际使用中并不容易判断它。因此给读者的建议是做补偿暗调操作时，试着左右拉动调整到视觉最舒适的数值。

● 高光调整：高光的作用是降低高光部分图像的亮度，也可称为高光抑制。其中也有数量、色调宽度、半径 3 个选项，原理和暗调是相同的。

前面在讲解暗调部分时候，色调宽度和半径这两个概念的区别，读者或许看得不是很明白。主要是由于人眼对暗调的变化不敏感，不便于比较。现在可以在高光上来演示它们的区别，效果就显得较为明显。

下方的"颜色校正"选项是用来控制暗调或高光区域的色彩浓度的，需要注意的是，如果暗调补偿或高光抑制的数值为 0% 的话，色彩校正对它们就没有作用。

中间调对比度就是控制中间调偏向暗调，或偏向高光。

"黑色剪贴"和"减少白色像素"两个选项的作用如同于曲线工具中的合并暗调区域或合并高光区域。调解时候需要细微，过大的数值会造成图像的严重失真。

最后的存储为默认值按钮的效果是将本次的设置，作为每次使用时候的默认设置。

11.2.17 变化调整命令

变化命令通过显示调整效果的缩略图，使用用户可以直观地对图像或选区的色彩平衡、对比度和饱和度进行调节。它对于色调平均、不需要作精确图像最为适用，但不能用于索引颜色模式。

执行"调整"→"变化"命令，弹出"变化"对话框，如图 11-78 所示。

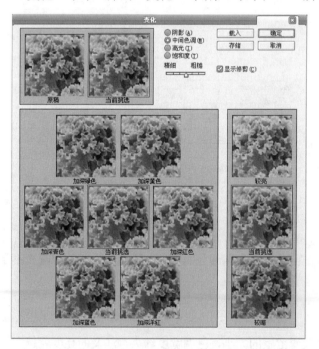

图 11-78

对话框顶部的两个缩略图显示原始图像（或选区）和当前运用调整效果后的图像（或选区）。第一次打开变化对话框时，这两个图像是一样的。随着调整的进行，当前挑选图像将随之更改以反映所进行的处理。

确定图像中要调整的区域：选择暗调、中间色调和高光中的一种，以确定调整暗调区域、中间色调区域还是高光区域；或者选择饱和度，以更改图像中的色相深度。当调整效果超出了最大的颜色饱和度时，相应区域将以霓虹类效果显示，提醒用户应该降低饱和度。

拖动精确/粗糙滑块以确定每次调整（即在相应的效果图上单击一次鼠标左键）的数量，移动一格将使调整数量加倍。

显示剪贴板：选中"显示剪贴板"，可以使图像中因过度调整而无法显示的区域以霓虹灯效果显示，即转化为纯白色或纯黑色。注意，当调整的是中间色调区时，霓虹灯效果是不会被显示的。

调整颜色和亮度：若要为图像添加某种颜色，点击相应的颜色缩略图即可；若要减去某种颜色，则应点击其互补色的缩略图。

若要调整亮度，点击对话框右侧相应的缩略图即可。

11.2.18　去色调整命令

去色命令可以将图像的颜色去掉，变成相同颜色模式下的灰度图像，每个像素仅保留原有的明暗度。例如，它给 RGB 图像中的每个像素指定相等的红色、绿色和蓝色值，使图像表现为灰度图像。

提示　如果正在处理"多图层图像"，则去色命令仅用于当前工作图层。

11.2.19　匹配颜色调整命令

匹配颜色命令能够使一幅图像的色调与另一幅图像的色调自动匹配，这样就可以使不同图片拼合时达到色调统一，或者对照其他图像的色调修改自己的图像色调。

操作点拨　如何利用匹配颜色命令进行色调匹配

01　虽然通过曲线、色彩平衡之类的工具可以任意地改变图像的色调，但如果要参照另一幅图片的色调来作调整，还是比较复杂的，特别是在色调差别比较大的情况下。为此 Photoshop 专门提供了这个在多幅图像之间进行色调匹配的命令。需要注意的是，必须在 Photoshop 中同时打开多幅图像（2 幅或更多），才能在多幅图像中进行色彩匹配。打开如图 11-79、图 11-80 所示的两幅图像。

02　将其中的一幅图片处在编辑状态，然后执行匹配颜色命令，弹出如图 11-81 所示的对话框。

03　在顶部的目标图像中显示着被修改的图像文件名，如果目标图像中有选区存在，文件名下方的"应用调整时忽略选区"选项就会有效，此时可以选择只针对选区还是针对全图进行色彩匹配。

04　对话框下方的"图像统计"选项中可以在源选项列表中选择颜色匹配所参照的源图像文件名，这个文件必须是同时在 Photoshop 中处于打开状态的，如果源文件包含了多个图层，可以在图层选项列表中选择只参照其中某一层进行匹配。

图 11-79 图 11-80 图 11-81

05 最下方存储统计数据按钮的作用是将本次色彩匹配的数据存储起来，文件的扩展名为 ".sta"。这样下次进行匹配的时候可以点击"载入统计数据"按钮，在弹出的对话框中选择这次匹配的数据，而不再需要打开这次源文件，也就是说在这种情况下就不需要在 Photoshop 中同时打开其他的图像了。载入颜色匹配数据可以被编辑到自动批处理命令中，这样很方便地针对大量图像进行同样的颜色匹配操作。

06 在位于对话框中部的图像选项中可以设置匹配的效果亮度、颜色强度和渐隐。中和选项的作用将使颜色匹配的效果减半，这样最终效果中将保留一部分原先的色调。

07 图 11-82 和图 11-83 所示分别是两者交换后进行完全颜色匹配和中和颜色匹配的效果。

图 11-82 图 11-83

11.2.20 替换颜色

替换颜色命令可以在图像中基于特定颜色创建一个临时的蒙版，然后替换图像中的特定颜色。同时，还可以设置由蒙版标识的区域的色相、饱和度和亮度。

执行"调整"→"替换颜色"命令，弹出"替换颜色"对话框，如图 11-84 所示。

● 颜色容差：通过拖移颜色容差滑块或在方框中输入数值来调整蒙版的容差，以扩大或缩小所选颜色区域。向右拖动将增大颜色容差以扩大所选颜色所在选区；向左拖动将减小颜色容差，使选区减小。

- 选区：点选选区选项，将在预览框中显示蒙版。未蒙版区域是白色，被蒙版区域是黑色，部分被蒙版区域（覆盖有半透明蒙版）会根据其不透明度而显示不同亮度级别的灰色。
- 图像：点选图像选项，将在预览框中显示图像。在处理放大的图像或屏幕空间有限时，该选项非常有用。
- 吸管工具：选择一种吸管，在图中单击，以确定将为何种颜色建立蒙版，带加号的吸管可用于增大蒙版（即选区），带减号的吸管可用于去掉多余的区域。
- 变换：通过拖移滑块来变换图像中所选区域的颜色。

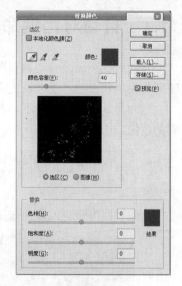

图 11-84

11.2.21 色调均化调整命令

色调均化命令重新分布图像中像素的亮度值，使它们更均匀地呈现所有范围的亮度级别。执行这一命令时，Photoshop 会查找图像中最亮像素和最暗像素，并将最亮像素映射为白色，最暗像素映射为黑色，然后将亮度值均匀化，即将亮度级别均匀分配给中间色调的像素。

当扫描的图像比原稿暗时，就可以使用色调均化命令以产生较亮的图像。

11.3 自动色调命令

自动色调命令会自动移动色阶对话框中的输入色调滑块以设置暗调和高光，它将各个颜色通道中的最暗和最亮像素自动映射为黑色和白色，然后按比例重新分布中间色调像素值。

提 示　　因为自动色调单独调整每个颜色通道，所以在调整过程中既可能消除色偏，也可能引入色偏。

对于像素值分布比较平均的图像，需要作简单的对比度调整，或在图像有总体色偏时，自动色阶调整命令能达到比较好的效果。当然，与在对话框中手动调整色阶或用曲线调整工具相比，这种调节方法还是显示得比较粗糙。

自动色调命令的调整效果，如图 11-85（原图）、图 11-86（效果图）所示。

图 11-85

图 11-86

11.4　自动对比度命令

自动对比度命令自动调整图像中颜色的总体对比度，它将图像中的最暗像素和最亮像素映射为黑色和白色，使暗调更暗而高光更亮，从而增大了图像的对比度。

因为自动对比度命令不单独调节颜色通道，所以不会引入色偏，但也不能消除图像中已有的色偏。

提示　自动对比度命令可以改进行色调连续的图像（如许多摄影图像）的外观，但不能改进单色图像。

自动对比度命令的调整效果，如图 11-87（原图）、图 11-88（效果图）所示。

图 11-87　　　　　　　　　　　　　　图 11-88

11.5　自动颜色命令

自动颜色命令自动调节图像中的色彩平衡，它首先确定图像的中性灰色像素，然后选择一种平衡色来填充图像的中性灰色像素，起到平衡色彩的作用。

自动颜色命令的调整效果，如图 11-89（原图）、图 11-90（效果图）所示。

图 11-89　　　　　　　　　　　　　　图 11-90

11.6　图像大小

在扫描或导入了图像后，往往需要调整其大小。在 Photoshop 中，图像大小命令允许用户调整图像的像素尺寸、打印尺寸和分辨率。注意，在调整图像大小时，位图图像和矢量图像会产生不同的结果。位图图像与分辨率有关，因此，更改位图图像的像素尺寸可能导致图像品质和锐化程度损失。相反，矢量图像与分辨率无关，可以随意调整其大小而不会影响边缘的清晰度。

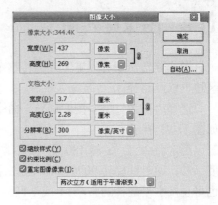

图 11-91

执行"图像"→"图像大小"命令，弹出如图11-91 所示的"图像大小"对话框。

- 像素大小：在准备用于网上分布的图像时，根据像素尺寸指定图像大小非常有用。在对话框中，可以重新定义图像的宽度和高度，可选单位有像素和百分比。选择约束比例可以保持宽度和高度成比例缩放。不过请记住，更改像素尺寸不仅影响屏幕上图像的大小，还会影响图像品质和打印特性，包括打印尺寸或图像分辨率。

- 文档大小：创建用于打印输出的图像时，根据打印尺寸和图像分辨率指定图像大小非常有用。

- 这两种测量方法可决定图像的像素总数，即可决定图像的文档大小。文档大小还决定将图像置入其他应用程序时的基本尺寸，可以在"打印选项"对话框中所做的更改只影响打印的图像，并不影响图像文件的实际文档大小。

- 如果选中"重定图像像素"选项，则可以分别更改打印尺寸和分辨率，并更改图像的像素总数。如果取消选择"重定图像像素"，则在更改打印尺寸可分辨率的时候，Photoshop 会自动调整其他值以保持图像的像素总数不变。若要获得最高的打印品质，通常最好先更改打印尺寸和分辨率而不是重定像素，然后只在需要时才重定像素。

- 重定图像像素：改变图像尺寸的过程中，Photoshop 会将原图的像素颜色按一定的内插方式重新分配给新像素。内插方式越复杂，从原图中保留的品质和精确度就越高。可选的内插方式为临近、两次线性和两次立方。

11.7　画布大小命令

画布大小命令使用户可以增大或减小围绕现有图像的工作空间。也可以通过减小画布尺寸来裁切图像。添加的画布由背景色决定，即保持与背景的颜色或透明度相同。

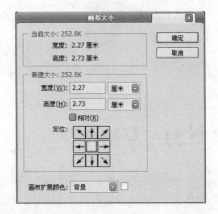

执行"图像"→"画布大小"命令，弹出"画布大小"对话框，如图 11-92 所示。

- 当前大小：显示了当前画布的物理尺寸。

- 新建大小：设置新的画布尺寸。在定位中，为新画布选择一种添加方式。默认方式是向四周扩展，也可单击各箭头所在小方块来更改扩展方式。

图 11-92

11.8　图像旋转命令

图像旋转命令可以旋转或翻转整个图像。该命令不适用于单个图层、图层的一部分、选区边框以及路径。

选择"图像"→"图像旋转"命令，其子菜单如图 11-93 所示。

可选命令有：旋转 180 度（1）、顺时针旋转 90 度（9）、逆时针旋转 90 度（0）及任意角度（A）；也可直接水平翻转画布（H）或垂直翻转画布（V）。

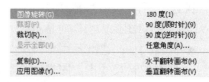

图 11-93

11.9　裁剪与裁切命令

裁剪命令可以裁剪图像，可以从新设置页面大小，其作用与工具箱中的裁剪工具相同。

裁切命令可以删除图像中矩形选区以外的内容，仅保留选区内的图像。其作用与工具箱中的裁切工具相同。注意，若建立的是非矩形选区，裁切后的图像形状也是矩形。

11.10　显示全部命令

显示全部命令能显示出图像的全貌。它通过判断图像中像素的存在区域，自动扩大显示范围，使图像能全部显示在画布中。

执行"图像"→"显示全部"命令产生如图 11-94 和图 11-95 所示的效果。

图 11-94

图 11-95

11.11　复制命令

利用复制命令，可以创建一幅当前图像的完美复制品。之所以能称其为完美，是因为在创作出的复制品具有原图像的所有信息（包括各图层内容、图层蒙版和通道信息等）。"在处理图像时创建复制品"应该成为每个图像工作者的一个习惯，因为原始图像的内容是绝对不允许覆盖的。

执行"图像"→"复制"命令，弹出复制对话框，如图 11-96 所示。

在对话框中，可以为复制品命名，"仅复制合并的图层"选项则决定是否只复制合并的图层。

在文件中复制图像时，还可以同时优化图像的工作，即让用户先比较几幅优化后的复制品，然后再选出最满意的一幅。

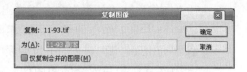

图 11-96

11.12　应用图像命令

应用图像命令可以将源图像的图层和通道（单个和复合通道）与目标图像的图层和通道混合，从而创作出单个调整命令无法作出的特殊效果。尽管可以通过将通道复制到图层调板中的图层中以创建通道的新组合，但采用应用图像命令来混合通道信息则更为迅速有效。

应用这一命令时，必须保证源图像与目标图像有相同的像素尺寸。因为应用图像命令的工作原理是将两幅图像的图层和通道重叠，发生重叠的像素在特殊的混合模式（或者说计算方法）下作用以生成最终的复合像素，产生特殊的效果。因此，两幅图像的像素尺寸必须相同（可通过"图像"→"应用图像"命令为两幅图像设定相同的像素尺寸）。

提示　　应用图像命令提供了图层调板中没有的两种附加混合模式：添加和减去。

执行"图像"→"应用图像"命令，弹出如图 11-97 所示的"应用图像"对话框。

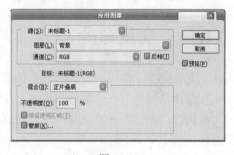

图 11-97

- 源：在当前打开的文件中，所有与目标图像像素尺寸相同的图像都会出现在源下拉列表中，在其中选择要与目标图像混合的源图像，第一次打开对话框时默认的文件是源图像本身。
- 图层：选择要与目标图像混合的图层。
- 通道：选择要与目标图像混合的通道，可以是单色通道，也可以是复合通道。
- 混合：设定图层和通道的混合模式。
- 添加模式：通道将相互添加重叠像素使得两个通道中的像素值都增加，因为较高的像素值代表较亮的颜色，所以 Add 模式可以加亮图像。两个通道中的黑色区域仍然保持黑色（0+0=0），任一通道中的白色区域仍为白色（255+任意值=255）。
- 减去模式：从目标通道中相应的像素上减去源通道中的像素值，可以用来使图像变暗。
- 保持透明：若想将效果只应用到目标图层的不透明区域而保留原来的透明区域，就可以选中这一选项。
- 蒙版：选择蒙版，可以通过蒙版来应用混合。

11.13　计算命令

计算命令使用户可以混合两个来自一个或多个源图像的单个通道，然后将结果应用到新图像或新通道，或当前图像的选区。注意，计算命令不能应用复合通道。

执行"图像"→"计算"命令，弹出"计算"对话框，如图 11-98 所示。

- 源：与当前工作文件像素尺寸相同的图像都会出现在源 1、2 的下拉列表中，在其中选择要参与混合的源图像。第一次打开对话框时出现的是当前工作文件。
- 图层：选择要参与混合的图层。
- 通道：选择要参与混合的通道。这里，只有单色通道和灰度通道可选。
- 相反：计算中选将通道反相成负片，再参与计算。

图 11-98

- 混合：设定图层和通道的混合模式。
- 不透明度：设定混合效果的强度。
- 蒙版：选择蒙版，可以通过蒙版来应用混合。对于通道，可以选择任何颜色或 Alpha 通道作为蒙版，也可使用基于当前选区或选中图层透明区域边界的蒙版。
- 结果：选择混合效果以何种方式输出。
- 新通道：将混合结果作为一个新的 Alpha 通道加载到当前工作文件中。
- 新文档：将混合结果加载到一个新文档中，此文档只含一个通道，即混合后的通道。
- 选区：将混合结果对应的 Alpha 通道直接转化为图像中的选区。

11.14　变量命令

变量命令，作用在于指定图层的变量以控制其可视性，替换文本字符串或像素。

选择"图像"→"变量"命令，子菜单如图 11-99 所示。

执行"图像"→"变量"→"定义"命令，弹出如图 11-100 所示的对话框。

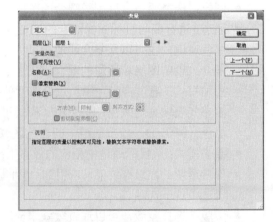

图 11-99　　　　　　　　　　　　图 11-100

- 图层：选择图层以使用变量修改，星号（*）指示使用一个或更多变量的图层。

变量类型介绍如下。

- 可见性：可视性变量确定图层是否可见。其值存储在数据组中。

- 名称：输入新变量的名称，或选择已存在的变量。此变量控制的其他图层显示在右边，用链接图标指示。
- 像素替换："像素替换"变量用外部文件替换图层。此文件的位置存储在数据组中。
- 名称：作用同上。
- 方法→限制："限制"方法调整图像大小，以便在保留比例的同时将图像限制在定界框内。
- 方法→方法："方法"方法调整图像大小，以便在保留比例的同时填充定界框。在一个维度上边缘可能会重叠。
- 方法→方法："方法"方法保留了替换图像的大小。在一个或两个维度上边缘可能会重叠。
- 方法→一致："一致"方法调整图像大小，填充定界框。可能不会保留原稿比例。

在选择"填充"和"保持原样"方法时，选择"剪切到定界框"可以遮盖超出图层定界框的图像部分。

11.15　应用数据组命令

应用数据组命令，与变量命令联合使用在变量创建数据组后，执行此命令。

11.16　陷印

陷印作为一种重叠技术，可以避免在打印输出时由于印版的微小偏差而影响打印作业的最终外观。因此，陷印命令只适用于 CMYK 图像。

打印时，若碰到两种明显不同的颜色，可以会因为在套印时没有对齐而出现印漏的情况，导致产生空白，即什么颜色都没印上去。为避免这种情况发生，可以在打印前为图像设置"陷印"，使颜色在打印时向外扩张多覆盖一部分区域，以避免印漏的现象发生。

执行"图像"→"陷印"命令，弹出"陷印"对话框，如图 11-101 所示。

- 宽度：输入由印刷商提供的陷印值，即打印时颜色向外扩张的距离。

图 11-101

本章小结

图像菜单一直都是 Photoshop 时较难掌握的一块内容，它涉及的许多术语对一般用户来说都是第一次见到，理解起来可能需要一段时间。但学习完本章后，读者应该可以体会到图像菜单在 Photoshop 中的地位，对色彩的控制可以说是任何一位 Photoshop 高手必备的素质，因为我们的世界充满色彩。

通过本章的学习，相信读者已经明白了各命令的工作原理、掌握各种调节方法，但真正的核心关键是，建立对图像色彩品质的精确洞察力。这需要在平时多练眼，细心观察周围景物，结合色彩理论知识作深入分析，只有具备了分析图像色彩品质的能力，才能正确有效地对其进行控制、调整，真正掌握图像菜单。

图 层 菜 单

对图层的操作可以说是所有Photoshop使用者最频繁的工作。通过建立图层，各个图层中分别编辑图像的各个元素，从而产生既富有层次，又彼此关联的整体图像效果。大凡优秀的图像作品，图层的使用都是必不可少的。

在具体讲解图层菜单以前，首先介绍一些图层的基本概念（见图 12-1）。

当在 Photoshop 中新建一个文件时，新建的文件只具有一个图层（就好比手工绘画用的白纸一样），它被称为背景层。背景层是与普通图层（如常见的 Layer1、Layer2 等）相区别的。普通图层可以被编辑，即可以与除了背景层以外的其他图层调换次序，可以调整与其他图层之间的混合模式，也可以改变图层的不透明度。而对背景层来说这些操作通通不能进行，即背景层是被锁定的。

为了编辑图像的方便，在制作过程中使用多个图层是必须的。充分运用图层使用户可以在单独的一个图层中编辑图像中的某一个或几个元素，比如一排文字、一道渐变、一个图标等，而不会影响到其他图层元素的表现。将元素以图层的形式独立出来后就可以利用 Photoshop 强大的编辑能力（如图层特效、滤镜等）为每一图层的元素创建不同的图层效果，以实现丰富的表现力。

图 12-1

图层与图层之间并不等于完全的白纸与白纸的重合，图层的工作原理类似于在印刷上使用的一张一张重叠在一起的醋酸纤纸。透过图层中透明（无像素）或半透明区域，可以看到下一图层相应区域的内容。并且还可以控制图层与图层之间的混合效果，有效地将本来分开的图层元素联系起来，利用好它往往能制作出一些意想不到的理想效果。

提示　　所有图层都具有相同的分辨率，相同的颜色通道，相同的颜色模式（如 RGB 或 CMYK）。

12.1　新建命令

选择"图层"→"新建"命令，弹出下一级子菜单，如图 12-2 所示。这里，可以创建各种类型的新图层。

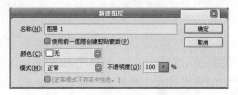

图 12-2

12.1.1　图层命令

执行"图层"→"新建/图层"命令，弹出如图 12-3 所示的对话框，在这里可以新建一个普通图层。

图 12-3

- 名称：新建图层命名。若选中"与前一图层编组"，则新建图层将会与下一图层构成一个剪贴组（有关"剪贴组"的使用请参见本章后续内容）。
- 颜色：决定图层调板中新建图层的颜色。可选项有：无色、红、橙、黄、绿、蓝、紫、灰。
- 模式：选择图层混合模式。
- 不透明度：设定新建图层的不透明度。100%代表完全不透明，0 代表新建图层内容完全透明，下一图层内容完全可见。

12.1.2　背景图层命令

利用背景图层命令可以将图像的背景层转变为普通图层。对原本是背景层的内容进行编辑，如更改混合模式、调整不透明度及改变与其他图层间的次序。

打开一幅图片，如图 12-4 所示。执行背景图层命令，弹出如图 12-5 所示的新建图层对话框。为转换而来的普通图层命名、设置混合模式及不透明度等。背景图层命令带来的效果如图 12-6 所示。

图 12-4

图 12-5

图 12-6

提示　　将背景层转换为普通图层后，也可以执行"图像"→"背景图层"命令将任一普通图层转换为背景层。

12.1.3 组与从图层建立组命令

利用组命令可以创建新的组。从图层建立组是将图层组可以让用户更有效地组织和管理图层，很容易地将多个图层作为一个组移动，在组上应用属性或蒙版。用户可以在图层调板中点按三角形键展开图层组，显示其中所包含的图层；也可以按倒三角形键折叠图层组，以规范图层的显示便于管理。

其实图层组和图层的功能是一样的。用户可以像处理图层一样查看、选择、复制、移动图层组，更改图层组中图层排列次序。也可以很容易地将图层移入或移出图层组，或在图层组中创建新图层。

提 示

> 注意不能嵌套图层，即不能在一个图层组中创建或移动另一个图层组。另外不能将图层效果应用于图层组，也不能将图层组用作剪贴组的基底。

执行"图像"→"从图层新建组"命令，在弹出的新建组对话框中，为新建的图层组命名、选色、设定混合模式和不透明度。默认情况下，图层组的混合模式是穿透，表示图层组没有自己的混合属性，如图12-7所示。

图 12-7

12.1.4 通过拷贝的图层和通过剪切的图层命令

通过拷贝/剪切的图层命令可以通过拷贝或剪切当前工作图层的选区内容来创建一个新的图层，新图层具有与原图层相同的属性。

12.2 复制图层命令

复制图层命令可以让用户在一幅图像内或几幅图像之间复制包括背景层在内的所有当前图层，以创建新的相同图层。

执行"图层"→"复制图层"命令，弹出"复制图层"对话框，如图12-8所示。

图 12-8

- 复制：背景，表示当前工作图层是背景图层。
- 为：为复制的图层命名。
- 目标：选择复制图层所在的图像文件。
- 文档：文档菜单中列出了当前 Photoshop 平台打开的所有文件，可以将图层复制到这些文件中。
- 名称：若在文件菜单中选择了新建，则表示将图层复制到一个新的文档中，此时在名称中为新文档命名。

提 示

> 在图像间复制图层时，复制图层在目标图像中的打印尺寸决定于目标图像的分辨率。如果原图层的分辨率比目标图像的分辨率低，那么复制图层在目标图像中会显得比原来小，即打印尺寸减小。相反，如果原图层的分辨率比目标图像的分辨率高，那么拷贝图层在目标图像中就会显示得比原来要大，即打印尺寸也会变大。

12.3　删除命令

选择"图层"→"删除"命令，弹出如图 12-9 所示的子菜单。

在这里，可以删除当前选定的图层或图层组，也可以同时删除或隐藏链接图层。当然，这些操作在图层调板中完成要更有效一些。

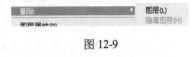

图 12-9

12.4　图层属性命令

利用图层/图层属性命令可以修改选定图层或图层组的属性，包括名称和在图层调板中的颜色。对于图层，还可以修改具有的颜色通道。

执行图层/图层属性命令可以修改选定图层的属性，包括名称和在图层调板中的颜色命令，弹出如图 12-10 所示的对话框。

图 12-10

提示

　　图层所具有的颜色通道由图层组决定。如果图层组仅具有 R 和 G 两个通道，则该图层中的所有图层也只具有这两个通道，而不会多出一个 B 通道。

12.5　图层样式命令

12.5.1　混合选项

选择"图层样式"，弹出如图 12-11 所示的各菜单命令，在这里可以为任何图像的图层应用图层样式，即设置图层混合选项及应用各种图层效果。

所有的图层效果都集中在混合选项对话框中，如图 12-12 所示。在这里，可以为当前图层添加或删除图层效果，也可以对原有各图层效果进行再编辑调整。

图 12-11

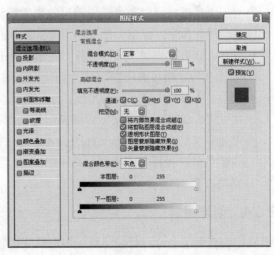

图 12-12

对话框中包含的图层效果有：

- 投影：在图层内容背后添加阴影效果。
- 内投影：添加正好位于图层内容边缘内的阴影，使图层呈凹陷的外观效果。
- 外发光：在图层内容边缘的外部增加发光效果。
- 内发光：在图层内容边缘的内部增加发光效果。
- 斜面和浮雕：将各种高光和暗调的组合添加到图层，使图层呈突起的外观效果。
- 光泽：在图层内部根据图层的用阴影，一般可创建光滑的磨光效果。
- 颜色叠加：在图层上叠加颜色。
- 渐变叠加：在图层上叠加渐变效果。
- 图案叠加：在图层上叠加图案。
- 描边：使用颜色、渐变或图案为当前图层的对象描边轮廓。特别适用于硬边形状，如文字。

12.5.2 拷贝图层样式、粘贴图层样式、删除图层样式

在创造风格统一的图像（如网页设计）时，拷贝/粘贴图层样式命令显示得恰到好处。利用它可以将自定义的图层样式通过拷贝/粘贴应用到其他图层，使用各图层的对象都表现出相同的图层效果。也可以使用将图层样式粘贴到链接的命令一次性为所有链接图层应用拷贝的图层样式，这也许会为用户省下不少时间。

删除图层样式就是将不需要的图层样式清除掉。

提 示

> 通过拷贝/粘贴应用的新图层样式将会覆盖掉该图层原有的图层样式。

12.5.3 全局光

在全局光对话框中可以为各图层效果单独设置局部加亮角度（即光照方向），而使用全局光命令可以为所有图层效果设置全部加亮角度。

新的加亮角度将作为每个使用图层效果的默认角度出现。执行全局光命令，弹出如图 12-13 所示的对话框。

- 角度：在方框中键入一个角度，表示灯光的位置，投影则处在与它相对的位置。

- 高度：在方框中键入一个角度，将会改变斜面和浮雕效果的斜角方向，从而决定浮雕突起的高度。

图 12-13

- 通过调节圆盘中十字形光标的位置也可以控制角度和高度：光标所在角度表示 Angle 中的数值，光标与圆心的距离表示高度。当光标与圆心重合时，高度为 0；在圆周上则高度为 90°。

12.5.4 创建图层

利用创建图层命令，可以将组成图层样式的各个具体图层效果分离出来，每种图层效果以一个独立的普通图层存在。

将图层样式转换成普通图层后，就可以通过各种绘画工具和滤镜来修改图层效果。因此，创建图层命令可以强化对图层样式的编辑操作，使读者可以清楚地看懂为什么能产生相应的图层效果。

提 示　　用创建图层命令创建的图层可能生成与使用图层样式的版本不完全匹配的图像，在创建新图层时可能会弹出警告对话框（警告对话框提示有些效果在转换为普通图层时会有损失）。

12.5.5　隐藏所有效果

隐藏所有效果命令可以将当前图层样式包含的所有图层效果暂时隐藏。如果要恢复显示，执行显示所有效果命令即可。

12.5.6　缩放效果

利用缩放效果命令可以缩放图层样式中包含的效果，调整它们的表现力不会影响图层样式所应用的对象本身。

12.6　智能滤镜

选择智能滤镜命令，它是一种非破坏性的滤镜创建方式，它可以随时调整参数，隐藏或者删除而不会破坏图像，可以将"抽出"、"液化"、"图案生成"和"消失点"之外的任何滤镜（包括支持智能滤镜的第三方的外挂滤镜）作为智能滤镜的应用，此外，还可以将"阴影/高光"和"变化"调整命令作为智能滤镜的应用。弹出如图 12-14 所示的子菜单。

12.7　新建填充图层

选择新填充图层命令，弹出如图 12-15 所示的菜单命令。可见，新填充图层命令可以为图层创建纯色、渐变和图案填充效果，并且是以图层的形式出现。

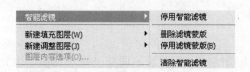

图 12-14

图 12-15

填充图层与普通图层具有相同的颜色混合框和不透明度，也同样可以进行重排、删除、隐藏和复制操作。默认情况下，在创建填充图层时将一同创建图层蒙版，但如果图像中存在工作路径、则创建的将是图层剪贴路径而不是图层蒙版。

12.7.1　纯色命令

利用纯色命令可以创建纯色填充图层。虽然会产生完全覆盖效果，但通过编辑图层蒙版或调节填充图层的混合模式和不透明度，可以制作意想不到的效果。

12.7.2 渐变命令

使用渐变命令可以创建渐变填充图层。同样可以通过对图层蒙版的编辑或修改混合模式及不透明度来实现特殊效果。

12.7.3 图案命令

利用图案命令，可以创建图案填充图层。同样可以通过编辑图层蒙版或修改混合模式及不透明度来创建特殊效果。

12.8 新建调整图层

选择新调整图层命令，弹出如图 12-16 所示的子菜单命令。

新调整图层命令也可以对图像的颜色或色调进行调整，但与 Image 菜单中的各种颜色调整命令不同的是，它不会永久地修改图像中的像素，所有的修改都发生在调整图层中。该图层如同一层透明膜，下面的图像图层可透过该图层显示出来。

图 12-16

与填充图层很相似，调整图层也具有与普通图层相同的混合模式选项和不透明度，并且也可以相同的方式重排、删除、隐藏和复制。在创建调整图层的同时，也会自动创建图层蒙版，如果在创建调整图层时存在可以路径，将会创建图层剪贴路径而不是图层蒙版。

提示　　创建的调整图层会对它下面的所有图层产生相同的调节作用。若希望将调整图层的效果只作用到一组图层，则需要创建由这些图层组成的剪贴组，将调整图层放到此剪贴组内或放到它的基底上。

12.9 图层内容选项

执行图层内容选项命令，将弹出当前填充图层或调整图层的调整设置对话框，因此也可以用来修改当前填充或调整图层的效果。

对于不出现对话框的调整命令，如反向，它不存在对图层内容选项的设定，因此图层内容选项命令不可用。

12.10 图层蒙版

利用图层蒙版命令可以为图层添加图层蒙版。当要改变图像某个区域的颜色，或者要对该区域应用滤镜或其他效果时，可以通过建立图层蒙版来隔离出其他区域，使编辑操作仅发生在未蒙版区域中。

执行图层蒙版,弹出如图 12-17 所示的子菜单命令。

- 显示全部:添加的图层蒙版将以白色填充。白色蒙版表示当前图层的所有像素都是不透明的。通过向图层中添加黑色可以建立透明区域。

- 隐藏全部:添加的图层蒙版将以黑色填充,黑色蒙版表示当前图层的所有像素都被蒙版保护起来,图层是透明的,可以看到下面图层的内容。

图 12-17

通过向图层中添加白色可减小被蒙版区域,也就是可以增大不透明区域。

- 显示选区:围绕选区以外的区域建立蒙版。即选区内的像素不透明,作为被编辑区。而外部区域的像素则透明,作为蒙版对象被保护起来,透过这部分区域可以看到下面图层的内容。

- 隐藏选区:围绕选区建立蒙版。即选区外的像素不透明,作为被编辑区。而选区内部的像素透明,作为蒙版对象被保护起来,透过选区可以看到下面图层的内容。

- 删除:将创建的图层蒙版移去,并不保留对图层蒙版应用的效果,原图层仍保持原有效果。

- 应用:同样也是将创建的图层蒙版移去,但不同的是在移去图层蒙版的同时,对蒙版所进行的操作将生效,应用到图层上。

- 启用:选择"停用"选项,创建的图层蒙版仍然存在,但暂时不产生作用,从图层调板中可以看到在图层蒙版的缩略框中显示一红色叉形,表示现不能应用,如要重新启用图层蒙版,则再次选择同一位置已变更为启用命令的选项即可。

- 连接:断开图层与图层蒙版之间的连接关系,如要重新进行连接,选择连接命令即可。

12.11 矢量蒙版

利用矢量蒙版命令可以为图层添加矢量蒙版,或称图层剪贴路径。矢量蒙版可以在图层上创建锐化、无锯齿的边缘形状,当希望创建边缘清晰的设计元素(如面板或按钮)时,矢量蒙版非常有用。不仅为图层添加了矢量蒙版,还可以应用图层样式为蒙版内容添加图层效果,获得具有各种风格的按钮、面板或其他设计元素。

选择矢量蒙版命令,弹出如图 12-18 所示的子菜单命令。

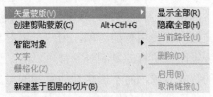

- 显示全部:该命令围绕整幅图像创建矢量蒙版,显示该图层的全部内容。

- 隐藏全部:该命令使该图层的所有像素透明,即隐藏图层的所有内容。此时并没有围绕特定区域创建剪贴路径,可以选用钢笔工具创建工作路径,围绕工作路径自动生成矢量蒙版。

图 12-18

- 当前路径:此命令只有当图层中存在工作路径时才可选,它会围绕工作路径自动生成矢量蒙版。

- 删除:将创建的图层蒙版移去,并不保留对图层蒙版应用的效果,原图层仍保持原有效果。

- 启用：选择停用选项，创建的图层蒙版仍然存在，但暂时不产生作用，从图层调板中可以看到在图层蒙版的缩略框中显示一红色叉形，表示当前不能应用，如要重新启用图层蒙版，则再次选择同一位置已变更为启用命令的选项即可。
- 连接：断开图层与图层蒙版之间的连接关系，如要重新进行连接，选择连接命令即可。

12.12　创建剪贴蒙版

使用创建剪贴蒙版命令可以创建剪贴组。

剪贴组是一种特殊的图层组，其中最底层，也称基底层，作为整个剪贴组的图层蒙板控制着整个图像的形状、不透明度及混合模式，而它上面的图层就作为背景图层嵌入到这个蒙版里。比如，有一张图像，它的最底层含有一个图形，倒数第二层含有一幅纹理，而最上层含有一些文本。如果将这三个图层定义为一个剪贴组的话，则上面的纹理和文本只能通过最底层的图形形状才能表现出来，并且由最底层来决定它们的不透明度和混合模式。

提示　只有连续图层才能被定义为剪贴组。剪贴组中的基底层名称有下划线，覆在上面的图层的缩览图是缩进的。

执行"图层"→"创建剪贴蒙版"命令，当前图层和它下面的一个图层将组成一个剪贴组。或者按住 Alt 键，在图层调板中点击两个图层的交界线也能创建一个剪贴组。

12.13　智能对象

选择智能对象命令，弹出如图 12-19 所示的子菜单。

其中包括：转换为智能对象、通过拷贝新建智能对象、编辑内容、导出内容、替换内容、堆栈模式、栅格化。

图 12-19

1. Photoshop CS5智能对象

Photoshop CS5 引入了一个称之为智能对象图层的新型图层。智能对象有点像 Illustrator 中的符号。智能对象可以基于像素内容或矢量内容组成，就像 Illustrator 图像置入了 Photoshop 文档中。使用智能对象，用户可以对单个对象进行多重复制，并且当复制的对象其中之一被编辑时，所有的复制对象都可以随之更新，但是仍然可以将图层样式和调整图层应用到单个的智能对象，而不影响其他复制的对象，这给方便工作提供了极大的弹性。基于像素的智能对象还能记住它们的原始大小，并能无损地进行多次变换。

在图层面板中可以看到智能对象图层的新缩略图图标。注意在图层面板中能看到有三个蓝色心形的图层和三个黄色心形的图层。在 Photoshop 中，会看到这个图层面板呈现的实际图像，并且还会看到每个智能对象实际上有不同的色彩。这是因为六个智能对象中有四个还应用了图层样式中的颜色叠加。

2. Photoshop CS5智能向导和图层增强

它具有使用鼠标选择多个图层而无需在面板中选择的能力。这听起来似乎像是件小事，但在提高生产力上却具有巨大的影响。它正是那些想用到但却没有意识到能节省多少时间的功能之一。智能向导如图 12-20 所示。在这个例子中，选择移动中间下面的心形，这时智能导向出现了，它允许将选中的心精确对齐其他对象，而不需要使用工具栏的对齐工具。很快用户将不再需要在几个图层上进行链接图层。自动选择组选项打开时，用户可以使用移动工具，配合按键盘上的 Shift 键点击选择多个图层。以前的向上群组命令现在变成了群组图层命令。这些图层群组就是以前的"图层组"。为了向后兼容，"链接图层命令"仍然保留。

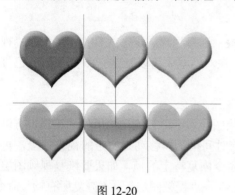

图 12-20    图 12-21

另外，选择菜单中有 3 个相关的命令：选择所有图层，取消选择图层，选择相似图层。

3. Illustrator CS5图像数据无损编辑

Illustrator 图像可以以智能对象方式被嵌入到 Photoshop 文档中，无需栅格化矢量数据。当用户重取样或变换像 Illustrator 图像这样的智能对象矢量，嵌入的智能对象质量完全得到了保护。如图 12-21 所示的图像中，位于左边的图像，可以明显看到重取样示例图像后质量的损失。在示例的右边，Illustrator 文件以智能对象方式置入，重取样后质量没有发生改变。

12.14   视频图层

借助全新的单键式快捷键更有效地编辑动态图形，使用全新的音频同步控件实现可视效果与音频轨道中特定点的同步，使 3D 对象变为视频显示区。选择视频图层命令，弹出如图 12-22 所示的子菜单。

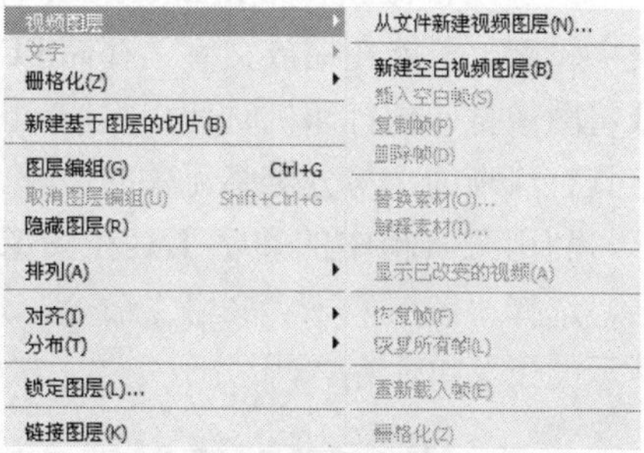

- 从文件新建视频图层：打开一个文件，执行"图层"→"视频图层"→"从文件新建视频图层"命令，即可创建一个空白视频图像文件。

图 12-22

- 新建空白视频图层：打开一个文件，执行"图层"→"视频图层"→"新建空白视频图层"命令，可以新建一个空白的视频图层。
- 插入空白帧：设置图层属性的关键帧，并将视频的某一部分指定为工作区域。
- 复制帧、删除帧：复制关键帧或删除关键帧。
- 替换素材：Photoshop CS5 会保持原视频文件和视频图层之间的连接，即使在 Photoshop 外部修改或移动视频素材也是如此，如果由于某些原因，导致视频图层和引用的原文件之间的连接损坏，例如移动、重命名或删除视频原文件，将会中断此文件与视频图层之间的连接，并在"图层"面板中的该图层上显示一个警告图标。出现这情况时，可以在"动画"或"图层"面板中选择要重新连接到原文件或替换内容的视频图层，然后执行"图层"→"视频图层"→"替换文件"命令，在打开的"替换素材"对话框中选择视频或图像序列文件，再单击"打开"按钮重新建立连接。

提示 "替换素材"命令还可以将视频图层中的视频或图像序列帧替换为不同的图像序列源中的帧。

- 解释素材：在"动画"面板或"图层"面板中选择视频图层。执行"图层"→"视频图层"→"解释素材"命令，弹出对话框，在对话框中可以指定 CS5 如何解释已打开或导入的视频的 Alpha 通道和帧速率。
- 显示已改变的视频：显示已经改变的视频图像。
- 恢复帧、恢复所有帧：如果要放弃对帧视频图层和空白视频图层所做的编辑，可以在"动画"面板中选择视频图层，然后将当前时间指示器移动到特定的视频帧上，再执行"图层"→"视频图层"→"恢复帧"命令恢复特定的帧，如果要恢复视频图层或空白视频图层中的所有帧，则可执行"图层"→"视频图层"→"恢复所有帧"命令。
- 重新载入帧：重新设置关键帧。
- 栅格化：将视频图层转换为普通的图层。

12.15　文字

文字：由在数学上定义的形状组成。

在图像中添加的文字由像素组成，与图像文件具有相同的分辨率，添加的文字在被放大若干倍后会显示出锯齿状边缘。

但是，Photoshop 和 ImageReady 保留基于矢量的文字轮廓，可能在缩放文字、存储 PDF 或 EPS 文件或将图像打印到打印机时使用它们。因此，生成的文字具有清晰的、与分辨率无关的边缘。

利用工具箱中的文字工具在图像中创建一文本层，选择"图层"→"文字"命令，弹出如图 12-23 所示的子菜单命令。

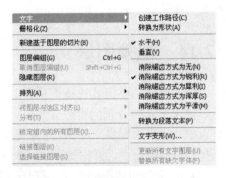

图 12-23

12.15.1　创建工作路径命令

创建工作路径命令可以基于文字创建工作路径，将文字作为矢量形状进行处理。工作路径是出现在路径调板中的临时路径，基于文字图层创建了工作路径后，就可以像对待其他路径那样存储和处理该路径。

12.15.2　转换为形状命令

转换为形状命令可以将文字转换为形状，文字图层由包含基于矢量的剪贴路径的图层所替换，其实质是围绕文字建立了一个矢量蒙版。

可以编辑剪贴路径并将样式应用于图层，但是，无法在图层中对文字进行文本编辑。

图层剪贴路径可以在图层上创建尖锐的边缘形状，通常用来创建按钮或面板。当希望添加包含精确定义边缘的设计元素时，图层剪贴路径是很有用的。使用图层剪贴路径创建图层后，即可将一个或多个图层样式应用于该图层，如果需要还可以编辑该图层，并且立即拥有可用的按钮、面板或其他 Web 设计元素。

12.15.3　水平/垂直命令

水平/垂直命令确定输入文字的排列方向。水平表示按水平方向输入文字，垂直表示在垂直方向上输入文字。

12.15.4　消除锯齿方式命令

消除锯齿命令通过部分填充文字的边缘像素，使文字边缘混合到背景中，产生平滑/锐利/犀利/浑厚的边缘效果。

12.15.5　转换为段落文字命令

利用转换为段落文字命令可以将点文字转换为段落文字，在定界框中调整字符排列；也可以将段落文字转换为点文字，使各文本行彼此独立排列。

将段落文字转换为点文字时，每个文字行的末尾都添加一个回车（最后一行除外）；将点文字转换为段落文字时，必须删除段落文字中的回车符，使字符在定界框中重新排列。

将段落文字转换为点文字时，所有溢出定界框的字符都将被删掉。若要避免丢换文本，请调整定界框，使全部文字在转换前都得以显示。

12.15.6　变形文字命令

变形文字命令可以扭曲文字以表现出各种形状。如可以按扇形和波浪形等变形样式使文字变形。

选择的变形样式是文字图层的一个属性，可以随时更改图层的变形样式以调整变形的整体形状。执行变形文字命令，弹出"变形文字"对话框，如图 12-24 所示。

图 12-24

12.15.7　更新所有文字图层与替换所有缺欠字体命令

使用该命令将软件中欠缺的文字替换，可将图层面板中带有文字所有图层替换成其他文字。从而方便了操作者。

12.16　栅格化

某些命令和工具（如滤镜效果和绘画工具）不可用于文字图层。必须在应用命令或使用工具之前栅格化文字。栅格化将文字图层转换为正常图层，并使其内容不能再作为文本编辑。如果选取了需要栅格化图层的命令或工具，则会出现一条警告信息。某些警告信息提供了一个"确定"按钮，执行此命令即可栅格化图层。弹出如图12-25所示的子菜单。

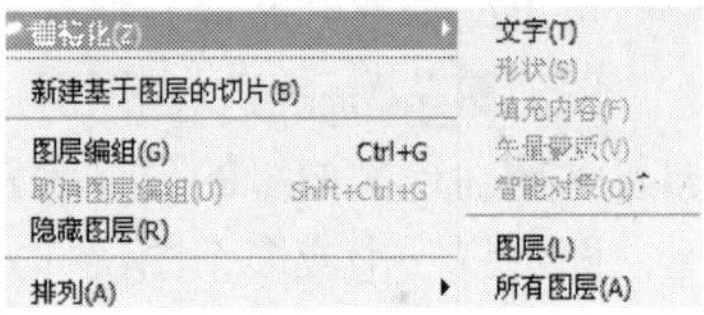

- 文字：栅格化文字图层，被栅格化的文字将变为光栅图像，不能再修改文字内容。
- 形状/填充内容/矢量蒙版：执行"形状"命令，可栅格化形状图层；执行"填充内容"命令，可栅格化形状图层的填充内容，但保留矢量蒙版；执行"矢量蒙版"命令，可栅格化形状图层的矢量蒙版，同时将其转化为图层蒙版。
- 智能对象：可栅格化智能对象图层。
- 视频：可栅格化视频图层，选定图层将被合并"动画"调板中选定的当前帧的复合中。
- 3D：栅格化 3D 图层。
- 图层/所有图层：执行"图层"命令，可以栅格化当前选择的图层，执行"所有图层"命令，可栅格化包含矢量数据、智能对象和生成的数据的所有图层。

图 12-25

12.17 新建基于图层的切片

在制作网页时，可以创建选区或引导线来创建切片。利用基于图层的切片命令可以通过 Photoshop 中的图层来创建切片，切片能够包含该图层中所有像素的信息。当对图层内容进行修改时，切片区域能够自动调整以拥有编辑后的像素信息。

12.18 图层编组及取消图层编组

利用图层编组及取消图层编组命令可以轻松地整理图层调板中的图层。该命令可以将单独图层或多个图层组成为一个图层组。

打开一个包含多个图层的图像，查看图层调板，按住 Shift 键同时选择多个图层，然后执行"图层"→"图层组图层"命令，再看图层调板已将所选的图层归纳为一个图层组了。

12.19 隐藏图层

利用隐藏｜显示图层命令可以关闭一个或多个图层的显示功能，也可以直接在图层调板中单击图层缩略效果图前面的图标，起到相同的效果。

12.20 排列

利用排列命令，可以改变图层的排列次序，即具体指定当前图层在众多图层中的堆放位置。选择"图层"→"排列"，弹出如图12-26所示的子菜单命令。

- 置为顶层：将当前图层移到图像的最上层。
- 前移一层：将当前图层往上移一层。
- 后移一层：将当前图层往下移一层。
- 置为底层：将当前图层移到图像的最底层（背景层之上）。

图 12-26

- 反向：在 Photoshop CS5 中可以同时选择两个或多个图层，该选项只有在至少选中了两个图层时才可以应用，将所选择的图层互换层次。

12.21　将图层与选区对齐

利用对齐命令，可以将链接图层的内容与工作图层的内容或选区边框对齐。也可以对没有进行链接处理的同时选中的多个工作图层的内容进行对齐。

选择"图层"→"对齐"，弹出如图 12-27 所示的子菜单命令。

图 12-27

- 顶边：将链接图层顶端的像素对齐当前工作图层顶端的像素或选区边框的顶端，以此方式来排列链接图层。如进行对齐处理的图层为非链接图层，则以所有工作图层中的最外侧的边界为基准。
- 以下的垂直居中、底边、左边、水平居中和右边同顶边的对齐原理相同。

12.22　分布

分布命令可以按平均间隔定位链接图层的内容及非链接的多个图层的内容。选择"图层"→"分布"，弹出如图 12-28 所示的子菜单命令。

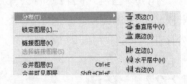

图 12-28

- 顶边：参照每个图层的最顶端像素的位置均匀分布图层。
- 垂直居中、底边、左边、水平居中和右边同顶边分布的原理相同。

12.23　锁定图层

利用锁定图层命令可以锁定所选图层，以确保图层的属性不变。锁定图层后，图层调板中图层名称的右边会出现一把锁。若是完全锁定图层，则锁为实心，表示无法对图层进行任何编辑；若部分锁定图层，则锁为空心。如锁定透明度，将绘画和编辑限制在包含像素的图层区域，但仍可移动图层内容位置、编辑混合模式等。

执行锁定图层命令，弹出如图12-29所示的对话框。

图 12-29

12.24　连接图层及选择连接图层

利用连接图层命令可以将两个以上的多个图层连接在一起，进行移动、对齐、分布等整体的操作。

方法是：按住Shift键（可以一次性选中多个连续的图层或可以进行间隔有选择性的逐个加选）在图层调板中选中将要连接在一起的图层，然后执行连接图层命令即可将所有选中的图层连接在一起。

若要将连接图层取消连接关系，则在图层调板中选中连接图层中的任意一个图层，执行选择连接的图层命令，即可选中连接在一起的所有图层，然后再执行释放连接命令即可。

12.25　合并图层及合并可见图层

使用合并图层命令可以将当前工作图层与下面的图层、所选中的图层或所有可见图层合并为一个层，此外，还可以合并图层、图层组、图层剪贴路径、剪贴组、连接图层或调整图层，降低文件大小。

执行合并可见图层命令后"图层"调板的状态，可以看到，除被隐藏的图层外，其他的可见层都被合并到"背景"图层中。

12.26　合并图像

使用拼合图像命令，可以将图像中的所有可见图层都合并到背景中，大大降低了文件大小。

拼合图像时将去掉所有隐藏图层，并用白色填充剩下的透明区域。大多数情况下，直到编辑完各图层后才进行拼合图层的工作。

不同颜色模式间转换时会弹出对话框，提示是否进行图拼合图像，如果以后还要用到原来模式的图像图层，应单击"不合并图层"按钮，这样在转换颜色模式后图像的所有图层仍然存在。

12.27　修边

当移动或粘贴消除锯齿选区时，选区边框周围的一些像素也会被包含在选区内。这会在粘贴选区时，在选区周围产生边缘或晕圈。使用修边命令可以消除不需要的边缘像素。

选择"图层"→"修边"，弹出如图 12-30 所示的子菜单命令。

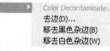

图 12-30

- 去边：用含纯色的邻近像素的颜色替换像素的颜色。例如，如果在蓝色背景上选择黄色对象，然后移动选区，则一些蓝色背景被选中并随着对象一起移动。使用去边命令，可以用黄色像素替换掉蓝色像素以达到去边的效果。
- 移去黑色杂边：在黑色背景上建立选区并移动或粘贴到另一个不同颜色的背景中时，移去黑色杂边命令消除边界多余的黑色像素。
- 移去白色杂边：在白色背景上建立选区并移动或粘贴到另一个不同颜色的背景中时，移去白色杂边命令消除边界多余的白色像素。

本章小结

图层菜单的内容比较多，掌握起来需要花点时间。但是对图层菜单的要求，并不是在于只是简单地掌握每个命令的用法，而在于能融会贯通，在需要创建出某种效果的时候，能想到该用什么命令，这才是最重要的。

第 13 章

选 择 菜 单

○ **本章重点** ◄◄
- 学习选择菜单中的命令对选区进行各种控制和变换
- 学习存储和载入选区的方法

13.1 全部命令

将一个图层全部选定，选区是与画布的大小相同的方形（见图 13-1）。打开一张图像，执行 All 全选命令后，出现的选区如图 13-2 所示。

图 13-1   图 13-2

13.2 取消选择、重新选择、反向命令

当图层的一部分被选择时，执行取消选择命令将取消所有选择区域即去掉选区。

在取消选择区域后，执行重新选择命令将恢复最后一次确定的选择区域即载入上一次绘制的选区。

图 13-3 中的选择区域经过反选命令后将变为未选择区域，如图 13-4 所示。

图 13-3

图 13-4

13.3 所有图层、取消所选图层、相似图层命令

利用"选择"→"所有图层"命令可以快速地选中除背景图层以外的所有图层，其中包括隐藏的图层，如图 13-5 所示。

利用"选择"→"取消选择图层"命令，可以取消对单层或多个图层的选择，执行过取消选择图层命令后，查看图层调板没有任何一个图层处于工作图层状态，如图 13-6 所示。

图 13-5

图 13-6

利用"选择"→"相似图层"命令，可以快速地在图层调板中选出相同类型的图层。例如：图层调板中同时存在文字图层、普通图层和调整图层，希望把其中的所有调整图层同时选出，则首先选中一个调整图层，然后执行"选择"→"相似图层"命令即可把图层调板中的所有调整图层全部选中，如图 13-7 所示。

13.4 颜色范围命令

颜色范围命令根据图像中颜色的分布自动生成选择区域，对话框如图 13-8 所示。

图 13-7

图 13-8

- 选择：用来设置选区的创建依据。
- 颜色容差：用来控制颜色的选择范围，该值越高，包含的颜色范围就越广。
- 选择范围|图像：如果勾选"选择范围"，在预览区域的图像中，白色代表了被选择的区域，黑色代表了未被选择的区域，灰色代表了被部分选择的区域（带有羽化效果的区域）。如果勾选"图像"，则预览区内将显示彩色的图像。
- 选区预览：用来选择在图像窗口预览选区的方式。选区预览提供了 4 种在原图中预览选区的方式。
  - ➢ 无：不设定预览方式。
  - ➢ 灰度：以灰度方式显示预览图，选区为浅色（白色）。
  - ➢ 黑色杂色：以原色显示选区，其他区域用黑色覆盖。
  - ➢ 白色杂边：以原色显示选区，其他区域用白色覆盖。
  - ➢ 快速蒙版：以原色显示选区，非选择区用半透明的蒙版颜色（默认为红色）覆盖。
- 存储|载入：单击"存储"按钮，可以将当前的设置保存；单击"载入"按钮，可以载入存储的选区预设文件。
- 吸管工具：对话框中提供了三个吸管工具，使用它们在图像上或对话框的预览区中单击可以设置选区。
- 反相：勾选该项，可以反转选区，相当于创建了选区后，执行"反向"命令。

13.5　调整边缘命令

"调整边缘"命令可以提高选区边缘的品质并允许对照不同的背景查看选区，以实现轻松编辑选区的目的。选择该命令可弹出对话框如图 13-9 所示。

- 半径：用来确定选区边界周围的区域大小，如图 13-10～图 13-12 所示，增加半径可以在包含柔化过度或细节的区域中创建更加精确的选区边界，如毛发中的边界或模糊边界。

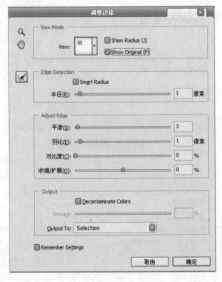

图 13-9

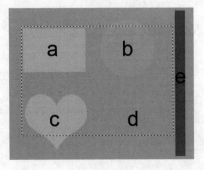

图 13-10

187

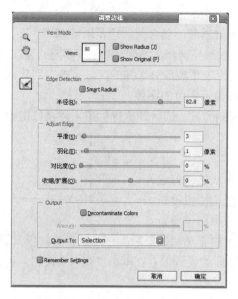

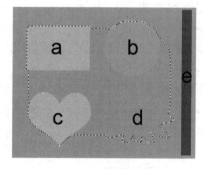

图 13-11   图 13-12

- 对比度：可锐化选区边缘并去除模糊的不自然感，增加对比度可以移去由于"半径"设置过高而导致在选区边缘附近产生的过多杂色。
- 平滑：可以减少选区边界的不规则区域（山峰和低谷），创建更加平滑的轮廓。
- 羽化：可为选区设置羽化值，范围为 0～250 像素。
- 收缩｜扩展：可以收缩或扩展选区边界，设置为正值时扩展边界；设置为负值时收缩边界，收缩选区有利于从选区边缘移去不需要的背景色。
- 选区视图：单击标准图标，可预览具有标准选区边界的选区。在柔和边缘选区上，边界将会围绕被选中 50% 以上的像素；单击快速蒙版图标，选区可作为快速蒙版预览。单击黑底图标，可在黑底背景下预览选区；单击白底图标，可在白底背景下预览选区；单击蒙版图标，可预览用于定义选区的通道蒙版。
- 缩放工具：单击缩放工具可在调整选区时将其放大或缩小。
- 抓手工具：使用抓手工具可调整图像的位置。
- 说明：当光标在对话框的选项中移动时，"说明"选项内容会显示相关的说明。

13.6 修改命令

修改命令提供了 5 个子菜单命令，分别是边界、平滑、扩展、羽化和收缩，如图 13-13 所示。

图 13-13

它们的功能如图 13-14（原图）～图 13-19 所示。

图 13-14

图 13-15

图 13-16

图 13-17

图 13-18

图 13-19

操作点拨 如何利用羽化命令柔化选区边缘

01 打开图像，选择工具箱中的"魔棒工具"，在选项栏中将工具的容差设定为 40。点击图像中浅色空白区域，创建选区如图 13-20 所示。

图 13-20

图 13-21

02 执行"选择"→"反向"命令，反向选择，选区变成如图 13-21 所示。

03 新建一个文件，在工具箱中选择"移动工具"，然后将原图像中的选区部分直接拖动到新建文件当中，这样就完成了不同窗口之间图层的拷贝，而且这样的操作不会影响原图像中的选区和图层内容。

04 在原图像中执行"选择"→"羽化"命令对原始选区进行羽化处理，在对话框中输入"3"，如图 13-22 所示。

05 执行与步骤 3 相同的操作，将选区内的内容拖曳到新文件中，比较两次操作的结果，可以看到经过羽化命令可以起到柔化选区边缘的作用，如图 13-23 所示。

图 13-22 　　　　　　　　　　　　　　　　　图 13-23

13.7　扩大选区及选取相似命令

扩大选区命令：如图 13-24（原始选择区域）和图 13-25（扩大后的选择区域）所示。

选取相似命令：原始选区（见图 13-24）应用选取相似命令后，选区变成如图 13-26 所示。

图 13-24 　　　　　　　　　　　图 13-25 　　　　　　　　　　图 13-26

13.8　变换选区命令

变换选区命令可以对选择区域进行缩放、旋转等自由变换，如图 13-27 所示。

13.9　在快速蒙版模式下编辑

快速蒙版是一种非常灵活的创建选区和编辑选区的工作方式。在快速蒙版状态下，可以使用绘画工具和滤镜编辑选区，也可以使用选框工具和套索工具修改选区。

图 13-27

13.10　载入选区及存储选区命令

利用载入选区/存储选区命令可以载入已经存储的选择区域或者存储新的选择区域。创建复杂的选区并不是一件十分容易的事，但是如果需要建立一个新的选区时，旧的选区就会消失，无法对原选区的图像继续进行处理，这样就需要将重要的选区存储起来，并且可以随时将其重新载入。选区的存储是通过建立新的 Alpha 通道来实现的。

本章小结

本章中我们对选择菜单中的各种命令进行了全面的介绍。在以前的版本中很多选择菜单中的命令是用来编辑和控制选区的，若要创建选区，用户可以使用各种选框工具，也可以用路径和通道创建更为精细的选区。

第14章

滤 镜 菜 单

○ **本章重点** ◂◂
- 了解滤镜的特点与应用方法
- 学习"滤镜库"的使用方法
- 学习"液化"滤镜的使用方法
- 了解其他滤镜的详细参数和作用

滤镜主要是用来实现图像的各种特殊效果。它在 Photoshop 中具有非常神奇的作用。所以有的 Photoshop 都按分类放置在菜单中，使用时只需要从该菜单中执行这个命令即可。滤镜的操作是非常简单的，但是真正用起来却很难恰到好处。滤镜通常需要同通道、图层等联合使用，才能取得最佳艺术效果。如果想在最适当的时候应用滤镜到最适当的位置，除了需要平常的美术功底之外，还需要用户对滤镜进行熟练的操控，甚至需要具有很丰富的想象力。这样，才能有的放矢的应用滤镜，发挥出艺术才华。滤镜的功能强大，用户需要在不断地实践中积累经验，才能使应用滤镜的水平达到炉火纯青的境界，从而创作出具有迷幻色彩的电脑艺术作品。

滤镜(T)	视图(V)	窗口(W
上次滤镜操作(F)	Ctrl+F	
转换为智能滤镜		
滤镜库(G)...		
Lens Correction...		
液化(L)...		
消失点(V)...		
风格化	▶	
画笔描边	▶	
模糊	▶	
扭曲	▶	
锐化	▶	
视频	▶	
素描	▶	
纹理	▶	
像素化	▶	
渲染	▶	
艺术效果	▶	
杂色	▶	
其它	▶	
Digimarc	▶	
浏览联机滤镜...		

图 14-1

14.1 上次滤镜操作

当对图像使用了一个滤镜进行处理后，"滤镜"菜单的顶部便会出现该滤镜的名称，单击它可以快速应用该滤镜，也可以按 Ctrl+F 键。如果要对该滤镜的参数做出调整，可按下 Alt+Ctrl+F 键打开滤镜对话框（见图 14-1），在对话框中设置参数即可。

14.2 转化为智能滤镜

智能滤镜是一种非破坏性的滤镜创建方式，它可以随时调整参数，隐藏或者删除而不会破坏图像。在 Photoshop 中，可以将除"抽出"、"液化"、"图案生成器"和"消失点"之外的任何滤镜作为智能滤镜应用。还可以将"阴影/高光"和"变化"调整命令作为智能滤镜的应用。

14.3 滤镜库

滤镜库命令，顾名思义，此命令中包含了很多组滤镜。执行滤镜库命令，弹出如图 14-2 所示对话框。

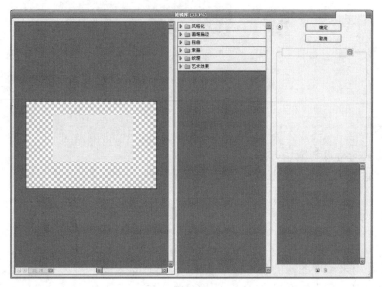

图 14-2

该命令中包含了 6 个滤镜组，可以分别打开适用其滤镜效果并进行设置，当然这里所拥有的还不是全部的滤镜。关于所有的滤镜效果，将在本章的后面逐个地详细进行介绍。

14.4 液化

执行液化命令出现如图 14-3 所示的对话框。

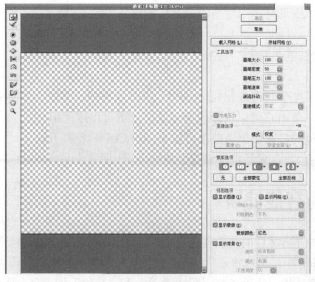

图 14-3

- 调抹工具：拖移鼠标时向前推进像素。
- 重建工具：将变形的图像恢复为原始状态。
- 顺时针旋转扭曲工具：按住鼠标按钮或拖移时顺时针旋转像素。
- 褶皱器工具：按住鼠标按钮或拖移时使像素靠近画笔区域的中心。
- 膨胀工具：按住鼠标按钮或拖移时使像素远离画笔区域的中心。
- 左推工具：沿与描边方向垂直的方向移动像素。
- 镜像工具：将像素拷贝到画笔区域。
- 湍流工具：通过混合图像中的像素使用户可以轻易地为图像增加"火焰或烟幕"等变形效果。
- 冻结蒙版工具：设定冻结区域，被冻结的区域将保持原始状态。
- 解冻蒙版工具：解除区域的冻结状态。
- 抓手工具：当图像大小超出预览框范围时用该工具调整视图方位。
- 放大镜工具：放大视图。

显示视图比例介绍如下。

- 载入/保存网格：将变形网格存储以便随时调出应用于其他图像。
- 工具选项：提供 A～K 工具的控制选项。
- 画笔大小：控制画笔大小。
- 画笔密度：控制画笔边缘强度。
- 画笔压力：控制画笔的压力。
- 画笔速率：控制画笔应用速率。
- 紊乱跳动：控制紊乱工具的复杂程度，该值越大，图像变形越复杂。
- 重建模式：选择变形重建的类型。
- 光笔压力：是否使用从光笔绘图板读出的压力。
- 重建选项：当对图像进行变形处理后，可以通过重建将图像恢复到原始状态或者再次对图像进行其他种类的变形处理。首先在 Mode（模式）下拉菜单中选择一种重建模式，然后单击重建按钮对图像进行再次变形处理。单击全部恢复按钮图像将恢复到原始状态。
- 蒙版选项：这里提供了几个控制蒙版区域的选项，被蒙版保护的区域不能进行变形处理。
- 无：移去所有冻结区域。
- 全部蒙住：冻结整个图像。
- 全部反相：反相所有冻结区域。

视图选项介绍如下。

- 显示图像：显示预览图像。
- 显示网格：显示网格。
- 网格大小：控制网格间距大小。
- 网格颜色：控制网格颜色。
- 显示蒙版：显示蒙版保护区域。
- 蒙版颜色：设置蒙版的显示颜色。

- 显示辅助背景：添加辅助背景。当图像具多图层时，可以从下拉菜单中选择将哪一个图层设为辅助背景。当图像只有一个图层时，勾项此项可以将半透明的原始图像作为辅助背景。
- 不透明度：设定辅助背景的不透明度。

操作点拨 如何使用液化命令

01 打开素材文件如图 14-4 所示。

图 14-4

02 执行"液化"命令，设置对话框如图 14-5 所示。

03 得到图像最终效果如图 14-6 所示。

图 14-5

图 14-6

14.5 消失点

在消失点滤镜工具选定的图像区域内进行克隆、喷绘、粘贴图像等操作时，操作会自动应用透视原理，按照透视的角度和比例来自适应图像的修改，从而大大节约精确设计和修饰照片所需的时间。执行消失点命令出现对话框，如图 14-7 所示。

- 编辑平面工具：选择、编辑、移动平面和调整平面的大小。
- 创建平面工具：单击图像中透视平面或对象的四个角，可创建编辑平面。从现有平面的伸展节点拖出垂直平面。

图 14-7

- 选框工具：在平面中单击并拖移可选择该平面上的区域。按住键拖移选区，可将区域复制到新目标；按住键拖移选区，可用源图像填充该区域。
- 图章工具：在平面中按住 Alt 键，单击可为仿制设置源点，一旦设置了源点可单击并拖移来绘画或仿制；按住键，单击可将描边扩展到上一次单击处。
- 画笔工具：在平面中单击并拖移可进行绘画，按住键单击可将描边扩展到上一次单击处。选择"修复亮度"可将绘画调整为适应阴影或纹理。
- 变换工具：将光标放置于变形框外侧，点按并拖移可旋转浮动选区；将光标放置于变形框内侧，点按并拖移可将浮动选区移动到新的位置；将光标放置于变形框上，单击并拖移可缩放浮动选区，按住键拖移可限制选区的长宽比，按住键拖移可从中心开始调整大小。
- 吸管工具：点按以选择用于绘画的颜色，点按色板可打开拾色器。
- 抓手工具：点按并拖移，可在预览窗口中滚动图像。
- 缩放工具：在预览窗口中的图像上单击可放大。按住 Alt 键单按可缩小，单击并拖移可放大一个区域。

14.6 风格化

风格化滤镜组可以生成印象派或其他绘画效果。其对应的子菜单如图 14-8 所示。

14.6.1 扩散滤镜

扩散滤镜，搅乱并扩散图像中的像素，使图像产生透过磨砂玻璃观看的效果。对话框如图 14-9 所示。

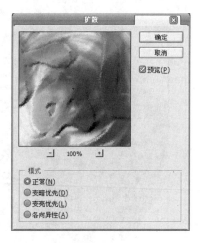

图 14-8　　　　　　　　　　　　　　　　图 14-9

- 模式：选择一种扩散方式。
- 正常：对所有像素进行随机扩散。
- 变暗优先：将颜色较深的像素向颜色较浅的像素区域扩散。
- 变亮优先：将颜色较浅的像素向颜色较深的区域扩散。
- 各向异性：为各向异性的扩散像素。

执行扩散滤镜命令得到原图像与执行命令后对比效果如图 14-10、图 14-11 所示。

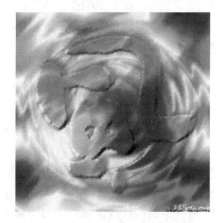

图 14-10　　　　　　　　　　　　　　　　图 14-11

14.6.2　浮雕效果滤镜

浮雕效果滤镜，模拟凸凹不平的浮雕效果。对话框如图 14-12 所示。

- 角度：控制光线方向。
- 高度：控制凸凹程度。
- 数量：控制浮雕图像的颜色状况。该值越大图像保留的颜色越多（颜色反向），该值为零时，图像将变为单一的灰色。

执行浮雕效果滤镜命令得到图像效果如图 14-13 所示。

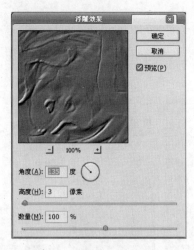

图 14-12

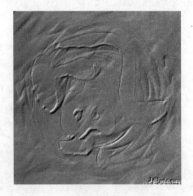

图 14-13

14.6.3 凸出滤镜

凸出滤镜，根据对话框中的设置，将图像转化成一系列凸出的三维立方体或锥体，产生立体背景效果。对话框如图 14-14 所示。

- 类型：提供两种凸出类型，块和金字塔。
- 大小：控制凸出单元的大小。
- 深度：控制凸出的最大高度。
- 随机：是否给予凸出单元随机的高度。
- 基于色阶：是否根据图像的色阶分配单元的高度。
- 立方体正圆：是否用区域内的平均颜色填充立方体表面。
- 蒙版不完整块：是否遮盖在图像边缘处不完整的凸出单元。

执行凸出滤镜命令得到图像效果如图 14-15 所示。

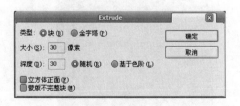

图 14-14

图 14-15

14.6.4 查找边缘滤镜

查找边缘滤镜，查找图像中有明显区别的颜色边缘并加以强调。

执行查找边缘滤镜命令得到图像效果如图 14-16 所示。

14.6.5 照亮边缘滤镜

照亮边缘滤镜，标识颜色的边缘，并向其添加类似霓虹灯的光亮。对话框如图 14-17 所示。

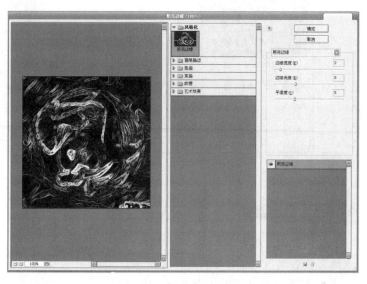

图 14-16 图 14-17

- 边缘宽度：控制发光边缘的宽度。
- 边缘亮度：控制边缘发光的亮度。
- 平滑度：控制边缘的平滑程度。

执行照亮边缘滤镜命令得到图像效果如图 14-18 所示。

14.6.6 曝光过度滤镜

曝光过度滤镜，混合负片和正片图像，类似于显影过程中将摄影照片短暂曝光。执行曝光过度滤镜命令得到图像效果如图 14-19 所示。

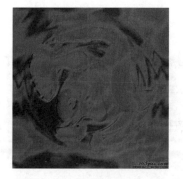

图 14-18 图 14-19

14.6.7 拼贴滤镜

拼贴滤镜，将图像分解为一系列拼贴，使拼贴偏移原来的位置。对话框如图 14-20 所示。

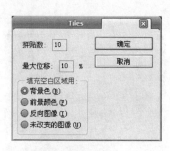

图 14-20　　　　　　　　　　　　　　图 14-21

- 拼贴：表示图像每纵列中最小的拼贴数目。
- 最大位移：每个拼贴最大的偏移距离。
- 填充空白区域用：用某种方式填充空白区域。

背景色——应用背景色填充；前景色——应用前景色填充；反向图像——将原始图像的颜色反转；未改变的图像——不变化原始图像。

执行拼贴滤镜命令得到图像效果如图 14-21 所示。

14.6.8　等高线滤镜

等高线滤镜，寻找颜色过渡边缘，并围绕边缘勾画出较细较浅的线条，进而获得与等高线图中的线条类似的效果。对话框如图 14-22 所示。

图 14-22　　　　　　　　　　　　　　图 14-23

- 色阶：控制寻找边缘的色阶值。
- 边缘：较低表示搜寻颜色值低于指定色阶的边缘，较高表示搜寻颜色值高于指定色阶的边缘。

执行等高线滤镜命令得到图像效果如图 14-23 所示。

14.6.9　风滤镜

风滤镜，在图像中创建细小的水平线条来模拟风的效果。对话框如图 14-24 所示。

- 方法：控制风的类型。风：为一般的风，大风：为较大的风，飓风：为飓风。
- 方向：控制风的方向。从左：指风向从左到右，从右：指风向从右到左。

执行风滤镜命令得到图像效果如图 14-25 所示。

图 14-24

图 14-25

14.7 画笔描边滤镜组

与风格化滤镜组一样，画笔描边滤镜组使用不同的笔画和油墨创造出各种绘画效果。有些滤镜向图像添加颗粒、绘画、杂色、边缘细节或纹理，以获得点状化效果。该滤镜组对应的子菜单如图 14-26 所示。

14.7.1 强化的边缘滤镜

强化的边缘滤镜，强化图像的边缘。设置高的边缘亮度控制值时，强化类似白色粉笔；设置低的边缘亮度控制值时，强化类似黑色油墨。对话框如图 14-27 所示。

图 14-26

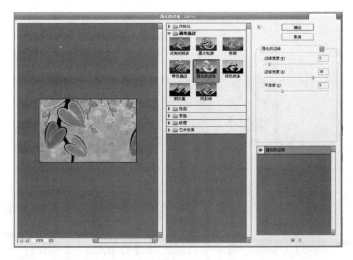

图 14-27

- 边缘宽度：控制边缘的宽度。
- 边缘亮度：控制边缘的亮度。
- 平滑度：控制边缘的平滑程度。

执行强化的边缘滤镜命令得到原图像与执行命令后对比效果如图 14-28、图 14-29 所示。

图 14-28 图 14-29

14.7.2 成角的线条滤镜

成角的线条滤镜，使用成角的线条重新绘制图像。用一个方向的线条绘制图像的亮区，用相反方向的线条绘制暗区。对话框如图 14-30 所示。

- 方向平衡：控制倾斜方向。该值为 0 时线条角度方向与该值为 100 时完全相反，且为单一对角线方向，当该值为 50 时，两对角方向的线条参半。
- 描边长度：画笔线条长度。
- 锐化程度：控制线条的清晰程度。

执行成角的线条滤镜命令得到图像效果如图 14-31 所示。

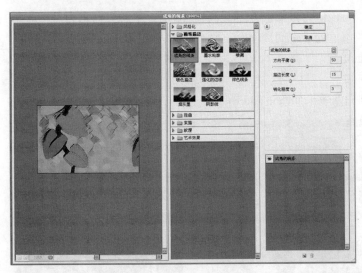

图 14-30 图 14-31

14.7.3 阴影线滤镜

阴影线滤镜，保留原图像的细节和特征，同时使用模拟的铅笔阴影线添加纹理，并使图像彩色区域的边缘变得粗糙。对话框如图 14-32 所示。

- 描边长度：控制线条长度。
- 锐化程度：控制交叉线的清晰程度。
- 强度：控制交叉线的强度和数量。

执行阴影线滤镜命令得到图像效果如图 14-33 所示。

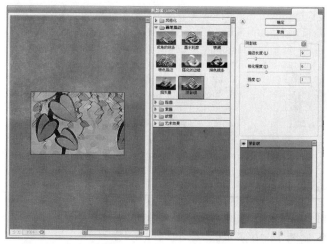

图 14-32   图 14-33

14.7.4   深色线条滤镜

深色线条滤镜，用短的、绷紧和线条绘制图像中接近黑色的暗区；用长的白色线条绘制图像中的亮区。对话框如图 14-34 所示。

- 平衡：控制笔触的方向。当该值为最低值 0 和最高值 10 时，笔触方向均为单一对角且两者方向完全相反；当该值处于中间数值时，两个对角方向的线条都会出现。
- 黑色强度：控制黑线的强度。
- 白色强度：控制白线的强度。

执行深色线条滤镜命令得到图像效果如图 14-35 所示。

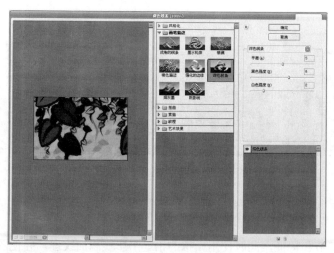

图 14-34   图 14-35

14.7.5   墨水轮廓滤镜

墨水轮廓滤镜，以钢笔画的风格，用纤细的线条在原细节上重绘图像。对话框如图 14-36 所示。

- 描边长度：控制线条长度。
- 深色强度：控制阴暗区域的强度，该值越大图像越暗，线条越明显。
- 光照强度：控制明亮区域的强度，该值越大图像越亮，线条越不明显。

执行墨水轮廓滤镜命令得到图像效果如图 14-37 所示。

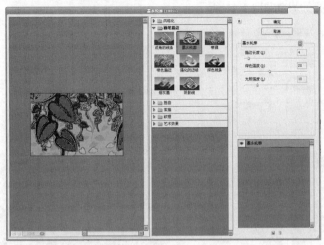 

图 14-36　　　　　　　　　　　　　　　　　　图 14-37

14.7.6　喷溅滤镜

喷溅滤镜，模拟喷溅喷枪的效果。对话框如图 14-38 所示。

- 喷色半径：控制喷枪的喷射口径。该值越小，喷枪的效果越不明显，图像越接近原图；该值越大，喷枪的效果越明显，图像变形越大。
- 平滑度：控制图像的连续光滑程度。该值越小，喷枪的效果越接近颗粒效果。

执行喷溅滤镜命令得到图像效果如图 14-39 所示。

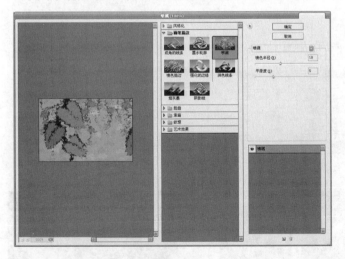 

图 14-38　　　　　　　　　　　　　　　　　　图 14-39

14.7.7　喷色描边滤镜

喷色描边滤镜，使用图像的主导色，用成角的、喷溅的颜色线条重新绘制图像。对话框如图 14-40 所示。

- 描边长度：控制线条长度。
- 喷色半径：控制喷射颜料的剧烈程度。
- 描边方向：控制倾斜方向。

执行喷色描边滤镜命令得到图像效果如图 14-41 所示。

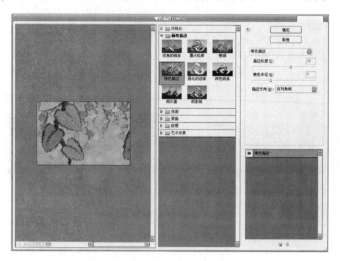

图 14-40

图 14-41

14.7.8 烟灰墨滤镜

烟灰墨滤镜，以日本画的风格绘画图像，看起来像是用蘸满黑色油墨的湿画笔在宣纸上绘画。对话框如图 14-42 所示。

- 描边宽度：控制线条的宽度。
- 描边压力：控制笔触压力。
- 对比度：控制图像的对比度。

执行烟灰墨滤镜命令得到图像效果如图 14-43 所示。

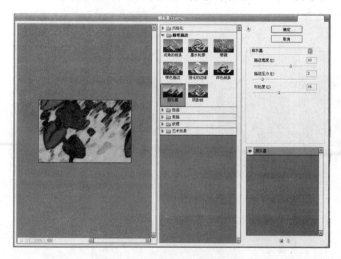

图 14-42

图 14-43

14.8 模糊滤镜组

模糊滤镜组可以柔化选区或图像，对于图像的修饰非常有用。模糊滤镜组对应的子菜单如图 14-44 所示。

图 14-44

14.8.1 平均滤镜

平均滤镜，找出图像或选区的平均颜色，然后用该颜色填充图像或选区以创建平滑的外观。例如，如果选择了草坪区域，该滤镜会将该区域更改为一块平滑的绿色。

执行平均滤镜命令得到原图像与执行命令后对比效果如图 14-45、图 14-46 所示。

图 14-45

图 14-46

14.8.2 模糊滤镜

模糊滤镜，该滤镜通过平衡已定义的线和遮蔽区域清晰边缘附近的像素，使变化显示得柔和。模糊滤镜效果比较轻微，如果想要得到较高程度的模糊效果，可以连续执行几次该滤镜。

执行模糊滤镜命令得到图像效果如图 14-47 所示。

14.8.3 进一步模糊滤镜

进一步模糊滤镜，生成的效果比模糊滤镜强三到四倍。

执行进一步模糊滤镜命令得到图像效果如图 14-48 所示。

图 14-47

图 14-48

14

14.8.4 方框模糊滤镜

方框模糊滤镜，该滤镜只在 Photoshop 中可用，以邻近像素颜色平均值为基准模糊图像，对于创建特效非常有用。对话框如图 14-49 所示。

● 半径：控制模糊强度。

执行方框模糊命令得到图像效果如图 14-50 所示。

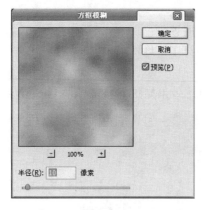

图 14-49

图 14-50

14.8.5 高斯模糊滤镜

高斯模糊滤镜，该滤镜可以快速模糊图像。高斯模糊滤镜添加低频细节，并产生一种朦胧效果。对话框如图 14-51 所示。

● 半径：控制模糊强度。

执行方框模糊命令得到图像效果如图 14-52 所示。

图 14-51

图 14-52

14.8.6 镜头模糊滤镜

镜头模糊滤镜，用来模拟各种镜头景深产生的模糊效果，十分方便。对话框如图 14-53 所示。

● 预览：预览的模式。选项有更快和更加准确。建议用更加准确的选项。

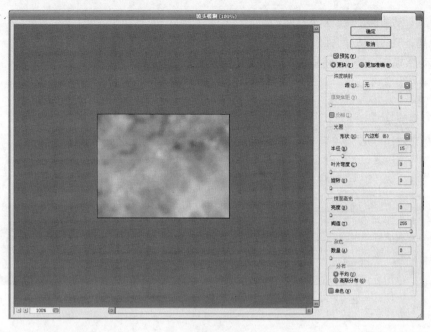

图 14-53

深度映射选项介绍如下：

● 源：镜头映射的三种方式，分别是无、Transparency 和图层蒙版。

● 模糊焦距：控制模糊焦距的大小。

● 反相：将明暗区域交换。

● 光明选项介绍如下：

➢ 形状：虚化的形状，多边形的选择。

➢ 半径：柔化的强度。

➢ 叶片弯度：多边形的弧度，数值越大越圆。

➢ 旋转：旋转多边形的角度。

● 镜面高光选项介绍如下：

➢ 亮度：虚化背景的亮度。

➢ 阈值：触发变亮的临界值。

● 杂色选项介绍如下：

➢ 数量：控制杂色的数量。

➢ 分布：控制杂色产生方式。平均——随机产生杂色，高斯分布——根据高斯钟摆由线间生杂色，其效果要比前者明显。

● 单色：产生单色噪点。

执行镜头模糊命令得到图像效果如图 14-54 所示。

图 14-54

14.8.7 动感模糊滤镜

动感模糊滤镜，沿特定方向（-360°～+360°），以特定强度（1～99）进行模糊。此滤镜的效果类似于以固定的曝光时间给一个移动的对象拍照。对话框如图 14-55 所示。

- 角度：控制动感模糊的方向。
- 距离：控制模糊的强度。

执行动感模糊命令得到图像效果如图 14-56 所示。

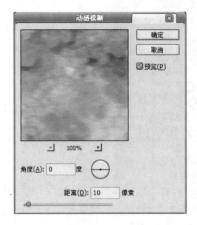

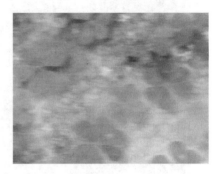

图 14-55 · 图 14-56

14.8.8 径向模糊滤镜

径向模糊滤镜，模拟移动或旋转的相机所产生的模糊，产生一种柔化的模糊。对话框如图 14-57 所示。

- 数量：控制模糊程度。
- 模糊方法：两种不同的模糊方法可供选择。旋转用来模拟照相机的旋转，缩放用来模拟相机的前后移动。
- 品质：质量选择。选项从上到下质量由低到高。

执行径向模糊命令得到图像效果如图 14-58 所示。

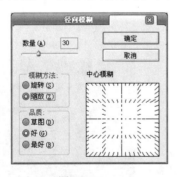

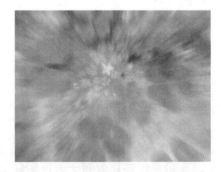

图 14-57 · 图 14-58

14.8.9 形状模糊滤镜

形状模糊滤镜，该滤镜只在 Photoshop 中可用，使用指定的图形作为模糊中心进行模糊。对话框如图 14-59 所示。

- 半径：控制模糊强度。

执行形状模糊命令得到图像效果如图 14-60 所示。

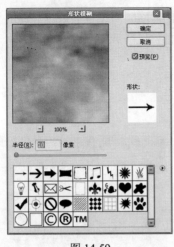

图 14-59

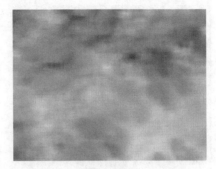

图 14-60

14.8.10 特殊模糊滤镜

特殊模糊滤镜，该滤镜提供各种控制选项精确地模糊图像，从而减少图像中的褶皱或除去图像中多余的边缘。对话框如图 14-61 所示。

- 半径：控制滤镜搜索不同像素进行处理的范围。
- 阈值：指定阈值，确定像素值的差别达到何种程度时应将其消除。
- 品质：质量选择。
- 模式：提供 3 种不同的模糊模式。正常——对整个选区进行模糊处理；边缘优先——在对比度显著的地方应用黑白混合的边缘；叠加边缘——在对比度显著的地方应用白色的边缘。

执行特殊模糊命令得到图像效果如图 14-62 所示。

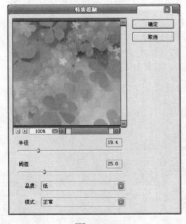

图 14-61

图 14-62

14.8.11 表面模糊滤镜

表面模糊滤镜，该滤镜只在 Photoshop 中可用，模糊图像时保留图像边缘，可用于创建特殊效果，以及用于去除杂点和颗粒。对话框如图 14-63 所示。

- 半径：控制滤镜搜索不同像素进行处理的范围。
- 阈值：指定阈值，确定像素值的差别达到何种程度时应将其消除。

执行表面模糊命令得到图像效果如图 14-64 所示。

图 14-63   图 14-64

14.9   扭曲滤镜组

将图像进行几何扭曲，创建三维或其他变形效果。扭曲滤镜组对应的子菜单如图 14-65 所示。

14.9.1   扩散发光滤镜

扩散发光滤镜，此滤镜将透明的杂色添加到图像，产生透过一个柔和的扩散滤镜观看的效果。高亮区将被背景色填充，颗粒颜色与背景色相同。对话框如图 14-66 所示。

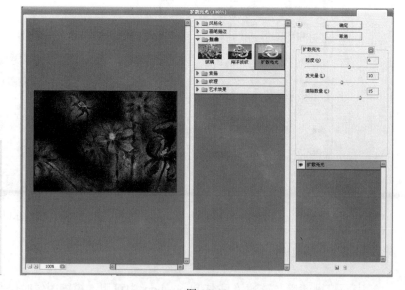

图 14-65   图 14-66

- 粒度：控制颗粒数目。
- 发光量：控制发光强度。
- 清除数量：控制背景色覆盖区域的多少，该值越小覆盖的范围越大。

执行扩散发光缘滤镜命令得到原图像与执行命令后对比效果如图 14-67、图 14-68 所示。

图 14-67 　　　　　　　　　　　　　　　　 图 14-68

14.9.2　置换滤镜

置换滤镜，使用名为"置换图"的图像确定如何扭曲选区。置换图要求为 psd 格式。对话框如图 14-69 所示。

- 水平比例/垂直比例：控制置换图纹理在最终效果图中的清晰程度，该值越大，置换图的纹理越明显。
- 置换图：控制发生置换时置换图的作用方式。伸展以适合——延伸置换图以适合被置换图像；拼贴——不改变置换图大小，形成拼贴填满选区。
- 未定义区域：设置由于扭曲出现的未定义区域。折回——用图像中对边内容填充未定义空白，重复边缘像素——通过重复图像边缘像素的方式填充未定义区域。

设置完成后，单击确定将出现如图 14-70 所示的对话框，在其中选择合适的置换图即可产生置换效果。

图 14-69 　　　　　　　　　　　　　　　　 图 14-70

14.9.3　玻璃滤镜

玻璃滤镜，使图像产生透过不同类型的玻璃来观看的效果。对话框如图 14-71 所示。

- 扭曲度：控制图像的扭曲程度。
- 平滑度：控制图像的平滑程度。
- 纹理：玻璃纹理选择。
- 缩放：控制纹理大小。
- 反相：将明暗区域交换。

执行玻璃滤镜命令得到图像效果如图 14-72 所示。

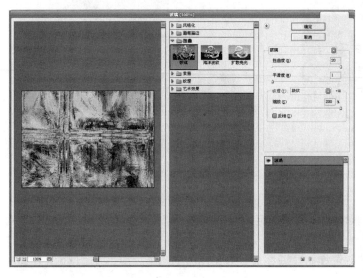

图 14-71　　　　　　　　　　　　　　　　图 14-72

14.9.4　镜头校正滤镜

新增的镜头校正滤镜，可以校正普通相机的镜头变形失真的缺陷，例如桶状变形、枕形失真、晕影、色彩失常等。对话框如图 14-73 所示。

- 设置选项介绍如下：
  移去扭曲：设置扭曲校正。
- 色差选项介绍如下：
  - ➤ 修复红/青边：选择红-青。
  - ➤ 修复蓝/黄边：选择蓝-黄。
- 晕影选项介绍如下：
  - ➤ 数量：设置晕影量。
  - ➤ 变暗：选择晕影中点。
- 变换选项介绍如下：
  - ➤ 垂直透视：设置垂直透视量。
  - ➤ 水平透视：设置水平透视量。
  - ➤ 角度：设置图像旋转角度。
- 边缘：选择边缘填充类型。
- 比例：设置图像缩放。

执行镜头校正滤镜命令得到图像效果如图 14-74 所示。

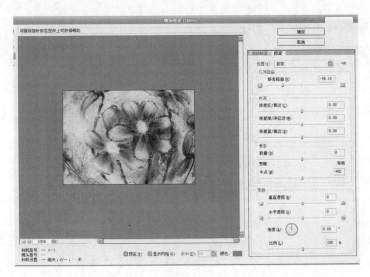

图 14-73

图 14-74

14.9.5 海洋波纹滤镜

海洋波纹滤镜，将随机分隔的波纹添加到图像表面，使图像看上去像是在水中。对话框如图 14-75 所示。

● 波纹大小：控制波纹的大小。

● 波纹幅度：用来设定波纹的密度。

执行海洋波纹滤镜命令得到图像效果如图 14-76 所示。

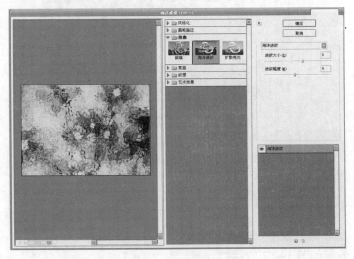

图 14-75

图 14-76

14.9.6 挤压滤镜

挤压滤镜，挤压图像。正值将图像向中心移动，负值将图像向外移动。对话框如图 14-77 所示。

● 数量：控制向内或向外挤压的程度。

执行挤压滤镜命令得到图像效果如图 14-78 所示。

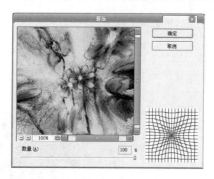

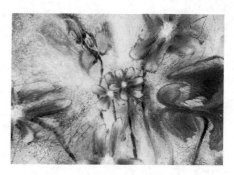

图 14-77   图 14-78

14.9.7　极坐标滤镜

极坐标滤镜，根据选中的选项将图像从平面坐标转换到极坐标，反之亦然。对话框如图 14-79 所示。

- 平面坐标到极坐标：直角坐标转换成极坐标。
- 极坐标到平面坐标：极坐标转换成直角坐标。

执行极坐标滤镜命令得到图像效果如图 14-80 所示。

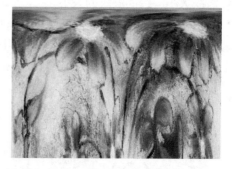

图 14-79   图 14-80

14.9.8　波纹滤镜

波纹滤镜，在图像上创建波状起伏图案，像水池表面的波纹。对话框如图 14-81 所示。
- 数量：控制波纹的数量。
- 大小：选择波纹的大小，或以选择较小、中间、较大三种尺寸。

执行波纹滤镜命令得到图像效果如图 14-82 所示。

14.9.9　切变滤镜

切变滤镜，沿一条曲线扭曲图像。对话框如图 14-83 所示。
- 折回：确定由扭曲产生的未定义区域的填充方式。
- 重复边缘像素：用图像对边内容填充未定义区域。

执行切变滤镜命令得到图像效果如图 14-84 所示。

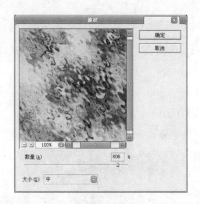

图 14-81

图 14-82

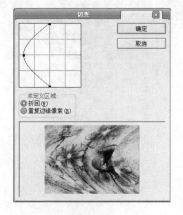

图 14-83

图 14-84

14.9.10　球面化滤镜

球面化滤镜，产生将图像包在球面（或柱面）上的立体效果。对话框如图 14-85 所示。

- 数量：用来控制球面化的程度。正值时向外突出，负值时向内凹陷。
- 模式：提供几种变形模式，正常——正常的球面化模式；垂直优先——产生竖直的柱面效果；水平优先——产生水平的柱面效果。

执行球面化滤镜命令得到图像效果如图 14-86 所示。

图 14-85

图 14-86

14.9.11 旋转扭曲滤镜

旋转扭曲滤镜，以图像中心为旋转中心来旋转扭曲图像，且旋转中心的扭曲要比其边缘更为强烈。对话框如图 14-87 所示。

● 角度：控制旋转强度。

执行旋转扭曲滤镜命令得到图像效果如图 14-88 所示。

图 14-87   图 14-88

14.9.12 波浪滤镜

波浪滤镜，工作方式类似波纹滤镜，但可进行进一步的控制并且产生更强烈的波纹效果。对话框如图 14-89 所示。

● 生成器数：控制产生波浪的数量。
● 波长：控制波长大小（要分别设定最大值和最小值）。
● 波幅：控制振幅的大小（要分别设定最大值和最小值）。
● 比例：缩放比例。
● 类型：提供三种波形选择方式，分别是正弦形、三角波形和方波形。
● 随机化：单击该按钮随机改变一次波浪的形状。
● 未定义区域：确定由扭曲产生的未定义区域的填充方式。
  ➤ 折回：用图像对边内容填充未定义区域。
  ➤ 重复边缘像素：按指定的方向扩展图像边缘的像素，从而填充未定义区域。

执行波浪滤镜命令得到图像效果如图 14-90 所示。

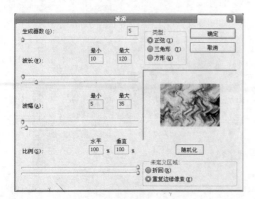

图 14-89   图 14-90

14.9.13　水波滤镜

水波滤镜，将图像径向扭曲，产生将小石子投入平静的水面产生的涟漪效果。对话框如图 14-91 所示。

- 数量：控制水波纹凸出或凹陷的程度。
- 起伏：控制水波纹的数量。
- 样式：选择一种水波纹的样式。

执行水波滤镜命令得到图像效果如图 14-92 所示。

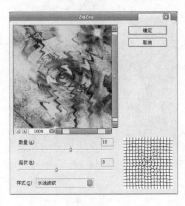 

图 14-91　　　　　　　　　　　　　　　图 14-92

14.10　锐化滤镜组

锐化滤镜组通过增加相邻像素的对比度来聚焦模糊的图像，对应的子菜单如图 14-93 所示。

图 14-93

14.10.1　锐化滤镜

锐化滤镜聚焦图像，提高其清晰度。

执行锐化滤镜命令得到原图像与执行命令后对比效果如图 14-94、图 14-95 所示。

图 14-94　　　　　　　　　　　　　　　图 14-95

14.10.2　锐化边缘滤镜

锐化边缘滤镜只锐化图像的边缘，同时保留总体的平滑度。

执行锐化边缘滤镜命令得到图像效果如图 14-96 所示。

14.10.3　进一步锐化滤镜

进一步锐化滤镜比锐化滤镜应用更强的锐化效果。

执行进一步锐化滤镜命令得到图像效果如图 14-97 所示。

图 14-96

图 14-97

14.10.4　智能锐化滤镜

智能锐化滤镜，采用新的运算方法，可以更好地进行边缘探测，减少锐化所产生的晕影，从而进一步改善图像边缘细节。对话框如图 14-98 所示。

在阴影和高光区域对锐化提供了良好的控制，可以从三个不同类型的模糊中选择移除，分别是高斯模糊、运动模糊和镜头模糊。智能锐化设置可以保存为预设，供以后使用。

- 数量：输入应用锐化的强度。
- 半径：输入锐化效果的宽度。
- 移去：选取要从图像移去的模糊的类型。
- 角度：输入图像中发现的模糊的角度（只有选择从图像从移去动感模糊时才启用）。
- 更加准确：切换以生成更准确的锐化效果。

执行智能锐化滤镜命令得到图像效果如图 14-99 所示。

图 14-98

图 14-99

14.10.5　USM 锐化滤镜

　　USM 锐化滤镜可以调整边缘细节的对比度，并在边缘的每侧生成一条亮线和一条暗线。此过程将使边缘突出，造成图像更加锐化的效果。对话框如图 14-100 所示。

- 数量：控制该滤镜强度，该值越大锐化效果越明显。
- 半径：控制滤镜分析像素变化情况的半径，该值越大在图像上增加的明暗区域的面积越大。
- 阈值：设定进行锐化所需的阈值。当像素之间的差别小于该阈值时就进行锐化处理。如果该值为零，则对整幅图像进行锐化处理。

　　执行 USM 锐化滤镜命令得到图像效果如图 14-101 所示。

图 14-100

图 14-101

14.11　视频滤镜组

　　视频滤镜组用来处理视频图像并将其转换成普通图像，或者将普通图像转换成视频图像。视频滤镜组包括两种滤镜，如图 14-102 所示。

图 14-102

14.11.1　逐行滤镜

　　逐行滤镜通过移去视频图像中的奇数或偶数隔行线，使在视频上捕捉的运动图像变得平滑。

14.11.2　NTSC 颜色滤镜

　　NTSC 颜色滤镜，将色域限制在电视机重现可接受的范围内，以防止过饱和颜色渗到电视扫描行中。

14.12　素描滤镜组

素描滤镜组将纹理添加到图像上，通常用于获得 3D 效果。这些滤镜还适用于创建精美的艺术品或手绘外观。许多素描滤镜在重绘图像时前景色和背景色。对应的子菜单如图 14-103 所示。

14.12.1　基底凸现滤镜

基底凸现滤镜，应用该滤镜可以使图像呈现浮雕效果，突出光照下变化各异的表面。图像的暗区呈现前景色，而浅色呈现背景色。对话框如图 14-104 所示。

图 14-103

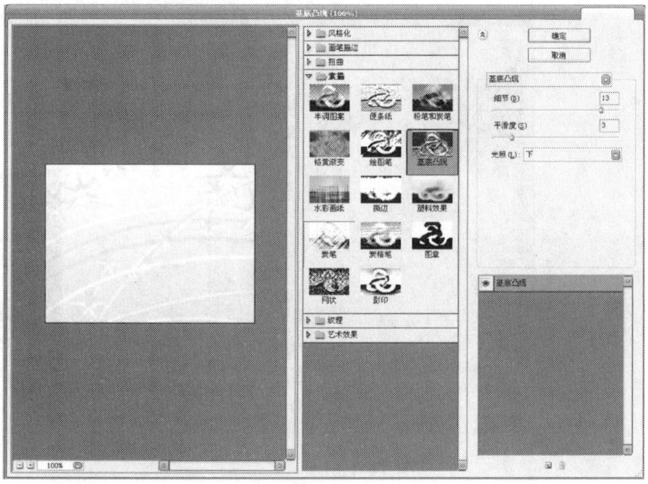

图 14-104

- 细节：控制滤镜作用的细腻程度。
- 平滑度：控制图像的平滑程度。
- 光照：控制光照方向。

执行基底凸现滤镜命令得到原图像与执行命令后对比效果如图 14-105、图 14-106 所示。

图 14-105

图 14-106

14.12.2　粉笔和炭笔滤镜

粉笔和炭笔滤镜，重绘图像的高光和中间色调，其背景为粗糙粉笔绘制的纯中间色调。阴影区域用对角方向的黑色炭笔线条替换。炭笔用前景色绘制，粉笔用背景色绘制。对话框如图 14-107 所示。

- 炭笔区：控制炭笔的区域面积。
- 粉笔区：控制粉笔的区域面积。
- 描边压力：控制线条的压力。

执行粉笔和炭笔滤镜命令得到图像效果如图 14-108 所示。

图 14-107　　　　　　　　　　　　　　图 14-108

14.12.3　炭笔滤镜

炭笔滤镜重绘图像，产生色调分离、涂抹的效果。主要边缘以粗线条绘制，而中间色调用对角描边进行素描。炭笔是前景色，纸张是背景色。对话框如图 14-109 所示。

- 炭笔粗细：控制炭笔涂抹的厚度。
- 细节：控制绘画的细腻程度。
- 明/暗平衡：调节图像前景色和背景色之间的平衡。

执行炭笔滤镜命令得到图像效果如图 14-110 所示。

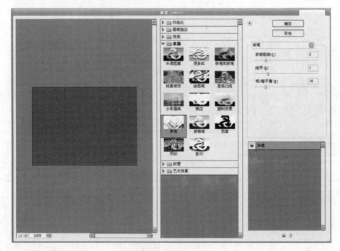

图 14-109　　　　　　　　　　　　　　图 14-110

14.12.4 铬黄滤镜

铬黄滤镜将图像处理成好像是擦亮的铬黄表面。高光在反射表面上是高点，暗色调是低点。对话框如图 14-111 所示。

- 细节：维持原图细节的程度。
- 平滑度：控制图像的光滑程度。

执行铬黄滤镜命令得到图像效果如图 14-112 所示。

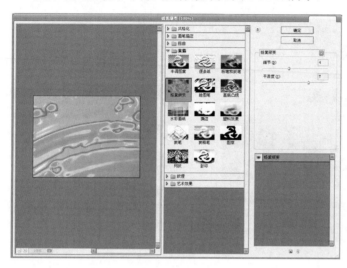

图 14-111

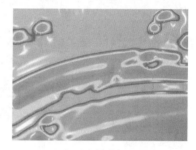

图 14-112

14.12.5 炭精笔滤镜

模拟图像上浓黑和纯白的炭精笔的纹理。炭精笔滤镜在暗区使用前景色，在亮区使用背景色。对话框如图 14-113 所示。

- 前景色阶：控制前景色的强度。
- 背景色阶：控制背景色的强度。
- 纹理：画布纹理类型。
- 缩放：纹理缩放比例。
- 凸现：控制纹理凸现程度。
- 光照：控制光线照射方向。
- 反相：设定反向效果（指光线方向）。

执行炭精笔滤镜命令得到图像效果如图 14-114 所示。

14.12.6 绘图笔滤镜

绘图笔滤镜，使用细的、线状的油墨描边以获取原图像中的细节，多用于对扫描图像进行描边。此滤镜使用前景色作为油墨颜色，并使用背景色作为纸张颜色。对话框如图 14-115 所示。

- 描边长度：控制线条长度。
- 明/暗平衡：调节前景色和背景色之间的平衡。

● 描边方向：控制线条方向。

执行绘图笔滤镜命令得到图像效果如图 14-116 所示。

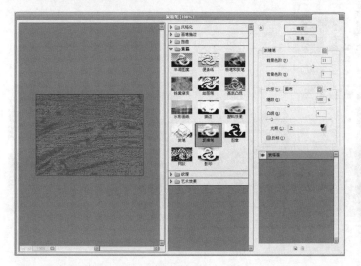

图 14-113

图 14-114

图 14-115

图 14-116

14.12.7　半调图案滤镜

半调图案滤镜，在保持连续的色调范围的同时，模拟半调网屏的效果。对话框如图 14-117 所示。

● 大小：控制网纹大小，该值越大网纹越大，图像也越不清晰。

● 对比度：控制前景色和背景色之间的对比度，该值越大前景色和背景色之间的过渡越不显示。

● 图案类型：选择一种网纹类型。

执行半调图案滤镜命令得到图像效果如图 14-118 所示。

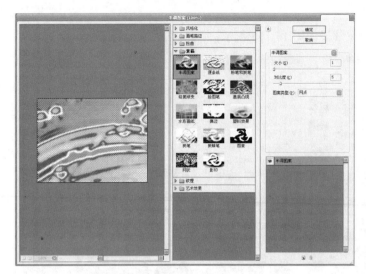

图 14-117
图 14-118

14.12.8 便条纸滤镜

便条纸滤镜创建用手工纸张构建图像的效果。对话框如图 14-119 所示。

- 图像平衡：调节前景色和背景色之间的平衡。该值越小背景色占的份额越大，该值越大前景色占的份额越大。
- 粒度：控制图像颗粒化程度。
- 凸现：控制图像的凸凹程度。

执行便条纸滤镜命令得到图像效果如图 14-120 所示。

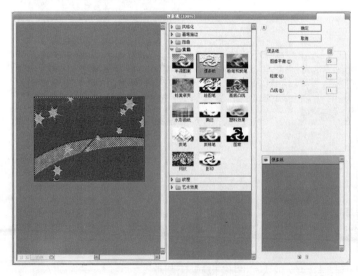

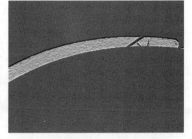

图 14-119
图 14-120

14.12.9 影印滤镜

影印滤镜，模拟影印图像的效果。对话框如图 14-121 所示。

- 细节：控制维持细节的程度。
- 暗度：控制前景色的强度。

执行影印滤镜命令得到图像效果如图 14-122 所示。

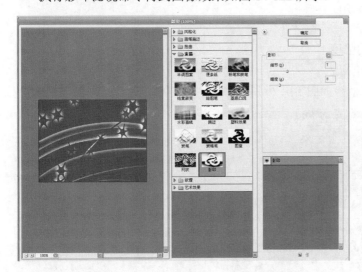

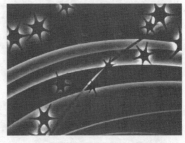

图 14-121

图 14-122

14.12.10 塑料效果滤镜

塑料效果滤镜，按 3D 塑料效果塑造图像，然后使用前景色与背景色为图像着色。对话框如图 14-123 所示。

- 图像平衡：调节前景色和背景色之间的平衡。该值越小背景色占的份额越大，该值越大前景色占的份额越大。
- 平滑度：控制图像的圆滑程度。
- 光照：控制光照位置。

执行塑料效果滤镜命令得到图像效果如图 14-124 所示。

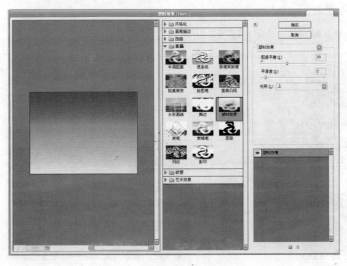

图 14-123

图 14-124

14.12.11 网状滤镜

网状滤镜,模拟胶片药膜的可控收缩和扭曲,使图像在暗调区域呈结块状,在高光区呈轻微颗粒化。对话框如图 14-125 所示。

- 浓度:控制网眼的密度。
- 前景色阶:控制前景色的强度。
- 背景色阶:控制背景色的强度。

执行网状滤镜命令得到图像效果如图 14-126 所示。

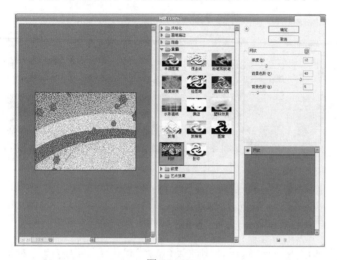

图 14-125

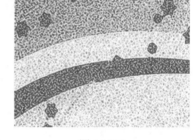

图 14-126

14.12.12 图章滤镜

图章滤镜简化图像,使之呈现用橡皮或木制图章盖印的样子,对话框如图 14-127 所示。

- 明/暗平衡:调节前景色和背景色之间的平衡。
- 平滑度:控制图像的平滑程度。

执行图章滤镜命令得到图像效果如图 14-128 所示。

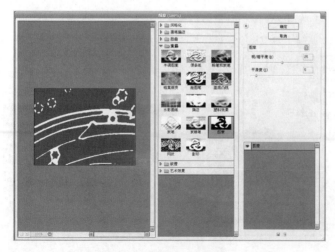

图 14-127

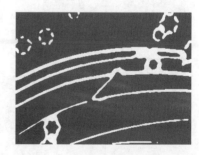

图 14-128

14.12.13　撕边滤镜

撕边滤镜，重建图像，使之呈粗糙、撕破的纸片效果，然后使用前景色与背景色给图像着色。该滤镜对于由文字或高对比度对象组成的图像尤其有用。对话框如图 14-129 所示。

- 图像平衡：调节前景色与背景色之间的平衡。
- 平滑度：控制图像的平滑程度。
- 对比度：控制前景色与背景色之间的对比度。

执行撕边滤镜命令得到图像效果如图 14-130 所示。

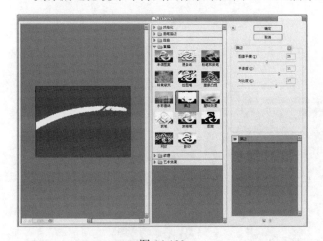

图 14-129

图 14-130

14.12.14　水彩画纸滤镜

水彩画纸滤镜，就像画在潮湿的纤维纸上的涂抹，使颜色流动并混合。对话框如图 14-131 所示。

- 纤维长度：模拟纸攻的纤维长度，控制扩散程度。
- 亮度：控制图像亮度。
- 对比度：控制图像对比度。

执行水彩画纸滤镜命令得到图像效果如图 14-132 所示。

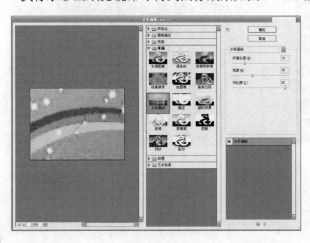

图 14-131

图 14-132

14.13 纹理滤镜组

使用纹理滤镜组可以为图像添加各种纹理和材质效果，其对应的子菜单如图 14-133 所示。

14.13.1 龟裂缝滤镜

龟裂缝滤镜，将图像绘制在一个粗糙凸现的石膏表面上，生成精细的裂纹。对话框如图 14-134 所示。

- 裂缝间距：控制裂纹的尺寸。
- 裂缝深度：控制裂纹的深度。
- 裂缝亮度：控制裂纹的亮度。

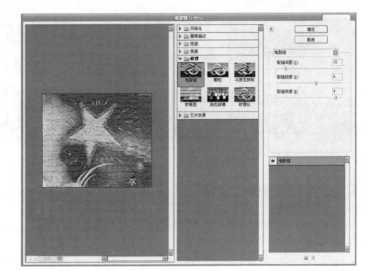

纹理	▶	龟裂缝...
像素化	▶	颗粒...
渲染	▶	马赛克拼贴...
艺术效果	▶	拼缀图...
杂色	▶	染色玻璃...
其它	▶	纹理化...

图 14-133　　　　　　　　　　　　图 14-134

执行龟裂缝滤镜命令得到原图像与执行命令后对比效果如图 14-135、图 14-136 所示。

图 14-135

图 14-136

14.13.2 颗粒滤镜

颗粒滤镜，通过模拟不同种类的颗粒将纹理添加到图像。对话框如图 14-137 所示。

- 强度：控制颗粒的密度。

- 对比度：控制图像的对比度。
- 颗粒类型：设定颗粒的类型，可以选择常规、软化、喷洒、结块、强对比、扩大、点刻、水平、垂直和斑点等类型的颗粒效果。

执行颗粒滤镜命令得到图像效果如图 14-138 所示。

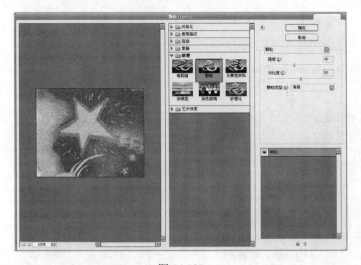

图 14-137

图 14-138

14.13.3　马赛克拼贴滤镜

马赛克拼贴滤镜，将图像分割成若干形状随机的小块，并在小块之间增加深色的缝隙。对话框如图 14-139 所示。

- 拼贴大小：控制马赛克的大小。
- 缝隙宽度：控制马赛克之间缝隙的宽度。
- 加亮缝隙：控制缝隙的亮度。

执行马赛克拼贴滤镜命令得到图像效果如图 14-140 所示。

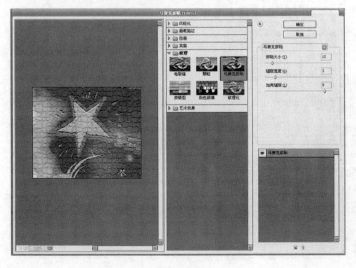

图 14-139

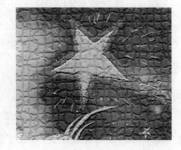

图 14-140

14.13.4 拼缀图滤镜

拼缀图滤镜将图像分为若干小方块，将每个方块用该区域最亮的颜色填充，并为方块之间增加深色的缝隙。对话框如图 14-141 所示。

- 方形大小：控制方块的大小。
- 凸现：控制凸出高度。

执行拼缀图滤镜命令得到图像效果如图 14-142 所示。

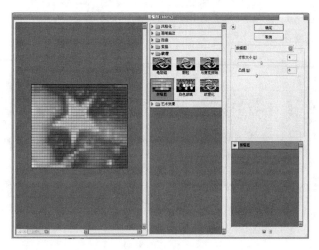

图 14-141	图 14-142

14.13.5 染色玻璃滤镜

染色玻璃滤镜，完全模拟杂色玻璃的效果，图像中许多细节将丢失。相邻单元格之间用前景色填充。对话框如图 14-143 所示。

- 单元格大小：控制单元格的大小。
- 边框粗细：控制边界宽度。
- 光照强度：控制光照强度。

执行染色玻璃滤镜命令得到图像效果如图 14-144 所示。

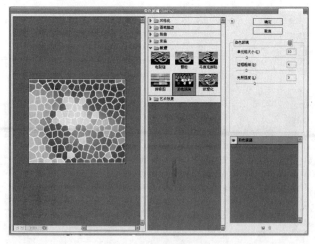

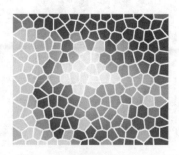

图 14-143	图 14-144

14.13.6　纹理化滤镜

纹理化滤镜，将选择或创建的纹理应用于图像。对话框如图 14-145 所示。

- 纹理：选择一种画布纹理类型。
- 缩放：纹理缩放比例。
- 凸现：控制纹理凸现程度。
- 光照：控制光线照射方向。
- 反相：设定反向效果（指光线方向）。

执行纹理化滤镜命令得到图像效果如图 14-146 所示。

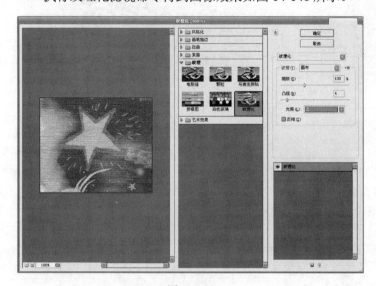

图 14-145

图 14-146

14.14　像素化滤镜组

像素化滤镜组中的滤镜将图像分块，使图像看起来由许多单元格组成。该滤镜组对应的子菜单如图 14-147 所示。

14.14.1　彩色半调滤镜

彩色半调滤镜，模拟在图像的每个通道上使用放大的半调网屏的效果。对话框如图 14-148 所示。

图 14-147

图 14-148

- 最大半径：控制网格的大小。
- 网角（度）：控制每个通道的屏蔽角度（单位为度）。
- 通道：恢复默认设置。

执行彩色半调滤镜命令得到原图像与执行命令后对比效果如图 14-149、图 14-150 所示。

图 14-149

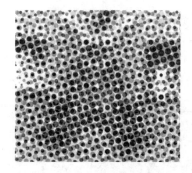

图 14-150

14.14.2 晶格化滤镜

晶格化滤镜使像素结块形成多边形纯色。对话框如图 14-151 所示。

- 单元格大小：设置晶格大小。

执行晶格化滤镜命令得到图像效果如图 14-152 所示。

图 14-151

图 14-152

14.14.3 彩色块滤镜

彩色块滤镜将色素分组并转换成颜色相近的像素块，使图像具有手工绘制的感觉。

执行彩色块滤镜命令得到图像效果如图 14-153 所示。

14.14.4 碎片滤镜

碎片滤镜创建图像中像素的四个副本，将它们平均，并使其相互偏移。

执行碎片滤镜命令得到图像效果如图 14-154 所示。

图 14-153   图 14-154

14.14.5　铜版雕刻滤镜

铜版雕刻滤镜，用随机的点、线条或笔画重新生成图像，并且图像的颜色将饱和。对话框如图 14-155 所示。

● 类型：从中选出一种网格模式。

执行铜版雕刻滤镜命令得到图像效果如图 14-156 所示。

图 14-155   图 14-156

14.14.6　马赛克滤镜

马赛克滤镜，使像素结为方形块，产生马赛克效果。对话框如图 14-157 所示。

● 单元格大小：控制方块的大小。

执行马赛克滤镜命令得到图像效果如图 14-158 所示。

图 14-157   图 14-158

14.15 渲染滤镜组

渲染滤镜组可以在图像中创建云彩图案、折射图案和模拟的光反射。对应的子菜单如图 14-159 所示。

14.15.1 云彩滤镜

云彩滤镜，使用介于前景色与背景色之间的随机值，生成柔和的云彩图案。

执行云彩滤镜命令得到图像效果如图 14-160 所示。

图 14-159   图 14-160

14.15.2 分层云彩滤镜

分层云彩滤镜，使用随机生成的介于前景色与背景色之间的值，生成云彩图案。第一次选取此滤镜时，图像的某些部分被反相为云彩图案。应用此滤镜几次之后，可以创建出与大理石的纹理相似的凸缘与叶脉图案。

执行分层云彩滤镜命令得到原图像与执行命令后对比效果如图 14-161、图 14-162 所示。

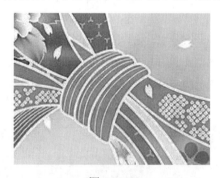

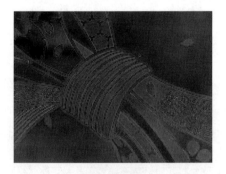

图 14-161   图 14-162

14.15.3 纤维滤镜

纤维滤镜的对话框如图 14-163 所示。

- 差异：控制颜色的对比。
- 强度：控制强度的对比。

执行纤维滤镜命令得到图像效果如图 14-164 所示。

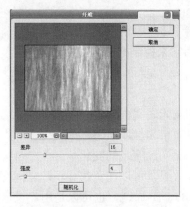
图 14-163

图 14-164

14.15.4　镜头光晕滤镜

镜头光晕滤镜，模拟亮光照射到摄像机镜头所产生的折射。对话框如图 14-165 所示。

- 亮度：控制光晕的亮度。
- 镜头类型：用十字光标显示。

执行镜头光晕滤镜命令得到图像效果如图 14-166 所示。

图 14-165

图 14-166

14.15.5　光照效果滤镜

光照效果滤镜，可以通过改变 17 种光照样式、3 种光照类型和 4 套光照属性，在 RGB 图像上产生无数种光照效果。还可以应用图像中的特定通道产生类似 3D 的效果。对话框如图 14-167 所示。

- 预览区域：在其中控制光照区域的形状和位置。
- 预览：开启或关闭预览功能。
- 样式：在其下拉菜单中提供了几种默认的光照效果，并可以将新的灯光效果保存或将已有的效果删除。
- 光照类型：该选框提供了平行光、点光和全光源三种光照类型，并且可以在此设置光照的颜色、强度和聚焦等属性。

- 开：打开光源。
- 强度：控制光源强度。
- 聚焦：该项只有选择 Spotlight 时才有效，用它来控制椭圆内光线的范围。

右侧颜色方块：设定光照的颜色。

- 属性：设置光照效果的其他属性。
- 光泽：确定图像的反光程度，可以在杂边和发光之间变化。
- 材料：控制受光面的材料属性。可以在塑料效果和金属质感之间变化。
- 曝光度：控制曝光程度。可以在曝光不足和曝光过度之间变化。
- 环境：控制照射光线与图像中环境光的混合效果。可以在负片和正片之间变化。
- 通道纹理：选择纹理通道，通道可以是 R、G、B 通道，也可以是用户设定的 Alpha 通道。照射光线作用于纹理通道可以生成逼真的三维效果。
- 白色部分凸出：勾选此项，使纹理通道中白色部分凸起（相对的，黑色部分凹陷）。
- 高度：设置纹理。纹理高度可以从平滑变化到凸起。

执行光照效果滤镜命令得到图像效果如图 14-168 所示。

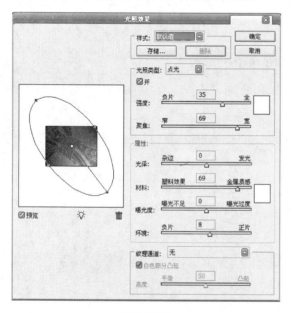

图 14-167

图 14-168

14.16 艺术效果滤镜组

艺术效果滤镜组可以模拟自然或传统介质，从而为作品添加绘画效果或其他特效。艺术效果滤镜组对应的子菜单如图 14-169 所示。

14.16.1 彩色铅笔滤镜

使用彩色铅笔在纯色背景上绘制图像。保留重要边缘，外观呈粗糙阴影线；纯色背景色透过比较平滑的区域显示出来。对话框如图 14-170 所示。

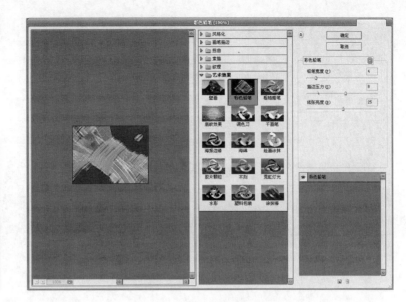

图 14-169   图 14-170

- 铅笔宽度：铅笔笔画宽度。
- 描边压力：控制描绘时的用笔压力。
- 纸张宽度：画纸的亮度。注意画纸的颜色是用户在工具箱中设置的背景色。亮度值越大，画纸的颜色越接近背景色。

执行彩色铅笔滤镜命令得到原图像与执行命令后对比效果如图 14-171、图 14-172 所示。

图 14-171   图 14-172

14.16.2　木刻滤镜

木刻滤镜，将图像描绘成好像是由粗糙剪下的彩色纸片组成的。高对比度的图像看起来呈剪影状，而彩色图像看上去是由几层彩色纸组成的。对话框如图 14-173 所示。

- 阶梯数：颜色层次，该值越大，颜色层次越丰富。
- 边缘简化度：各种颜色边界的简化程度。该值越小，图像越接近原图。
- 边缘逼真度：图像轮廓的逼真程度。

执行木刻滤镜命令得到图像效果如图 14-174 所示。

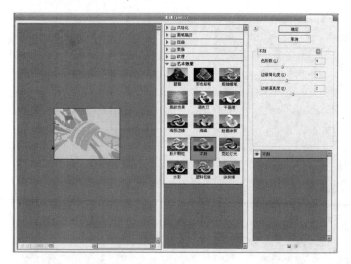

图 14-173 图 14-174

14.16.3 干画笔滤镜

干画笔滤镜，使用干画笔技术（介于油彩和水彩之间）绘制图像边缘。此滤镜通过将图像的颜色范围降到普通颜色范围来简化图像。对话框如图 14-175 所示。

- 画笔大小：画笔尺寸大小。
- 画笔细节：画笔细节，控制画笔的细腻程度。
- 纹理：控制颜色过渡区域纹理的清晰程度。

执行干画笔滤镜命令得到图像效果如图 14-176 所示。

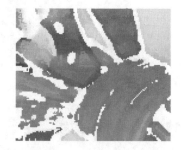

图 14-175 图 14-176

14.16.4 胶片颗粒滤镜

胶片颗粒滤镜，将平滑图案应用于图像的阴影色调和中间色调。将一种更平滑、饱和度更高的图案添加到图像的亮区。对话框如图 14-177 所示。

- 颗粒：控制颗粒的大小。

- 高光区域：控制高亮区的范围。
- 强度：控制图像的明暗程度。

执行胶片颗粒滤镜命令得到图像效果如图 14-178 所示。

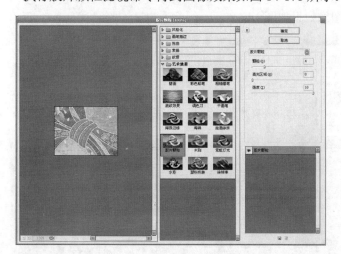

图 14-177　　　　　　　　　　　　　　　　图 14-178

14.16.5　壁画滤镜

壁画滤镜，以一种粗糙的风格绘制图像，产生壁画效果。对话框如图 14-179 所示。

- 画笔大小：画笔尺寸大小。
- 画笔细节：画笔细节，控制画笔的细腻程度。
- 纹理：控制在颜色过渡区域产生纹理的清晰程度。

执行壁画滤镜命令得到图像效果如图 14-180 所示。

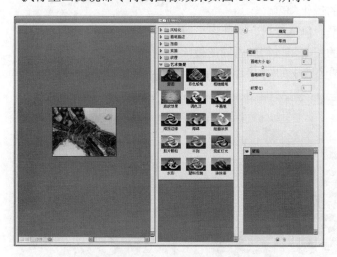

图 14-179　　　　　　　　　　　　　　　　图 14-180

14.16.6　霓虹灯光滤镜

霓虹灯光滤镜，将各种类型的发光添加到图像中，在柔化图像外观时对图像着色很有用。对话框如图 14-181 所示。

- 发光大小：发光范围。
- 发光亮度：发光强度。
- 发光颜色：发光的颜色。

执行霓虹灯光滤镜命令得到图像效果如图 14-182 所示。

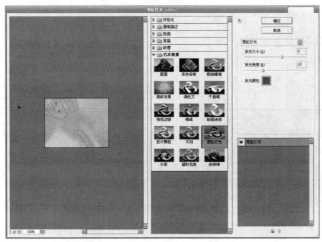

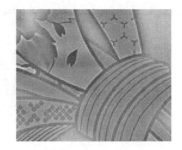

图 14-181　　　　　　　　　　　　　图 14-182

14.16.7　绘画涂抹滤镜

绘画涂抹滤镜允许用户选取各种大小和类型的画笔来创建绘画效果。对话框如图 14-183 所示。

- 画笔大小：画笔尺寸大小。
- 锐化程度：控制图像边界的锐化程度。
- 画笔类型：涂抹工具的类型，包括简单、不处理光照、不处理深色、宽锐化、宽模糊和火花等样式。使用不同的工具可以得到不同的效果。

执行绘画涂抹滤镜命令得到图像效果如图 14-184 所示。

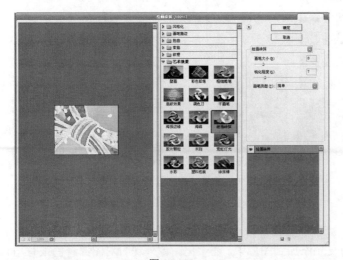

图 14-183　　　　　　　　　　　　　图 14-184

14.16.8　调色刀滤镜

调色刀滤镜，减少图像中的细节以生成描绘得很淡的画布效果，对话框如图 14-185 所示。

- 描边大小：控制图像相互混合的程度，数值越大，图像越模糊。
- 描边细节：控制互相混合的颜色的近似程度，该值越大，颜色相近的范围越大，颜色混合得越明显。
- 软化度：控制不同颜色边界线的柔和程度。

执行调色刀滤镜命令得到图像效果如图 14-186 所示。

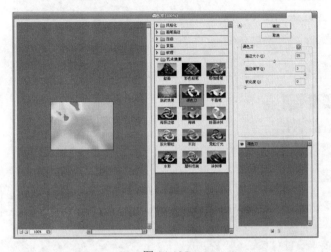

图 14-185

图 14-186

14.16.9　塑料包装滤镜

塑料包装滤镜，给图像涂上一层发光的塑料，以强调表面细节。对话框如图 14-187 所示。

- 高光强度：控制塑料包装高光反光区的亮度。
- 细节：控制塑料包装边缘细节。
- 平滑度：控制塑料包装边缘的平滑程度。

执行塑料包装滤镜命令得到图像效果如图 14-188 所示。

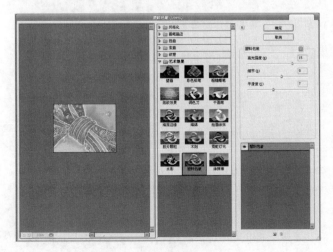

图 14-187

图 14-188

14.16.10 海报边缘滤镜

海报边缘滤镜，减少图像色调分离中的颜色数量，并查找图像的边缘，在边缘上绘制黑色线条。图像中大而宽的区域有简单的阴影，而细小的深色细节遍布图像。对话框如图 14-189 所示。

- 边缘厚度：控制描边的宽度。
- 边缘强度：控制描边的强度。
- 海报化：控制图像海报化的渲染程度。

执行海报边缘滤镜命令得到图像效果如图 14-190 所示。

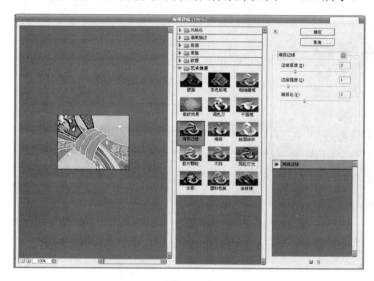

图 14-189

图 14-190

14.16.11 粗糙蜡笔滤镜

粗糙蜡笔滤镜，使图像乍看上去好像是用彩色蜡笔在带纹理的背景上描过边。在亮边区域，蜡笔看上去很厚，几乎看不见纹理；在深色区域，蜡笔似乎被擦去了，使纹理显示露出来。对话框如图 14-191 所示。

- 描边长度：控制画笔的线条长度。
- 描边细节：控制线条细腻程度。
- 纹理：画布纹理类型。
- 缩放：纹理缩放比例。
- 凸现：控制纹理凸现程度。
- 光照：控制光线照射方向。
- 反相：设定反向效果（指光线方向）。

执行粗糙蜡笔滤镜命令得到图像效果如图 14-192 所示。

14.16.12 涂抹棒滤镜

涂抹棒滤镜，使用短的对角线描边涂抹图像的暗区以柔化图像。亮区变得更亮，以致失去细节。对话框如图 14-193 所示。

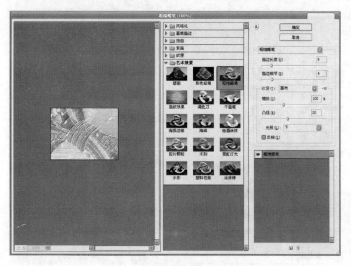

图 14-191

图 14-192

- 描边长度：控制画笔的线条长度。
- 高光区域：控制高亮区域的涂抹强度。
- 强度：控制涂抹强度。

执行涂抹棒滤镜命令得到图像效果如图 14-194 所示。

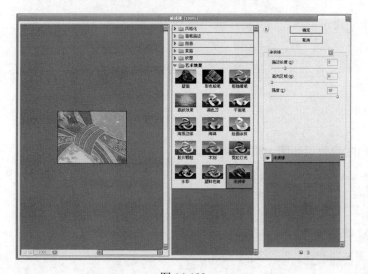

图 14-193

图 14-194

14.16.13　海绵滤镜

海绵滤镜，使用颜色对比强烈、纹理较重的区域创建图像，使图像看上去好像是用海绵绘制的。对话框如图 14-195 所示。

- 画笔大小：控制画笔大小。
- 清晰度：定义颜料散开的反差大小。
- 平滑度：控制颜料散开的平滑程度。

执行海绵滤镜命令得到图像效果如图 14-196 所示。

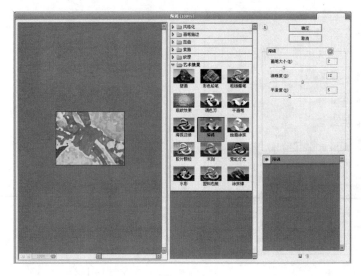

图 14-195   图 14-196

14.16.14 底纹效果滤镜

底纹效果滤镜，在带纹理的背景上绘制图像。对话框如图 14-197 所示。

● 画笔大小：控制画笔大小。

● 纹理覆盖：纹理扩张范围。

● 纹理：画布纹理类型。

● 缩放：纹理缩放比例。

● 凸现：控制纹理凸出程度。

● 光照：控制光线照射方向。

● 反相：设定反向效果（指光线方向）。

执行底纹效果滤镜命令得到图像效果如图 14-198 所示。

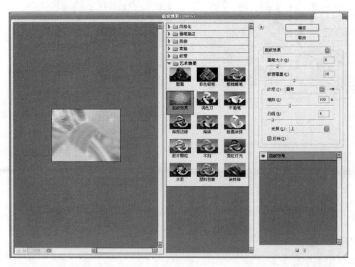

图 14-197   图 14-198

14.16.15 水彩滤镜

水彩滤镜，使用蘸了水和颜色的中等画笔，以水彩的风格绘制图像，简化图像细节。当边缘有显著的色调变化时，此滤镜会为该颜色加色。对话框如图 14-199 所示。

- 画笔细节：控制绘画时的细腻程度。
- 阴影强度：控制阴影区的表现强度。
- 纹理：控制不同颜色交界处的过渡情况。

执行水彩滤镜命令得到图像效果如图 14-200 所示。

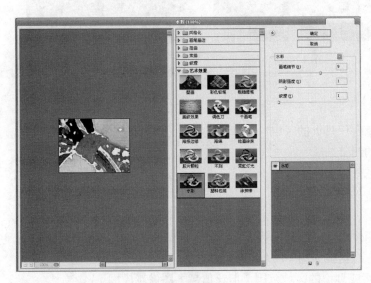

图 14-199

图 14-200

14.17 杂色滤镜组

应用杂色滤镜组可以为图像增加或减少杂色。增加杂色可以消除图像在混合时出现的色带，或者用以将图像的某一部分更好地融合于其周围的背景中；减少图像中不必要的杂色可以提高图像的质量。杂色滤镜组对应的子菜单如图 14-201 所示。

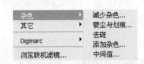

图 14-201

14.17.1 添加杂色滤镜

添加杂色滤镜，将随机像素应用于图像，模拟在高速胶片上拍照的效果。该滤镜也可用于减少羽化选区或渐变填充中的带宽，或使经过重大修饰的区域看起来更真实。对话框如图 14-202 所示。

- 数量：控制杂色的数量。
- 分布：控制杂色产生方式。平均分布——随机产生杂色，高斯分布——根据高斯钟摆由线间产生杂色，其效果要比前者明显。
- 单色：产生单色噪点。

执行添加杂色滤镜命令得到原图像与执行命令后对比效果如图 14-203、图 14-204 所示。

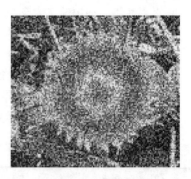

图 14-202   图 14-203   图 14-204

14.17.2　去斑滤镜

去斑滤镜，查找图像中颜色变化最大的区域，模糊除过渡边缘以外的所有区域。这种滤镜可以过滤杂色并且保持图像的细节。

执行去斑滤镜命令得到图像效果如图 14-205 所示。

14.17.3　蒙尘与划痕滤镜

蒙尘与划痕滤镜可以搜索图像中的小缺陷，然后将其融入周围的图像中，在清晰化的图像和隐藏的缺陷之间达到平衡。对话框如图 14-206 所示。

- 半径：控制所要清除尘污或划痕的区域范围，但该值越大图像越模糊。
- 阈值：与半径选项配合使用防止图像在消除杂色后的过度模糊。先确定半径值然后调整阈值滑块，增大其数值直到杂色刚好要重新出来为止。这样可以达到既过滤杂色又保持图像清晰的效果。

执行蒙尘与划痕滤镜命令得到图像效果如图 14-207 所示。

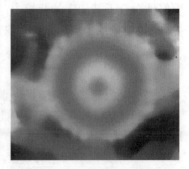

图 14-205   图 14-206   图 14-207

14.17.4　中间值滤镜

中间值滤镜，通过混合图像中像素的亮度来减少图像的杂色。对话框如图 14-208 所示。

● 半径：控制滤镜从每个像素进行亮度分析的范围。同样该值越大图像越不清晰。

执行蒙尘与划痕滤镜命令得到图像效果如图 14-209 所示。

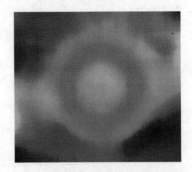

图 14-208　　　　　　　　　　　图 14-209

14.17.5　减少杂色滤镜

减少杂色滤镜，对话框如图 14-210 所示。

● 强度：输入用于减少亮度杂色的强度。

● 保留细节：输入要保留的细节的量。

● 减少杂色：输入用于减少色差杂色的强度。

● 锐化细节：输入为恢复微小细节而要应用的锐化的量。

● 移去 JPEG 不自然感：切换以移去因 JPEG 压缩而产生的不自然块。

执行减少杂色滤镜命令得到图像效果如图 14-211 所示。

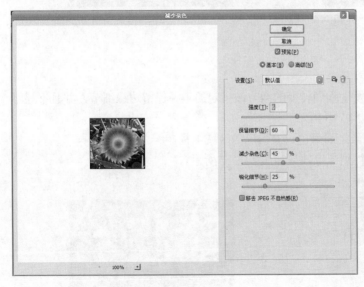

图 14-210　　　　　　　　　　　图 14-211

14.18　其他滤镜组

其他滤镜中收集了不适合与其他滤镜分在同一组的 5 种滤镜，如图 14-212 所示。

14.18.1 自定义滤镜

自定义滤镜，允许用户自定滤镜。可以制作出具有锐化、模糊和浮雕效果的滤镜。对话框如图 14-213 所示。

图 14-212   图 14-213

执行自定义滤镜命令得到原图像与执行命令后对比效果如图 14-214、图 14-215 所示。

图 14-214   图 14-215

14.18.2 高反差保留滤镜

高反差保留滤镜，在颜色发生强烈转变的地方按指定的半径保留边缘细节，并且不显示图像的其余部分。对话框如图 14-216 所示。

- 半径：控制滤镜分析像素之间颜色过渡情况的区域半径。

执行高反差保留滤镜命令得到图像效果如图 14-217 所示。

图 14-216   图 14-217

14.18.3　最大值滤镜

最大值滤镜，扩大亮区，缩小暗区。在指定的半径内，滤镜搜索像素中的亮度最大值并用该像素替换其他像素。这一滤镜常用来修饰蒙版，此时蒙版中的白色区域将向黑色区域扩张。对话框如图 14-218 所示。

执行最大值滤镜命令得到图像效果如图 14-219 所示。

图 14-218　　　　　　　　　　　　　　　图 14-219

14.18.4　最小值滤镜

最小值滤镜，缩小亮区，扩大暗区。在指定的半径内，滤镜搜索像素中的亮度最小值并用该像素替换其他像素。这一滤镜常用来修饰蒙版，此时蒙版中的黑色区域将向白色区域扩张。对话框如图 14-220 所示。

执行最小值滤镜命令得到图像效果如图 14-221 所示。

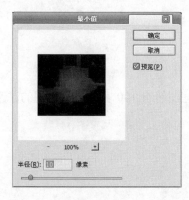 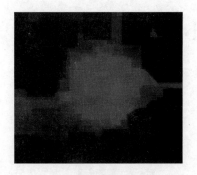

图 14-220　　　　　　　　　　　　　　　图 14-221

14.18.5　位移滤镜

位移滤镜根据设定的数值，在水平方向和竖直方向平移图像。对话框如图 14-222 所示。

- 水平：控制图像在水平方向移动的距离。
- 垂直：控制图像在竖直方向移动的距离。
- 未定义区域：提供填充未定义区域的三种方式。

设置为背景是用背景色填充，重复边缘像素是按一定方向重复边缘像素，折回是用对边的内容填充空白区域。

执行位移滤镜命令得到图像效果如图 14-223 所示。

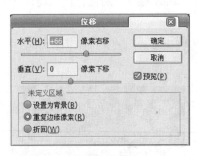

图 14-222

图 14-223

14.19　Digimarc 滤镜组

Digimarc 滤镜将数字水印嵌入到图像中以存储版权信息，子菜单如图 14-224 所示。

图 14-224

14.20　浏览联机滤镜

执行浏览联机滤镜命令，将自动弹出网页。

本章小结

本章重点介绍了 Photoshop 内置滤镜，虽然这些滤镜有 100 多种，但常用的滤镜只有 20 多种。

第 15 章

分 析 菜 单

本章重点

- 了解测量比例功能
- 了解选择数据点
- 了解标尺工具及计数工具

该分析菜单中的命令具有测量功能，可以用标尺工具或选择工具定义的任何区域，包括用套索工具、快速选择工具或魔棒工具选定的不规则区域。也可以计算高度、宽度、面积和周长，或跟踪一个或多个图像的测量（见图 15-1）。

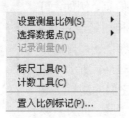

图 15-1

15.1 设置测量比例

选择分析/设置测量比例命令，弹出下一级子菜单，如图 15-2 所示。

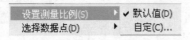

图 15-2

15.1.1 自定义

设置测量比例会在图像中设置一个与比例单位（如英寸、毫米或微米）数相等的指数像素。创建比例后，就可以用选定的比例单位测量区域并接收计算和记录结果。执行分析/设置测量比例/自定命令，可以打开"测量比例"对话框，如图 15-3 所示。

- 预设：如果创建了自定义的测量比例预设，可在该选项的下拉列表中将其选择。

图 15-3

- 像素长度：可拖动标尺工具测量图像中的像素距离，或在该选项中输入一个值，关闭"测量比例"对话框，将恢复当前工具设置。
- 逻辑长度/逻辑单位：可输入要设置为像素长度相等的逻辑长度和逻辑单位。例如，如果像素长度为 50，并且要设置的比例为 50 像素/微米，则应输入 1 作为逻辑长度，并使用微米作为逻辑单位。
- 存储预设/删除预测：单击该按钮，可将当前设置的测量比例保存，需要使用时，可在预设下拉列表中选择。如果要删除自定义的预设，可单击删除预设按钮。

15.2 选择数据点

数据点会向测量记录添加有用信息，例如，可添加要测量的文件名称，测量比例和测量日期等。执行"分析"→"选择"→"数据点"→"自定"，打开"选择数据点"对话框，如图 15-4 所示，在对话框中，数据点将根据可以测量它们的测量工具进行分组，通用数据点使用于所有工具，此外，我们还可以单独设置选区、标尺工具和计数工具的数据点，各个选项的具体功能如下。

- 标签：标识每个测量并自动将每个测量编号为测量 1、测量 2 等。
- 日期和时间：应用表示测量发生时间的日期/时间。
- 文档：标识测量的文档。
- 源：测量的源，即标尺工具、计数工具或选择工具。

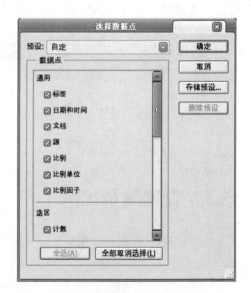

图 15-4

- 比例：源文档的测量比例，例如，100 像素=3 英里。
- 比例单位：测量比例的逻辑单位。
- 比例因子：分配给比例单位的像素数。
- 计数：根据使用的测量工具发生变化，使用选择工具时，表示图像上下不相邻的选区的数目，使用计数单位时，表示图像上已计数项目的数目，使用标尺工具时，表示可见的标尺线的数目"1 或 2"。

- 面积：用方形像素或根据当前测量比例较准确的单位"如平方毫米"表示的选区的面积。
- 周长：选区的周长。
- 圆度：4pi"面积/周长 2"，若值为 1.0，则表示一个完全的圆形，当值接近 0.0 时，表示一个逐渐拉长的多边形。
- 高度：选区的高度，其单位取决于当前的测量比例。
- 宽度：选区的宽度，其单位取决于当前的测量比例。
- 灰度值：是对于亮度的测量。
- 累计密度：选区中的像素值的总和。此值等于面积"以像素为单位"与平均灰度值的乘积。
- 直方图：为图像中的每个通道生成直方图数据，并记录 0~255 之间的每个值所表示的像素的数目，对于一次测量的多个选区，将为整个选定区域生成一个直方图文件，并为每个选区生成附加的直方图文件。
- 长度：标尺工具在图像上定义的直线距离，其单位取决于当前的测量比例。
- 角度：标尺工具的方向角度。

15.3　标尺工具

标尺工具可以测量两点间的距离、角度和坐标。

操作点拨　使用标尺工具测量距离和角度

01 打开一个素材文件，如图 15-5 所示。

02 执行"分析"→"标尺工具"命令，或选择标尺工具，将光标放置需要测量的起点处，单击或拖动鼠标至测量的终点处，测量结果会显示在工具栏选项栏和信息面板中，如图 15-6 所示。

图 15-5

图 15-6

03 接下来我们测量角度，单击工具选项栏中的清除按钮，清除画面中的测量线。将光标放置角度起点处，单击并拖动至夹角处，然后放开鼠标。如图 15-7 所示。

04 按住 Alt 键，单击并拖动鼠标至测量的终点处，放开鼠标后，角度的测量结果便显示在工具选项栏中，如图 15-8 所示。

图 15-7

图 15-8

15.4　计数工具与记录测量

打开一个文件，执行"分析"→"计数工具"命令，或者单击"计数工具"，单击图像，Photoshop 会跟踪单击次数，并将计数数目显示在项目上和计数工具选项栏中，如图 15-9 所示。

图 15-9

提 示　如果要移动计数标记，可以将光标放置在标记或数字上方，当光标变成方向箭头时，再进行拖动，按住 Shift 键可限制为沿水平或垂直方向拖动，按住 Alt 键单击标志，可删除标志。

执行"分析"→"记录测量"命令，可以将计数数目记录到测量记录面板中，如图 15-10 所示。

	标签	日期和时间	文档	源	比例	比例单位	比例因子	计数	长度	角度
0001	1	2010-11-25 8:54:04	15-5.tif	标尺工具	1 像素 =1.0000 像素	像素	1.000000	1	210.950231	-42.310230

图 15-10

15.5 置入比例标记

执行"分析"→"置入比例标记"命令，打开"测量比例标记"对话框，设置选项并单击确定按钮，可创建测量比例标记，如图 15-11、图 15-12 所示。

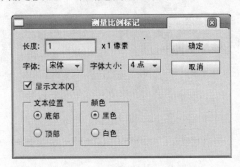

图 15-11

图 15-12

测量标记对话框内容如下：

- 长度：可输入一个值以设置比例标记的长度（以像素为单位）。
- 字体/字体大小：可选择字体并设置字体的大小。
- 显示文本：勾选该项，可显示比例标记的逻辑长度单位。
- 文本位置：可选择在比例标记的上方或下方显示标注。
- 颜色：可设置比例标记和标注颜色（黑色或白色）。

本章小结

本章节主要讲述测量工具的使用方法及其应用。

第16章

3D 菜 单

○ 本章重点 ◂◂

- 了解 3D 面板的使用方法
- 编辑 3D 模型的纹理
- 在 3D 模型上绘画
- 从 2D 对象创建 3D 模型
- 存储 3D 文件
- 导出 3D 图层

16.1 从 3D 文件新建图层及自动隐藏图层以改善性能

打开一个 2D 文档，执行"3D"→"从 3D 文件新建图层"命令，在打开的对话框中选择一个 3D 文件，并将其打开，即可将 3D 文件与 2D 文件合并（见图 16-1）。

```
从 3D 文件新建图层(N)...

从图层新建 3D 明信片(P)
从图层新建形状(S)              ▶
从灰度新建网格(G)              ▶
从图层新建体积(V)...            ▶
凸纹(U)                        ▶

渲染设置(R)...
地面阴影捕捉器(G)
将对象贴紧地面
自动隐藏图层以改善性能(A)

隐藏最近的表面(H)         Alt+Ctrl+X
仅隐藏封闭的多边形(Y)
反转可见表面(T)
显示所有表面(U)      Alt+Shift+Ctrl+X

3D 绘画模式(3)                 ▶
选择可绘画区域(B)
创建 UV 叠加(C)                ▶
新建拼贴绘画(W)
绘画衰减(F)...
重新参数化 UV(Z)...

合并 3D 图层(D)
导出 3D 图层(E)...

恢复连续渲染(M)
连续渲染选区(O)
栅格化(T)

联机浏览 3D 内容(L)...
```

图 16-1

如果图层数量较多，为了在编辑对象时快速进行屏幕渲染，可执行"3D"→"自动隐藏图层以改善性能"命令，此后我们使用工具编辑 3D 对象时，所有 2D 图层会暂时隐藏，放开鼠标右键时，它们又会恢复显示。

16.2　从图层新建 3D 明信片

操作点拨　制作 3D 明信片

01　打开一个文件，如图 16-2 所示，选择要转换为 3D 对象的图层。

图 16-2　　　　　　　　　　　　　　　　　　　　图 16-3

02　执行"3D"→"从图层新建 3D 明信片"命令，即可创建 3D 明信片，原始的 2D 图层会作为 3D 明信片对象的"漫射"纹理映射出现在图层面板中，如图 16-3 所示。

03　使用 3D 旋转工具旋转明信片，可以从不同的透视角度观察它，如图 16-4～图 16-6 所示。

图 16-4　　　　　　　　　　图 16-5　　　　　　　　　　图 16-6

16.3　从图层新建形状

操作点拨　制作 3D 易拉罐

01　打开一个文件如图 16-7 所示，选择要转换为"3D 对象的"背景图层，在"3D"→"从图层新建图层"下拉菜单中选择一个形状，如图 16-8 所示，即可创建 3D 形状，如图 16-9 所示，同时 2D 图层也会转换为 3D 图层。

图 16-7　　　　　　　　　　图 16-8　　　　　　　　　　图 16-9

257

02 使用 3D 旋转工具旋转易拉罐，可以从不同的透视角度观察它，如图 16-10～图 16-12 所示。

图 16-10   图 16-11   图 16-12

03 在 "3D" → "从图层新建形状" 下拉菜单中还可以选择创建锥形、立方体、圆柱体等 3D 形状，如图 16-13 所示。

图 16-13

16.4   从灰度新建网格

从灰度新建网格命令可以将灰度图像转换为深度映射，基于图像的明度值转换出深度不一样的表面，较亮的值生成表面上凸起的区域，较暗的值生成凹下的区域，进而生成 3D 模型，我们可以通过该命令制作 3D 山脉。

操作点拨   制作山脉

01 打开一个文件如图 16-14 所示。

02 执行 "滤镜" → "模糊" → "高斯模糊" 命令，设置对话框如图 16-15 所示，得到图像效果如图 16-16 所示。

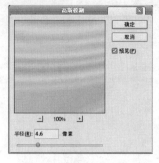

图 16-14　　　　　　　　图 16-15　　　　　　　　图 16-16

03 在"3D"→"从灰度新建网格"命令，弹出下拉菜单选择一个命令，如图 16-17 所示，得到效果如图 16-18～图 16-21 所示。

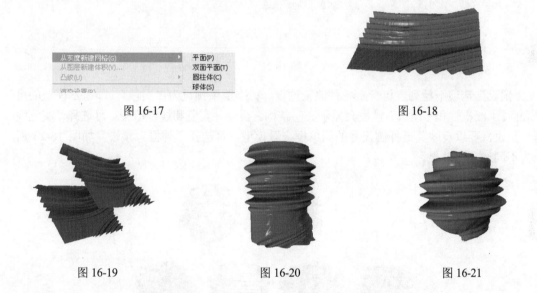

图 16-17　　　　　　　　　　　　　　　　　图 16-18

图 16-19　　　　　　　图 16-20　　　　　　　图 16-21

16.5　从图层新建体积

使用 Photoshop Extended 可以打开和处理医学上的 DICOM 图像（dc3\dcm\dic 或无扩展名）文件，并根据文件的帧生成三维模型。

使用"文件"→"打开"命令可以打开一个 DICOM 文件，Photoshop 会读取文件所有的帧，并转换为图层，选择要转化为 3D 体积的图层，执行"3D"→"从图层新建体积"命令，即可创建 DICOM 帧的 3D 体积，可以使用 Photoshop 的 3D 位置工具从任意角度看 3D 体积，或更改渲染设置以更直观地查看数据。

16.6　渲染设置

执行"3D"→"渲染设置"命令，可以打开"3D 渲染设置"对话框，如图 16-22 所示，在对话框中可以指定如何绘制 3D 模型。

16

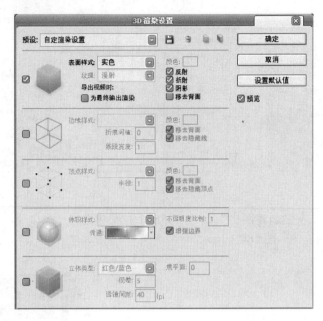

图 16-22

　　"预设"选项下拉列表包含了各种渲染预设。标准渲染预设为"实色"，即显示模型的可见表面。"线框"和"顶点"预设会显示底层结构。要合并实色和线框渲染，可选择"实色线框"预设，要以反映其最外侧尺寸的简单框来看模型，可选择"外框"预设。如图 16-23 所示为不同选项的效果。

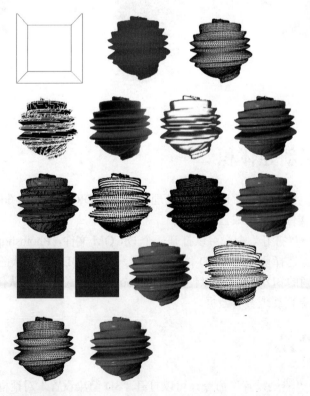

图 16-23

表面选项："表面"选项决定了如何显示模型的表面。

- 表面样式：可以选择以何种方式绘制表面。
- 纹理：当"表面样式"设置为"未照亮的纹理"时，可指定纹理映射。
- 为最终输出渲染：对于导出的视频动画，可产生更平滑的阴影和逼真的颜色出血（来自反射的对象和环境），但需要较长的处理时间。
- 颜色：如果要调整表面颜色，可单击颜色块。如果要调整边缘或顶点颜色，可单击选项中的颜色块。
- 反射/折射/阴影：可显示或隐藏这些光线跟踪特定的功能。
- 移去背景：隐藏双面组件背景的表面。

边缘选项："边缘"选项决定了线框线条的显示方式。

- 边缘样式：反映用于以上表面样式的常数、平滑、实色、外框选项。
- 折痕阈值：当多边形的两个多边形在某个特定角度相接时，会形成一条折痕或线，该选项可调整模型中的结构线条数量，如果边缘在小于该值设置（0~180）的某个角度相接，则会移去他们形成的线，若设置为 0，则显示整个线框。
- 线段宽度：指定宽度（以像素为单位）。
- 移去背景：隐藏双面组件背面的边缘。
- 移去隐藏线：移去与前景线重叠的线条。

顶点选项："顶点"选项用于调整顶点的外观，即组成线框模型的多边形相交点。

- 顶点样式：反映用于以上表面样式的常数、平滑、实色、外框选项。
- 半径：决定每个顶点的像素半径。
- 移去背面：隐藏双面组件背面的顶点。
- 移去隐藏顶点：移去与前景顶点重叠的顶点。

体积选项："体积"选项用于 DICOM 图像的体积设置。

- 体积样式：可选择一种体积样式，在不同的渲染模式下查看 3D 体积。
- 传递/不透明比例：使用传递函数的渲染模式，使用 Photoshop 渐变体积中的值，渐变颜色和不透明度值与体积中的灰度值合并，以优化或高亮显示类型的内容。传递函数渲染模式只适用于灰度 DICOM 图像。
- 增强边界：保持边界不透明的同时，降低同质区域的不透明度。

立体选项："立体"选项用于调整图像的设置，该图像将透过红蓝色玻璃查看，或打印成包括透镜镜头的图像。

- 立体类型：可以为透过色彩玻璃查看的图像指定"红色/蓝色"，或为透镜打印指定"垂直交错"。
- 视差：调整两个立体相机之间的距离。较高的设置会增大三维深度，减小景深，使焦点平面前后的物体呈现在焦点之处。
- 透镜间距：对于垂直交错的图像，指定透镜镜头每英寸包含多少线条数。
- 焦平面：确定相对于模型外框中心的焦平面位置。输入负值可将平面向前移动，输入正值可将其向后移动。

16.7 隐藏最近的表面

只隐藏 2D 选区内的模型多边形的第一个图层。

16.8　仅隐藏封闭的多边形

选择该命令后，隐藏最近的表面命令只会影响完全包括在选区内的多边形，取消选择，将隐藏选区接触到的所有多边形。

16.9　反转可见表面

当前可见表面不可见，不可见表面可见。

16.10　显示所有表面

使所隐藏的表面再次可见。

16.11　3D 绘画模式

操作点拨　在 3D 模型上绘画

01　打开一个 3D 文件如图 16-24 所示，从 "3D" → "3D 绘画模式" 命令下拉菜单中选择一种映射类型，如图 16-25 所示。

图 16-24　　　　　　　　　　　　　　　　　　图 16-25

02　选择 画笔工具，将前景色设置为 "黄色"，在模型上涂抹绘制，如图 16-26 所示，也可用其他工具如油漆桶、涂抹、减淡、加深或模糊工具在模型上绘画。

03　使用 3D 旋转工具继续涂抹颜色如图 16-27 所示。

图 16-26　　　　　　　　　　　　　　　　　　图 16-27

16.12 选择可绘画区域

由于模型视图不能提供与 2D 纹理之间一一对应的关系，所以直接在模型上绘画与直接在 2D 纹理映射上绘画是不同的，因此，只观看 3D 模型，无法明确判断是否可以成功地在某些区域绘画，执行"3D"→"选择可绘画区域"命令，可以选择模型上可以绘画的最佳区域。

16.13 创建 UV 叠加

3D 模型上多种材料所使用的漫射纹理文件可将应用于模型上下不同表面的多个内容区域编组，这个过程称为 UV 映射，它将 2D 纹理映射中的坐标与 3D 模型上的特定坐标相匹配，使 2D 纹理可正确绘制在 3D 模型上。

双击图层面板中的纹理，如图 16-28 所示，打开纹理文件，执行"3D"→"创建 UV 叠加"下拉菜单中的命令，如图 16-29 所示，UV 叠加将作为叠加图层添加到纹理文件的图层面板中。

- 线框：显示 UV 映射的边缘数据。
- 着色：显示使用实色渲染模式的模型区域。
- 正常映射：显示转化为 RGB 值的几何常值，R=X\G=Y\B=Z。

图 16-28　　　　　　　　　　　　　　　　　图 16-29

16.14 新建拼贴绘画

重复纹理由网格图案完全相同的拼贴构成，重复纹理可以提供更逼真的模型表面覆盖，使用更多的存储空间，并且可以改善渲染性能。

01 打开一个文件如图 16-30 所示，选择要创建为重复拼贴的图层。

02 执行"3D"→"新建拼贴绘画"命令，可创建包含 9 个完全相同的拼贴图案。图案尺寸保持不变，如图 16-31 所示。

图 16-30　　　　　　　　　　　　　　　　　图 16-31

16

16.15 绘画衰减

在模型上绘画时，绘画衰减角度控制表面在偏离正面视图弯曲时的油彩使用量，执行"3D"→"绘画衰减"命令，打开"3D 绘画衰减"对话框，如图 16-32 所示。

图 16-32

- 最大角度：最大绘画衰减角度在 0°～90° 之间，0° 时绘画仅应用于正对前方的表面，没有减弱角度；90° 时，绘画可沿弯曲的表面延伸至其表面边缘。
- 最小角度：最小衰减角度设置绘画随着接近最大衰减角度而渐隐的范围。

16.16 重新参数化

如果 3D 模型的纹理没有正确映射到网格，在 Photoshop 中打开这样的文件时，纹理会在模型表面长生扭曲，如果多余的连接、图案拉伸或挤压。执行"3D"→"重新参数化"命令，可以将纹理重新映射到模型，从而校正扭曲。如图 16-33 所示为执行该命令弹出对话框，选择"低扭曲度"可以使纹理图案保持不变，但会在模型表面产生较多接缝。选择"较少接缝"，会使模型上出现的接缝数量最小化，这会产生更多的纹理拉伸或挤压。

图 16-33

16.17 合并 3D 图层

执行"3D"→"合并 3D 图层"命令可以合并一个场景中的多个 3D 模型，合并后，可以单独处理每个模型，或者同时在所有模型上使用位置工具和相机工具。

16.18 导出 3D 图层

在"图层"面板中选择要导出的 3D 图层，执行"3D"→"导出 3D 图层"命令，打开"存储为"对话框，在"格式"下拉列表中可以选择将文件导出为 collada DAE\wavefront/obj\u3d\google earth 4KMZ 格式。

16.19　为最终输出渲染

完成 3D 文件的处理和渲染设置之后，可以执行 "3D"→"为最终输出渲染" 命令对模型进行渲染，使用光线跟踪和更高的取样速率以捕捉更逼真的光照和阴影效果，产生于 Web、打印或动画的最高品质输出内容。渲染时间长短取决于 3D 场景模型的复杂程度，以及光照和映射的使用数量。

16.20　栅格化

在 "图层" 面板中选择 3D 图层，执行 "3D"→"栅格化" 命令，可以将 3D 图层转换为普通的 2D 图层。

16.21　联机浏览 3D 内容

执行 "3D"→"联机浏览 3D 内容" 命令，可连接到 Adobe 网站浏览与 3D 有关的内容，如下载 3D 插件等。

本章小结

通过本章学习 3D 工具的使用方法，打开一个 3D 文件时，可以保留它们的纹理、渲染和光照信息，3D 模型放在 3D 图层上，3D 对象的纹理出现在 3D 图层下面的条目中。

16

第 17 章

视 图 菜 单 栏

○**本章重点**◁◁

- 设置预览方式，调整视图比例
- 在视图菜单中控制标尺、网格、参考线等辅助对象

17.1 校样设置

校样设置命令，在显示器上预览各种输出效果，即用显示器来模拟其他输出设备的图像效果，确保图像以最为正确色彩输出。视图菜单栏如图 17-1 所示。子菜单如图 17-2 所示。

图 17-1

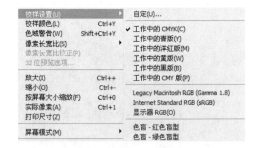

图 17-2

17.2 校样颜色命令

校样颜色命令，关闭或开启校样颜色中的预览设置。比如在校样颜色中选择了 CMYK 预览模式，那么勾选校样颜色选项，Photoshop 将模拟图像以 CMYK 模式显示输出的效果。

17.3　色域警告命令

色域警告命令将不能用打印机打印的颜色用灰色遮盖加以提示（适用于 RGB 和 Lab 颜色模式），如图 17-3（原图）、图 17-4（色域警告图）所示。

图 17-3

图 17-4

17.4　像素长宽比

视图菜单下的像素长宽比校正命令即被激活，点击可恢复为更改前的样式，再次单击则恢复为更改的样式，仅用于预览作用。

17.5　32 位预览选项

32 位预览选项，只有在当前文件类型为 32 位模式下才可用，可通过图像菜单下的模式命令先将文件的模式转换为 16 位，然后再转换为 32 位。其中只有灰度和 RGB 模式文件才可以转换为 32 位图像。

执行"视图"→"32 位预览选项"命令，对话框如图 15-5 所示。当将文件从 32 位图像转换回 8 位图像时，弹出如图 15-6 所示的对话框，有四种选项可供选择。

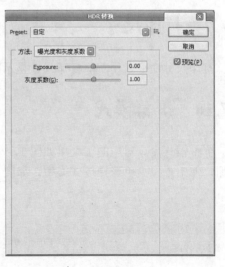

图 17-5

图 17-6

如图 17-7 和图 17-8 所示即应用此命令调整前后的图像效果，是以往任何调整命令所望尘莫及的。

图 17-7

图 17-8

17.6   放大及缩小命令

放大或缩小命令，用于放大或缩小图像显示比例。

17.7   按屏幕大小缩放

执行按屏幕大小缩放命令，自动选择合适的比例将图像完整的显示在屏幕上。

17.8   实际像素

实际像素命令相当于按 100％的比例显示图像的实际大小。

17.9   打印尺寸

打印尺寸命令，用实际打印尺寸显示图像。

17.10   屏幕模式

屏幕模式命令对应的子菜单如图 17-9 所示。即提供了三种对图片的预览方式，也可按 按钮，弹出下拉菜单选择模式类型，如图 17-10 所示。

图 17-9

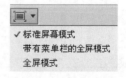

图 17-10

17.11　显示额外内容及显示命令

显示额外内容命令可以更方便的显示或隐藏所有参考对象。

显示命令的子菜单如图 17-11 所示。

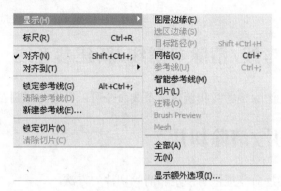

图 17-11

- 图层边缘：是否显示图层的边框。
- 选区边缘：是否显示选择区域的边框，选区工具一般由选框工具创建。
- 目标路径：是否显示路径，路径一般由钢笔工具创建。
- 网格：是否显示网格。
- 参考线：是否显示参考线，参考线可以从标尺上拖出来。
- 智能参考线：是否启用自动对齐，即是移动对象时，自动出现相对的辅助线。
- 切片：是否显示切片，切片一般由切片工具创建。
- 注释：是否显示注释，注释一般由注释工具创建。
- 全部：显示以上所有对象。
- 无：不显示任何对象。
- 显示额外选项：控制视图菜单中显示命令中的控制范围。

17.12　标尺

标尺命令，显示或隐藏标尺，进行较为精确的控制。

17.13　对齐命令

该命令用来开启或关闭全部已经选定的对齐方式，其功能与显示额外内容命令类似。

17.14　对齐到命令

该命令的子菜单如图 17-12 所示。当子菜单中的对象处于勾选状态时，将开启自动对齐功能。

图 17-12

17.15　锁定参考线/清除参考线/新建参考线

通过锁定参考线、清除参考线和新建参考线命令可以更好的控制参考线。

17.16　锁定切片/清除切片

锁定切片和清除切片命令提供了锁定和清除切片的方法。

本章小结

本章介绍了视图菜单中的各种命令，通过本章的学习，可以更好地控制 Photoshop 文档的预览方式，熟练应用标尺、网格、参考线等辅助对象进行更精确地图像操作。

第18章

窗口/帮助菜单栏

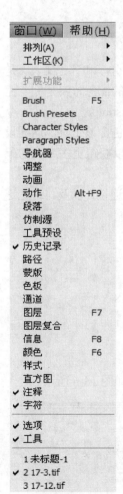

图 18-1

18.1 窗口菜单

窗口菜单如图 18-1 所示。

18.2 排列

该命令用于规范工作界面中的多个文件的位置摆放关系。排列命令的子菜单如图 18-2 所示。

- 层叠：使多个文档以同样的视窗大小重叠显示并且显露出文件名称。
- 平铺：将多个文件按照水平方向不重叠显示在整个窗口内。
- 在窗口中浮动/使所有内容在窗口中浮动/将所有内容合并到选项卡中：打开多个文件时所显示的不同类型，可根据个人喜好选择该浮动的类型。
- 匹配缩放/匹配位置/匹配旋转和全部匹配：对当前的图像进行缩放后，执行这几项命令则其他的图像也以相同的倍数及位置对图像进行缩放。

图 18-2

● 新建视窗：创建一个与最前方文档显示相同的新窗口。

18.3　工作区

工作区命令允许用户将个性化的具有特定调板布局的工作桌面存储为工作空间。有了预设的工作空间，使用同一台电脑的不同用户可以在每次坐下工作之前立刻切换到自己的 Photoshop 桌面布局。用户也可以为不同的任务创建不同的工作空间。比如分别为绘画和图片润饰创建两个工作空间。工作区命令对应的子菜单如图 18-3 所示。

图 18-3

18.4　扩展功能

扩展功能对应的子菜单如图 18-4 所示。

图 18-4

Kuler 作为专业的配色创建、分享和评论工具，是基于 Kuler 网站的。用户所得到的配色方案是完全免费的，该功能最早出现在 Illustrator 中，而如今 Photohsop CS4 和 Flash CS4 等也包含该工具。这样设计师，特别是网页设计师，就可以获得更多专业的配色方案。

连接支持用户管理 Web 服务连接，以及与这些连接交互的、安装在本地的扩展功能。

18.5　3D

显示或隐藏 3D 调板，如图 18-5 所示。

图 18-5

18.6　测量记录

显示或隐藏测量记录调板，如图 18-6 所示。

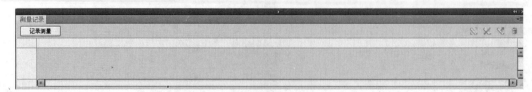

图 18-6

18.7　导航器

显示或隐藏导航器调板，如图 18-7 所示。

18.8　调整

显示或隐藏调整调板，如图 18-8 所示。

图 18-7

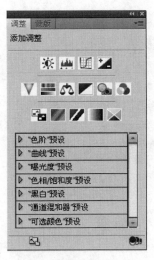

图 18-8

18.9　动画

显示或隐藏动画调板，如图 18-9 所示。

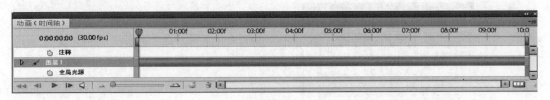

图 18-9

18.10　动作

显示或隐藏动作调板，如图 18-10 所示。

18.11　段落

显示或隐藏段落调板，如图 18-11 所示。

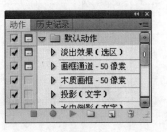

图 18-10

18

18.12 仿制源

显示或隐藏仿制源调板，如图 18-12 所示。

18.13 工具预设

显示或隐藏工具预设调板，如图 18-13 所示。

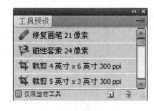

图 18-11   图 18-12   图 18-13

18.14 画笔

显示或隐藏画笔调板，如图 18-14 所示。

18.15 历史记录

显示或隐藏历史记录调板，如图 18-15 所示。

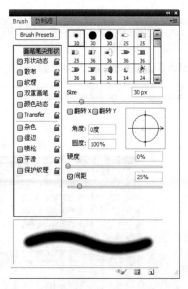

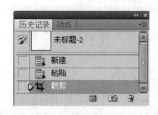

图 18-14   图 18-15

18.16 路径

显示或隐藏路径调板，如图 18-16 所示。

18.17 蒙版

显示或隐藏蒙版调板，如图 18-17 所示。

18.18 色板

显示或隐藏色板调板，如图 18-18 所示。

图 18-16

图 18-17

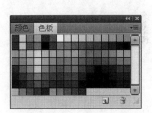

图 18-18

18.19 通道

显示或隐藏通道调板，如图 18-19 所示。

18.20 图层

显示或隐藏图层调板，如图 18-20 所示。

18.21 图层混合

显示或隐藏图层混合调板，如图 18-21 所示。

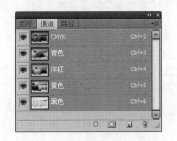

图 18-19

图 18-20

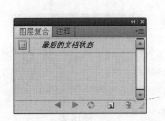

图 18-21

18

18.22 信息

显示或隐藏信息调板，如图 18-22 所示。

18.23 颜色

显示或隐藏颜色调板，如图 18-23 所示。

18.24 样式

显示或隐藏样式调板，如图 18-24 所示。

图 18-22

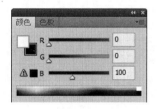

图 18-23

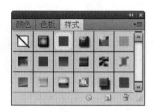

图 18-24

18.25 直方图

显示或隐藏直方图调板，如图 18-25 所示。

18.26 注释

显示或隐藏注释调板，如图 18-26 所示。

18.27 字符

显示或隐藏字符调板，如图 18-27 所示。

图 18-25

图 18-26

图 18-27

18.28　选项/工具

显示或隐藏选项/工具调板，如图 18-28 所示。

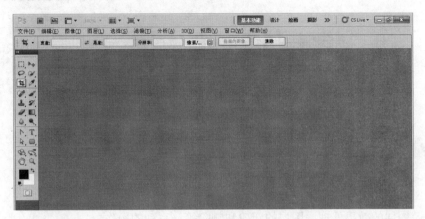

图 18-28

18.29　帮助菜单

帮助菜单如图 18-29 所示。

执行 Photoshop 帮助命令，进行帮助文件，并在其中选择相关的帮助主题，也可以通过帮助菜单，到 Adobe 公司的网站上去了解最新信息、下载相关工具、得到在线帮助和技术支持，图 18-30 是 Adobe Online 的画面。

图 18-29

图 18-30

18

本章小结

本章介绍了窗口菜单和帮助菜单。读者应该学会利用窗口菜单中的命令更合理地管理 Photoshop 桌面空间，用帮助菜单中的指令得到帮助和技术支持。

第 19 章

图层/通道/路径面板

本章重点 ◀◀

- 学习图层调板及相关菜单的使用
- 学习各个图层通过一定模式混合到一起
- 学习图层的效果处理、图层的新建和删除等一系列的操作
- 学习如何应用图层调板进行一些特效的制作
- 介绍通道的主要功能及其分类
- 学习通道调板的使用
- 学习蒙版的使用
- 学习路径调板的使用
- 利用路径调板进行一些比较精确的选取

19.1　图层的基本概念

在 Photoshop 中，图层有 4 种类型，分别是普通图层、文本图层、调整图层和背景图层，下面对它们分别介绍。

（1）普通图层。

在进行图像编辑时图层一般就是指普通图层。新建的普通图层是透明的，可以在其上添加图像、编辑图像，然后使用图层菜单或图层控制调板进行图层的控制。

（2）文本图层。

使用文本工具进行文字的输入后，系统会自动地新建一个图层，这个图层就是文本图层。文本图层是一个比较特殊的图层，文本图层可以直接转换成路径进行编辑，并且不需要转换成普通图层就可以使用普通图层的所有功能。

（3）调整图层。

调整图层不是一个存放图像的图层，它主要用来控制色调及色彩的调整，存放的是图像的色调和色彩，包括色阶、色彩平衡等的调节，用户将这些信息存储到单独的图层中，这样就可以在图层中进行编辑调整，而不会永久性地改变原始图像。

（4）背景图层。

背景图层是一个特殊的图层，它是一种不透明的图层，其底色是以背景色来显示的。当

使用 Photoshop 打开不具有保存图层功能的图像格式如 Gif 时，系统会自动将图像默认为一个背景图层。背景图层可以转换成普通图层，背景图层也可以基于普通图层来建立。背景图层在使用上有比较多的限制，所以在进行图像编辑的时候，一般先将图像的背景图层转换为一个普通图层。

19.2　图层调板的基本功能介绍

图 19-1 是图层调板。

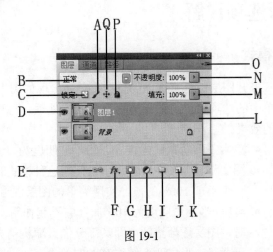

图 19-1

A. 锁定选项。用来锁定当前正在编辑的图层和图像的透明区域，使得该图层处于无法编辑的状态。锁定选项对背景图层是无效的，必须将背景图层变为一个普通图层后才可以使用。

B. 表示图层的混合模式，模式的种类稍后介绍。

C. 锁定选项。锁定当前正在处理的图层的透明区域不受处理。

D. 表示该图层是否可见。如果想看其他图层的效果，将该图层的眼睛图标点去即可。

E. 链接图层。在图层调板中同时选中 2 个以上的图层，该选项即被激活。单击它即可将所选的图层链接在一起。

F. 对当前的图层加入样式。

G. 蒙版。这是一个很重要的功能，一般是将选区外的图像部分保护起来，在需要处理的地方尽情施展才能，在操作完之后去应用蒙版就可以了。

H. 新建填充或调整图层。打开它的菜单有许多选项可供选择，在弹出的相应的对话框中设定参数就能得到许多效果较好的图层。

I. 单击它可以新建一个组，就相当于一个文件夹，把暂时不需要编辑的图层都放入其中，也可将某一类图层放入其中。编辑时点击该组左边的小三角形，选择要编辑的图层即可。可以将即将删除或者已经完成编辑的图层放到各自的文件夹中，这样在下一次编辑这个图像的时候就知道哪些图层是还需要编辑的，哪些是已经完成编辑的。

J. 新建一个图层。单击它新建一个空白的图层，如果将调板中选中的图层拖到该图标上，则将该图层复制。

K. 删除图层。单击调板中的要删除的图层，拖到该图标上就可以将它删除了。

L. 表示该图层是当前处理图层，这时图层在调板中的小缩略图四周是蓝色的。

19

M. 填充不透明度。它和图层的不透明度不是一样的，图层的不透明度是在层的混合时用到的，而填充不透明度是针对图层本身的。改变填充图层的不透明度不会影响其他图层。

N. 图层的不透明度。拖动滑杆或者直接输入数值可以控制图像的不透明度。

O. 单击它即打开图层调板的弹出菜单。

P. 锁定选项。选中它，可以保证当前的图层或者组处于完全锁定状态，除了复选它之外，任何操作对当前图层都无效。

Q. 单击它则是固定当前的编辑图层，在以后的编辑过程中，它不能被移动。

19.3　图层调板选项详解

19.3.1　图层的混合模式

图 19-2

打开图层中正常选项的下拉菜单，出现如图 19-2 所示的菜单。依据菜单中的选项可以对图层进行一系列的处理，每种不同的模式会产生不同的效果。

- 正常：系统默认的模式。当不透明度为 100%，这种模式只是让图层将背景覆盖而已。所以使用这种模式时一般选择不透明度为一个小于 100% 的值，实现简单的图层混合。
- 溶解：当不透明度为 100% 时，它不起作用。当不透明度小于 100% 时，图层逐渐溶解，即其部分像素随机消失，并在溶解的部分显示背景。形成两个图层交融的效果。
- 变暗：在这种模式下，两个图层中颜色比较深的覆盖颜色浅的。
- 正片叠底：这种选项可以产生比较层和背景的颜色都暗的颜色。用这个模式可以制作一些阴影效果。在这个模式中，黑色和任何颜色混合还是黑色，而任何颜色和白色叠加，得到的还是该颜色。
- 颜色加深：这个模式将会获得与颜色加深相反的效果，图层的亮度减低，色彩加深。
- 线性加深：它的作用是使两个混合图层之间的线性变化加深。就是说，本来图层之间混合时，其变化是柔和的、逐渐从上面的图层变化到下面的图层。这个选项的目的就是加大线性变化，使得变化更加明显。

- 变亮：这种模式仅当图层的颜色比背景的颜色浅时才有用，图层的浅色将覆盖背景的深色部分。
- 屏幕：有人说它是正片叠底模式的逆运算，因为它使两个图层的颜色越叠加越浅。如果选的是一个浅颜色的图层，那它就相当于一个对背景漂白的漂白剂。也就是说，如果图层是白色的，在这种模式下，背景的颜色将变得非常模糊。
- 颜色减淡：使得图层的亮度增加，效果比屏幕更加明显。
- 线性减淡：和线性减淡相反的操作。
- 叠加：其效果相当于对图层同时使用正片叠底和屏幕两种操作，加深了背景颜色的深度，并且覆盖了背景上浅颜色的部分。

- 柔光：类似于将点光源发出的漫射照到图像上。使用这种模式，会在背景上形成一层淡淡的阴影，阴影的深浅与两个图层混合颜色的深浅有关。
- 强光：颜色和柔光相比，或者更为浓重，或者更为浅淡，这取决于图层上的颜色的亮度。
- 亮光：混合两个图层的颜色信息，使得混合后图像的颜色更加鲜艳。这个功能适合于喜庆场面的作品。
- 线性光：较亮光相比，第一图层的效果更加鲜明，背景图层颜色变得较浅。
- 点光：选择这个选项时，混合后图像的颜色信息以第一图层的颜色信息为主调。
- 实色混合：将两个图层的颜色进行对比强烈的混合。形成颜色鲜明的纯色对比。
- 差值：将图层和背景的颜色相互抵消，产生一种新的颜色效果。
- 排除：这种模式会产生一种图像反相的效果，可以称之为差值模式的变体。
- 色相：该模式似乎只对灰阶的图层有效，对彩色图层无效。
- 饱和度：当图层为浅色时，会得到该模式的最大效果。
- 颜色：这种模式效果同饱和度相似，图层的颜色部分在背景含颜色部分保持原色的同时被提亮。
- 亮度：这种模式同白色和黑色混合都将产生灰色。混合后图像的颜色信息以背景颜色信息为主。

操作点拨　如何应用图层调板进行两个图像的混合

01 打开图 19-3、图 19-4 两幅图像。

图 19-3

图 19-4

02 选择图 19-3 的图像，双击该图层的小缩略图，出现如图 19-5 所示的对话框，在对话框中选择颜色、模式和不透明度，然后单击确定，即可将背景转换为普通图层，转换后的图层默认为不透明。

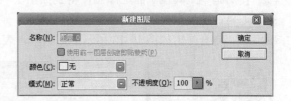

图 19-5

03 选择图 19-4 的图像，同样将背景图层转换为普通图层，现在有两个图层了。

04 接下来要做的就是将它们放到同一个图层中，单击图 19-3 的图像的图层调板中图层的小缩略图，将其拖到图 19-4 的图像的画面上就得到两个图层的图像了，其中的一张图层是看不见的。或者将图 19-3 的图像整个拷贝后粘贴到图 19-4 的图像中，这时图 19-4 的图像会自动为图 19-3 的图像创建一个新的图层，所以两种操作的结果是一样的。

05 设置图层混合模式为"变亮",并调整图层透明度如图 19-6 所示,得到如图 19-7 所示的效果。

图 19-6

图 19-7

操作点拨 如何使用锁定选项

01 打开一幅图像,如图 19-8 所示,将背景图层转换为普通图层,此时的图层调板如图 19-9 所示。

图 19-8

图 19-9

02 选择画笔工具,其参数设置如图 19-10 所示。

图 19-10

03 使用画笔工具在画面上涂画,得到如图 19-11 所示的效果。

04 如果在图层调板上单击锁定全部的图标,如图 19-12 中的椭圆框,此时再执行上一步操作,就会弹出如图 19-13 所示的对话框,表示当前该图层处于不可编辑的状态。

图 19-11

图 19-12

图 19-13

19.3.2　图层调板弹出菜单

单击图层调板右上角的小三角形,弹出菜单如图 19-14 所示,从图中可以看出,菜单上的选项和调板中一些选项的功能是类似的。菜单弹出的方式也有许多种,有的是用快捷键,有的是单击图标,可以根据需要用不同的方式调出。

图 19-14

19.4　样式

图层调板中的这一选项是图层调板中的一个重要内容,在这里会学到许多新的知识。单击图层调板下方的图标,弹出下拉菜单, 如图 19-15 所示。

实际上,横线下面的选项都是混合选项的子菜单,可以任选一个选项进行图 19-16 所示的对话框。当发现选择的选项制作效果不佳时,可以直接在对话框的左边矩形框内更改选择。

19.4.1　默认混合选项

图 19-16 所示是默认的混合模式。

- 混合模式:在学习图层基础知识的时候已经学过了。
- 填充不透明度:输入值或拖移滑块设置图层效果的不透明度。
- 通道:在三个复选框中,可以选择对加高级混合的 R、G、B 通道中的任何一个或者两到三个,一个不选也可以,但一般得不到理想的效果。至于通道的详细概念将在以后的通道调板中加以阐述。

图 19-15

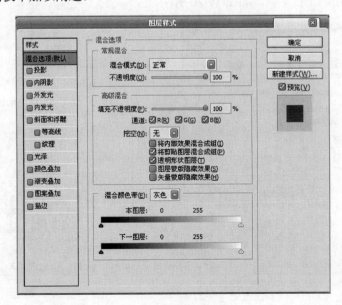

图 19-16

19

- 挖空：控制投影在半透明图层中的可视性或闭合。这个选项可以控制图层色调的深浅，有三个下拉菜单，用户可先进行尝试，它们的效果各不相同。
- 将图层内部效果混合成组：这个选项是将本次作用到图层的内部效果并到一个组中。在下次使用的时候，出现对话框的默认参数即现在的参数。
- 将剪切图层混合为组：将剪切的图层合并到同一组中。
- 本图层：和下一图层的颜色条两边都有两个小三角形，用来调整该图层色彩的深浅。按住 Alt 键并拖动鼠标，可以只拖动在右边的小三角形，达到缓慢变化图层颜色深浅的目的。

19.4.2 投影

投影：这个选项能给图层添加阴影。选中该选项弹出如图 19-17 所示的对话框。
- 角度：确定效果应用于图层时所采用的光照角度。
- 使用全角：使用这个选项时，所产生的光源是作用于同一张图像中的所有的图层。如果不选中该项，产生的光源只作用于当前编辑的图层。
- 阴影距离：控制着阴影的距离。
- 扩展：扩展就是对阴影的宽度作适当细微的调整，可以用测试距离的方法检验它。
- 大小：此选项控制阴影的总长度，加上适当的扩展参数，会产生一种逐渐从阴影色到透明的效果，就好像将固定量的墨水泼到固定面积的画布上，但不是均匀的，而是由全"黑"到透明渐变。

图 19-18 对话框的下半部分品质主要是用于调整图像阴影的模式：
- 消除锯齿：使效果过渡变得柔和。
- 杂色：输入值或拖移滑块时指定发光不透明度或暗调不透明度中随机元素的数量。
- 等高线：这个选项可以使图像产生立体的效果。单击缩略图右侧的小三角按钮，弹出如图 19-19 所示的对话框，可以根据图像选择恰当的模式。如果觉得这里的模式太少，打开右上角的下拉菜单，如图 19-20 所示。

图 19-18

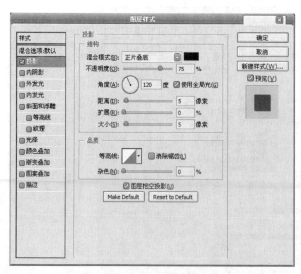

图 19-17

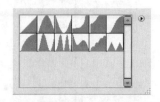

图 19-19

双击等高线的缩略图，弹出如图 19-21 所示的对话框。

图 19-20

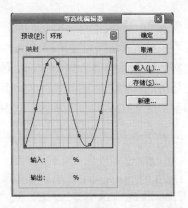

图 19-21

- 预置：从下拉菜单中，可以先选择比较接近需要的等高线，然后在上面添加锚点，即用鼠标在曲线上单击。用鼠标单击并拖动锚点，会得到一条曲线，其默认的模式是平滑的曲线。
- 输入和输出：输入指的是图像在该位置原来的色彩相对数值，输出指的是通过这个等高线处理后得到的图像在该处的色彩相对数值。
- 角度：在这个选框中，可以确定曲线是圆滑的还是尖锐的。

19.4.3　内阴影

内阴影：使得图层元素看起来像是陷入背景似的。像素的设置方法同投影。选择该选项，则出现如图 19-22 所示的界面。

与投影相比，内阴影上半部分的参数设置稍有不同，如图 19-23 所示。

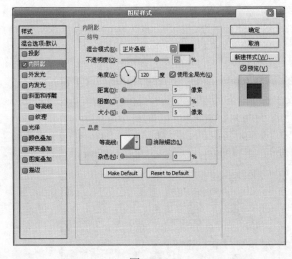

图 19-22

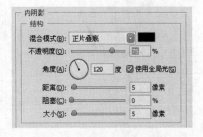

图 19-23

从图中可以看出，这个部分只是将原来的扩展改为现在的阻塞，和扩展功能相似，是扩展的逆运算，扩展是将阴影向图像或选区的外面扩展，而阻塞则是向图像或选区的里边扩展，得到的效果图极为类似。

19.4.4 外发光

外发光：加一个任意颜色的光辉围绕在图像元素的边缘之外。对话框如图 19-24 所示。可以产生激光或幻影之类的效果。

对话框的结构部分如图 19-25 所示，重点讨论最下边的颜色条，这里有两个复选框：选中左边的选项则阴影的颜色为单一颜色变化；选中右边的选项得到的是色谱，打开下拉窗口得到如图 19-26 所示的界面，从中选择合适的渐变色谱条。

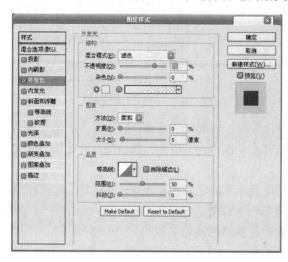

图 19-24

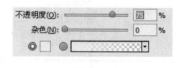

图 19-25

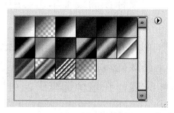

图 19-26

如果没有满意的色谱条，可以打开右上角的下拉菜单，如图 19-27 所示，从中选择适当的选项。

19.4.5 内发光

内发光对话框（见图 19-28）和外发光的对话框几乎完全一样。使用"内发光"图层样式，可以为图层增加内发光的效果。

图 19-27

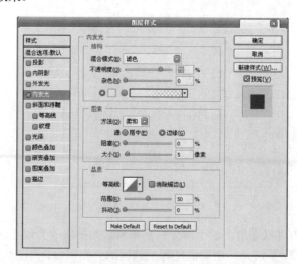

图 19-28

19.4.6　斜面和浮雕

斜面和浮雕如图 19-29 所示。

（1）斜面和浮雕对话框的结构部分如图 19-30 所示。

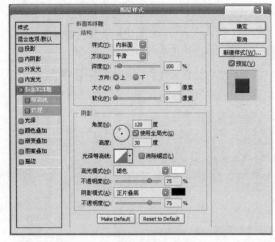

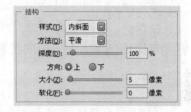

图 19-29　　　　　　　　　　　　　　　　　图 19-30

- 样式：在其下拉菜单中共有五个模式，分别是内斜面、外斜面、浮雕、枕状浮雕、描边浮雕五种。
- 方法：其下拉菜单有三个选项，分别是平滑、雕刻清晰和雕刻柔和。
  - ➤ 平滑：这种方法得到的图层效果的边缘过渡比较柔和，也就是它得到的阴影的边缘变化不尖锐。
  - ➤ 雕刻清晰：这个选项将产生边缘变化明显的效果，比起平滑来，它产生的效果立体感特别强。
  - ➤ 雕刻柔和：与雕刻清晰类似，但是它的边缘的色彩变化要稍微柔和一点。
- 深度：控制效果的颜色深度，其数值越大，则得到的阴影颜色越深，反之，数值越小，得到的阴影颜色越浅。
- 大小：控制阴影面积的大小，拖动滑块或者直接更改右边框内的数值，就可以得到合适的效果图。
- 软化：拉动滑块可以调节阴影的边缘过渡，数值越大，边缘过渡越柔和。
- 上和下：用来切换亮部和阴影的方向。选择上，则亮部在上面；选择下，则亮部在下面。

（2）斜面和浮雕对话框的阴影部分对话框如图 19-31 所示。

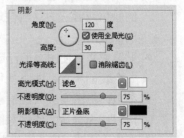

- 角度：控制灯光在圆中的角度。圆中的"+"符号可以用鼠标移动，它会同时调整角度和高度。
- 使用全局光：决定应用于图层的效果的光照角度。可以定义一个全角，以应用于图像中所有的图层效果；也可以指定局部角度，仅应用于指定的图层效果。使用全角可制造出一种连续光源照在图像上的效果。

图 19-31

19

- 高度：如果将图中的圆当作一个地球，那么就是"+"在地球上的纬度，也就是灯光在地球上的纬度。
- 光泽等高线：这个选项的编辑和使用方法和前面提到的等高线的编辑方法是一样的。
- 消除锯齿：见前面章节。
- 高光模式：这相当于在图层的上方有一个带色光源，光源的颜色可以通过右边的颜色方块来调整，使图层达到许多不同的效果。模式的种类如图 19-32 所示。
- 不透明度：改变当前图层的不透明度。
- 暗调模式：可以调整阴影的颜色和模式，通过右边的颜色方块改变阴影的颜色，通过下拉菜单改变阴影的模式。

（3）斜面和浮雕的小菜单（见图 19-33）。

1）等高线。

2）纹理。

单击斜面和浮雕选项下面的纹理，出现如图 19-34 所示的对话框，下面介绍各个选项的含义：

图 19-33

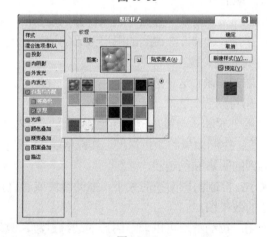

图 19-32

图 19-34

- 图案：在这个选项框中，可以选择合适的图案。斜面和浮雕的浮雕效果就是按照图案的颜色或者它的浮雕模式进行的，在预览上可以看出待处理的图像的浮雕模式和所选的图案的关系。
- 贴紧原点：使图案的浮雕效果从图像或者文档的角落开始。单击图标，将图案创建为一个新的预置，即下次使用时可以从图案的下拉菜单中打开该图案。
- 缩放：将图案放大或缩小，即浮雕的密集程度，缩放的变化范围在 1%～1000% 之间，可以选择合适的比例对图像进行编辑。
- 深度：浮雕深度，通过滑杆，可以控制浮雕的深浅，它的变化范围在 -1000%～+1000% 之间，正负表示浮雕是凹进去还是凸出来。也可以选择适当的数值填入后边的选框。

- 反相：选择该复选框，就会将原来的浮雕效果反转，即原来凹进去的现在凸出来，原来凸出来的现在凹进去，得到一种相反的效果。
- 与图层连接：和图层链接。

19.4.7　光泽

光泽将图像变成一种类似光泽的效果，在选定的颜色下面它的边缘会有阴影，图像的整个画面的颜色比较黯淡，可以通过调整颜色将图像的整体颜色明朗化。选择该选项，则会出现如图 19-35 所示的窗口。

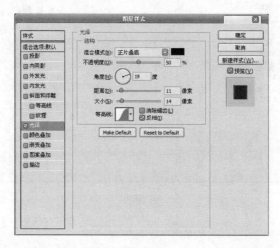

图 19-35

- 混合模式：它以图像和黑色为编辑对象，其模式与图层混合模式一样，只是在这里 Photoshop 将黑色当作一个图层来处理。
- 不透明度：调整混合模式中颜色图层的不透明度。
- 角度：即光照射的角度，它控制着阴影所在的方向。
- 距离：数值越小，图像上被效果覆盖的区域越大。即距离控制着阴影的距离。注意，在光泽中，阴影是在图像的内部。
- 大小：控制实施效果的范围，范围越大，效果作用的区域越大。
- 等高线：这个选项在前面的效果选项中已经提到过，这里不再重复。

为了给读者对光泽具有一个形象的认识，这里举个例子，图 19-36 是原图像，图 19-37 则是用光泽进行处理后的图像。从对比中可以了解这个选项的功能，关于参数设置的技巧，用户可以通过实践学习。

图 19-36

图 19-37

19.4.8　颜色叠加

单击图层调板上的图标，打开其中的颜色叠加选项，弹出如图 19-38 所示的对话框。颜色叠加是将颜色当作一个图层，然后再对这个图层施加一些效果或者混合模式。

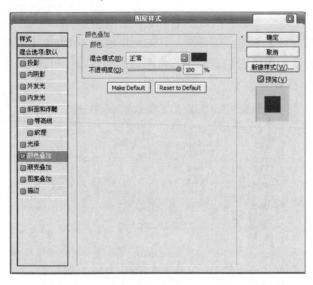

图 19-38

19.4.9　渐变叠加

单击图层调板中的图标打开如图 19-39 所示的对话框。

- 混合模式：这些模式的选择可以根据图层调板中提到的知识进行设定。
- 不透明度：调整的不透明度。
- 渐变：使用这个功能对图像做一些渐变；反相表示将渐变的方向反转。
- 样式：在对话框的下拉菜单中有五个选项，如图 19-40 所示。

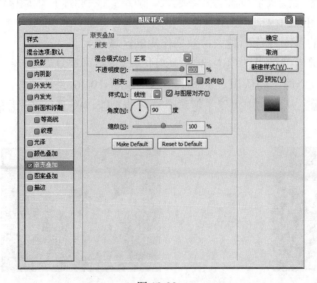

图 19-39

图 19-40

- 角度：利用这个选项，可以对图像产生的效果做一些角度变化。
- 缩放：控制渐变影响的范围，通过它可以调整产生渐变的区域大小。

19.4.10　图案叠加

单击图层样式下拉菜单中的图案叠加选项，打开如图 19-41 所示的对话框。

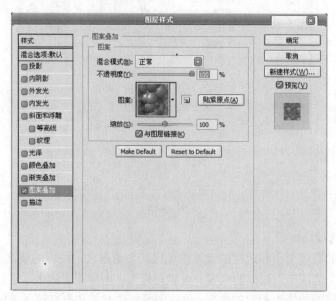

图 19-41

下面举个例子说明这个选项的用法：打开一幅图像如图 19-42 所示，再对图像进行图案叠加效果处理，设置参数，得到如图 19-43 所示的效果。可以更改缩放的参数得到效果更加明显的图像。从这个例子可以了解到这个选项的用途，它可以在原来的图像上加上一图层（图案）的效果，根据图案颜色的深浅，在图像上的表现为雕刻效果的深浅。使用中要注意调整图案的不透明度，否则得到的图像可能就只是一个放大的图案。

图 19-42

图 19-43

19.4.11　描边

这个选项是用来给图像描上一个边框。这个边框可以是一种颜色，也可以是渐变，还可以是样式，单击图层样式下拉菜单中的描边选项，打开如图 19-44 所示的对话框。

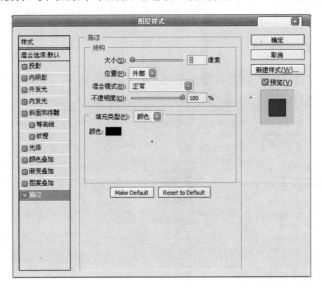

图 19-44

对话框中各选项功能如下：

- 大小：它的数值大小和边框的宽度成正比，数值越大，图像的边框也就越大。
- 位置：这个选项产生边框的位置，可以是外部、内部或者居中，这些模式是以图层的不透明区域的边缘为相对的位置，位置表示描边时的边框在该区域的外边。Photoshop 默认的区域是图层中的不透明区域。
- 混合模式：这些模式的种类和意义见前面的章节。
- 不透明度：它控制制作的边框的透明度。
- 填充类型：在下拉菜单中供选择的类型共有三种：颜色、渐变和图案，不同类型的对话框中的结构选框的选项会不同。

当选择渐变填充类型时：

- 渐变：其编辑和使用请用户参考前面的相关章节。
- 样式：这里的样式和在前一节中提到的样式是一样的，但它多了一种形状爆炸，在这种类型下，边框的效果是以边缘为起始位置的渐变组成的光环。

19.5　添加图层蒙版

蒙版的主要功能是保护被屏蔽的图像区域，以便用户在图像进行编辑时，使被屏蔽的区域不受任何编辑操作的影响，它与选区工具相似，并且两者之间可以相互转换，但由于蒙版以外的区域是可见的。所以我们对它所进行的修改操作要比使用选择区域更加灵活。

值得注意的是，蒙版只能在普通图层或通道中建立，如果要在图像的背景层上建立，可以先将背景层转变为普通层，然后在普通层上创建蒙版即可。当为图像添加蒙版之后，蒙版中显示黑色的区域将是画面被屏蔽的区域。

效果对比：

如图 19-45 所示为原图像与"添加图层蒙版"后的画面对比效果。

原图像效果　　　　　　　　　　　添加蒙版后效果

图 19-45

19.6 通道概述

通道表示了图像的大量的信息，它们是文档的组成部分。下面简单介绍一下通道的功能：

表示选区，可以利用分离通道做一些比较精确并很方便的选择。在通道中，白色代表的是选区，在选中某通道后，用魔棒单击该通道的画面将会得到一个选区，这个选区的颜色就是白的。这一点在以后的章节会涉及，将通过例子说明。

通道还可以代表（墨水）的强度，这个可以在分离的通道中观察它们的亮度得知，不同的通道的亮度常常是不同的，尽管它们都是灰色的。举个例子，在打开某一张图像的 Red（红色）通道后，鼠标在图像上移动时，（信息）调板上的颜色所在点的信息显示上只有红色选项有数值，其余均是 0，如果某一点是纯红，那么该点在灰色通道上显示的就是全黑。

通道也可以是执行命令过程中的可变的不透明度。通过通道的设置可以改变通道在我们眼中的颜色的深浅，从而达到改变不透明度的效果。

通道还代表着颜色信息。例如 RGB 图像的 R 通道代表图像的 Red（红色）信息。

除了以上这些功能外，通道还有一些其他的功能，在后边的章节中会通过例子进行说明。

利用通道可以查看各种通道的信息，而且可以对通道进行编辑，从而达到编辑图像的目的。图像的颜色、模式的不同将决定通道的数量和模式，在调板中则表示为显示内容的不同。在 Photoshop 中，涉及四个模式的通道，它们分别是：

复合通道：对于不同模式的图像，其通道的数量是不一样的。Photoshop 通道中涉及三个模式。对于一个 RGB 模式的图像，有 RGB、R、G、B 四个通道；对于一个 CMYK 模式的图像，有 CMYK、C、M、Y、K 共五个通道；对于一个 Lab 模式的图像，有 Lab、L、a、b 四个通道。

单个颜色通道：如果在通道调板中随意删除其中一个通道，就会发现所有的通道都变成"黑白"的；原来的彩色通道即使不删除也变成灰色的了。

专色通道：在调板的打开菜单里可以新建专色通道，而且可以控制通道的参数。

Alpha 通道：可以通过下拉菜单新建 Alpha 通道，这时得到的通道是全黑的。

19.6.1 通道调板

下面来看一看通道调板，如图 19-46 所示。

19

通道调板中各个符号的含义如下：

A．单击该图标，可以使通道在显示和隐藏之间变换。有一点需要注意的是，由于主通道是各原色通道的组成，在选中通道调板中的某一原色通道时，主通道将会自动隐藏。如果选择显示主通道，那么它的组成的原色通道将自动显示。例如，在 RGB 模式的图像中，如果选择显示 RGB 通道（主通道），则 R 通道、G 通道和 B 通道都自动显示。

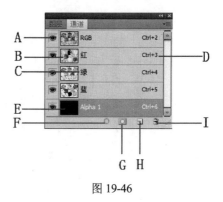

图 19-46

B．通道的缩略图，可以通过菜单中的选项改变它的大小。

C．通道的名称。它能帮助用户很快识别各种通道的颜色信息。各原色通道和主通道的名称是不能改动的。

D．打开通道的快捷键，此时打开的通道成为当前通道，而且在调板中按住键并且单击某个通道，可以选择或者取消选择多个通道。

E．新专色通道。

F．在调板中单击图标 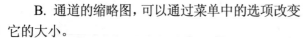，则可以将通道中颜色比较淡的部分当作选区到图像中。这个功能也可以通过按住键并在调板中单击该通道实现。

G．在调板中单击图标 ，则将当前的选区存储为新的通道，而且在按住 Alt 键的情况下单击该图标，可以新建一个通道并且为该通道设置参数。如果按住 Shift+Ctrl 键再单击通道，则是将当前通道的选区范围加到原有的选区范围中去。

H．在调板中单击图标 ，则可以创建新的通道。按住 Alt 键并单击图标，可以设置新建通道的参数。如果按住并单击该图标，就可以创建新的专色通道。

I．在调板中单击图标 ，则可以将当前的编辑通道删除。

19.6.2 通道调板的打开菜单

单击通道调板右上角的三角按钮，弹出如图 19-47 所示的菜单。菜单包含了几乎所有通道调板的基本操作。

1．创建新通道

新建通道主要有两种，分别为 Alpha 通道和专色通道。

在通道菜单中选取新通道命令或是按住键盘上的 Alt 键单击"通道"面板底部的 按钮，会弹出对话框，如图 19-48 所示。设置相应参数，单击确定按钮。便可创建出新的 Alpha 通道。

图 19-47

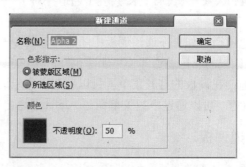

图 19-48

- 名称：在其右侧的窗口中可以设置创建新 Alpha 通道名称。
- 被蒙版区域：点击此选项后，在新建通道中没有颜色的区域代表选择范围而有颜色的区域则代表被蒙版选择的范围。
- 所选区域：点击此选项，相当对被蒙版区域选项进行反相，得到与其相反的效果。
- 颜色：设置蒙版的颜色，单击其下面的色块，可以弹出的"拾色器"对话框中选择合适的颜色，蒙版色颜色对图像的编辑没有影响，只是用来区别选区和非选区。
- 不透明度：决定蒙版的不透明度此选项不会影响图像的透明度，只是对蒙版起作用。

2. 复制和删除通道

在花了许多时间选出选区后，一般要用它建立新的图层，或者复制到新的通道中进行保存或者编辑。复制通道时，首先要选中该通道，然后执行调板打开菜单的复制通道选项，这时会弹出如图 19-49 所示的对话框。

图 19-49

- 为：在这个框内可以对复制的通道进行命名。取个好记的名字以便以后用到的时候加以区别。
- 文档：这个选项表示通道复制的目的地，一般有三个选择，而且它只能显示与当前文件的分辨率和尺寸相同的图像。新建的图像文档成了其中的一个，即通道被复制到一个新建的文档中。
- 反相：复制后通道的颜色会变得与原来的色相相反。例如，原来是黑的现在就是白色。

提示

　　最后讲一讲实际运用过程中的技巧。复制通道时，也可以直接拖动通道到图标上；删除通道时，只需将通道直接拖到图标上就可以了。当然，也可能选择在调板的打开菜单中执行删除通道选项。有一点要注意的是，不需要的通道尽量删除，这样可以节省磁盘空间。

　　在删除某通道时，选择弹出菜单中的删除通道选项，可直接将要删除的通道拖曳到图标上，即可将通道删除。

3. 新建专色通道

专色通道是一种特殊的混合油墨，用它来替代或者附加到图像颜色油墨中。每一个专色通道都有属于自己的印版，在对一张含有专色通道的图像进行打印输出时，专色通道将会作为一个单独的页被打印出来。

新建专色通道时，从调板的下拉菜单中选择新建专色通道选项，或者按住键并单击图标，则打开如图 19-50 所示的对话框，设定后单击确定即可。

图 19-50

- 命名：在这个文本框内，可以给新建的专色通道命名。默认的情况下将自动命名为专色 1、专色 2 等，依次类推。
- 颜色：设定专色通道的颜色。
- 密度：设定专色通道的颜色密度，其范围是在 0～100% 之间。这个选项的功能对实际的打印效果没有影响，只是在编辑图像时可以模拟打印的效果。

19

4. 合并专色通道

合并专色通道指的是将专色通道中颜色信息混合到其他各个原色通道中。它会对图像在整体上施加一种颜色。

5. 通道选项

这个选项只对 Alpha 通道和专色通道可操作。其具体的用法在前面的章节中已经介绍过了，这里就不再重复。

6. 分离通道

图 19-51 所示是分离通道前后的界面。在执行分离通道后，会得到三个通道，它们都是灰色的。分离通道后，主通道自动消失，例如 RGB 模式的图像分离通道后只得到 R、G、B 三个通道。分离后的通道相互独立，被置于不同的文档窗口中，但是它们共存于一个文档，可以分别进行修改和编辑。在制作出满意的效果之后，可以再将通道合并。

图 19-51

7. 合并通道

在完成对各个原色通道的编辑之后，将会执行合并通道。在执行该命令时，将会弹出如图 19-52 所示的对话框。

合并通道的模式共有四种，分别是 RGB 色彩模式、CMYK 色彩模式、Lab 色彩模式和多通道模式。模式的选择主要由图像的模式决定，如果

图 19-52

在图像中加入新的通道，一般采用多通道模式。"通道"选框决定参加合并的通道的数目。通道数目也是图像的性质决定的。在设定各个参数之后，单击确定。

单击对话框中的模式按钮，可以重新选择模式。在多通道模式中应单击下一步按钮，直到将所有的通道都合并进去，再单击确定。在各个原色通道的选框内，可以改变通道在调板中的相对位置，但是一个通道只能有单一的一种颜色，不能由两种不同的颜色混合而成。改变颜色通道的相对位置有时会得到一些奇奇怪怪的图像，看起来有点梦幻的效果，用户可以在实践中不断摸索。完成通道的合并之后，没有参加合并的通道会自动回到文档之中。

在这里有一点需要注意，分离后的通道由于在不同的文档窗口中，所以不能通过历史记录将它们还原到原来的文档，只能通过调板下拉菜单的合并通道回到原来的文档。

8. 面板选项

在调板选项下拉菜单中选择面板选项，则会打开如图 19-53 所示的对话框，从图中可以知道通道的小缩略图是黑色的。

9. 关闭/关闭选项卡组

关闭就是退出通道面板，而关闭选项卡组就是将所有选项卡关闭。

图 19-53

操作点拨 如何利用通道面板

01 打开素材文件，如图 19-54 所示。选择通道面板，将"黄色"通道复制"黄色副本"通道，如图 19-55 所示。按 Ctrl+M 键调整曲线命令，设置曲线对话框如图 19-56 所示，得到图像效果如图 19-57 所示。

图 19-54

图 19-55

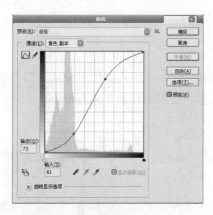

图 19-56

图 19-57

02 设置前景色为黑色，选择 ✐ 画笔工具，参照如图 19-58 所示修饰图像，使用 ✎ 魔棒工具参照如图 19-59 所示绘制选区。

图 19-58

图 19-59

03 选择图层面板如图 19-60 所示，打开素材文件，如图 19-61 所示。选择 ⊹ 移动工具将人物图像拖入该背景素材中，参照如图 19-62 所示调整摆放位置。

图 19-60

图 19-61

图 19-62

19.7 路径调板介绍

路径调板可以说是集编辑路径和渲染路径功能于一身。用户可以完成从路径到选区和由选区到路径的转换，还可以对路径施加一些效果，使得路径看起来显得不那么单调。从窗口菜单中打开如图 19-63 所示的路径调板。

下面来介绍一下各选项的含义：

A. 路径的缩略图，可以通过右上角的下拉菜单来改变它的显示模式。

B. 路径的名称，这是一个路径。后面的内容会谈到工作路径和路径之间的区别以及它们之间的转换。

C. 用前景色描边路径。

D. 用前景色填充路径。

E. 将路径转换为选区。

F. 从选区建立工作路径。

G. 单击它可以打开路径调板的下拉菜单。

H. 建立新的路径，在选中一个工作路径的情况下单击则是将工作路径转换为路径，而在选中一个路径的情况下单击则是复制路径。

I. 删除路径或者工作路径。

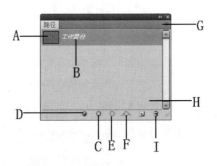
图 19-63

19.7.1 路径调板的下拉菜单

单击路径调板右上角的小三角形，就会弹出如图 19-64 所示的下拉菜单。

图 19-64

19.7.2　新建路径

操作点拨　　如何新建路径

新建路径的方法比较多，而且它们各有各自的用途，现在列出常见的几种：

用选取工具或其他工具在工作界面上选出一块区域后，单击路径调板上的 ◻ 图标即可得到一个工作路径，注意是工作路径，将工作路径转换为路径的方法很简单，只要将工作路径拖到 ◻ 图标上即可，这时路径的名称自动变成路径 1。

打开一幅图片如图 19-65 所示，单击 ◻ 图标，新建一个路径，可能看到如图 19-66 所示的调板上看不到路径的形状。现在选择工具箱中的 ◢ 自定义形状工具，选择其中的形状，在图像上拉出如图 19-67 所示的范围，此时的路径调板如图 19-68 所示。

图 19-65

图 19-66

图 19-67

图 19-68

在打开菜单中单击新建路径也可以创建一个路径，这时会打开一个如图 19-69 所示的对话框，在这个对话框内，可以设定路径的名称，不过这个路径是"空"的，即需要在上面用钢笔工具或其他形状工具绘制自己需要的路径形状。

图 19-69

在按住 Alt 键的同时单击 ◻ 图标，则同样会弹出如图 19-69 所示的对话框，从而建立一个新的路径。关于路径的命名问题，这里有一个小技巧，双击路径的缩略图，则可以对路径进行重新命名。

19.7.3　保存路径

如果将图像存成*.psd 格式，Photoshop 会自动将路径也保存下来，这样可以在下一次编辑的时候重新调出来。因为要做出一个比较精美的路径，往往需要很长的时间，一般不可能一次完成，所以很有必要进行保存，这是在学习 Photoshop 中经常要注意的问题，一不小心就可能前功尽弃！反过来，如果存储为其他格式，那么下次打开图像，图像将不再包含路径，即在存储时自动丢失！

如果当前编辑的为工作路径，选择下拉菜单中保存路径，则将弹出如图 19-70 所示的对话框，可以对将要保存的路径进行命名。

图 19-70

19.7.4 复制路径

对于一些已经进行精心制作的路径，有必要对它进行备份，以免遇到异常情况。执行菜单中的复制路径选项，将弹出如图 19-71 所示的对话框，同样可以对它进行命名。或者直接将路径拖到图标上，就会自动复制出一个新的路径。还有一个比较常用的方法是可以利用它在不同的图像之间进行拷贝，即选择钢笔移动工具，将图像中的路径拖到另一个图像当中，就会在该图像中产生一个相同的路径。

图 19-71

19.7.5 删除路径

虽然路径看起来很简单，但保存和运行它都需要不小的内存，为机器的运转速度考虑，应该尽量删除不必要的路径，以节省空间。在删除路径时，可以在激活某路径的情况下单击下拉菜单的删除路径选项，或者单击路径调板中的 图标，也可以直接将该路径拖到该 图标上。

19.7.6 建立工作路径

在用有关的选取工具选定一个区域之后，这个选项才是可用的。单击该选项则会弹出如图 19-72 所示的对话框。

图 19-72

19.7.7 建立选区

这个选项的功能和建立选区的功能相反，建立工作路径是将选区转换为路径，建立选区则是将路径用选区表示出来，而路径仍旧保持。只要单击菜单上的建立选区选项，或者单击路径调板上的图标 ○，会弹出如图 19-73 所示的对话框，在设定参数之后，就可以得到和路径相应的选区了。这也就是用路径进行准确选择的过程。

下面对图 19-73 的对话框加以解释，用户可以根据需要或者习惯设置该对话框：

渲染介绍如下：

● 羽化半径：羽化的半径。

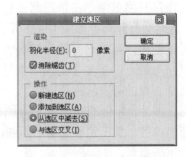

图 19-73

● 消除锯齿：消除锯齿。

操作介绍如下：

● 新建选区：建立新选区，就是在图像中由路径建立一个新的选区。

● 添加到选区：即原来已经有一个选区，现在只是将路径的选区添加到原来的选区中。

● 从选区中减去：即原来的选区减去路径生成的选区得到一个新的选区。

● 与选区交叉：即路径得到的选区与原来的选区相互交叉，互相不影响。

操作点拨　　如何利用建立选区进行选取

01　打开一幅图片如图 19-74 所示，假设要把图像右下角的红色的水果选出来。

02　首先用多边形套索工具 ，为水果建立一个近似的选区，如图 19-75 所示。

03　然后将这个选区转换为一条路径，利用路径的调整工具，对路径进行调整（调整的方法在学习工具的时候已经介绍过），直到路径吻合将要选取的对象。

图 19-74

图 19-75

04　在得到如图 19-76 所示的路径之后，将路径转换为一个选区，就将物体选出来了，如图 19-77 所示。

图 19-76

图 19-77

19.7.8　填充路径

使用路径除了用来精确做一个选区之外，还有许多其他的功能，绘画就是其中的一个，用路径可以做出一些简单的卡通画，然后用 Photoshop 丰富渲染工具（滤镜）对它们进行一些变化，就会得到一些精美的图像。在这中间，免不了要对路径进行填充，下面就介绍一下路径的填充。

19

首先在一幅图像中打开一个路径，然后单击路径调板下拉菜单中的填充路径选项，出现如图 19-78 所示的对话框。

内容：内容单元。

- 使用：下拉的模式，用以填充的可以是颜色，也可以是图案和一些历史画笔。其下拉菜单如图 19-79 所示。

混合：混合单元。

- 模式：可以选择的模式和在图层调板中提到的一样，如图 19-80 所示。

| 图 19-78 | 图 19-79 | 图 19-80 |

- 不透明度：要使填充更透明，使用较低的百分比。如果用 100%的设置可使填充不透明。
- 保留透明区域：选中该复选框可以使图像的透明区域被保护起来，将填充限制为包含像素的图层区域。

渲染：渲染单元。

- 羽化半径：它的变化范围在 0～250 之间，羽化值的大小表示边缘在选区边框内外能够扩大到多远。
- 消除锯齿：通过部分填充选区的边缘像素，在选区中的像素与周围像素之间进行比较精细的过渡。

19.7.9　描边路径

使用该命令同时配合画笔工具进行画笔描边路径。

19.7.10　剪切路径

这个部分的内容在前面的章节中已经涉及了，这里不再重复。

19.7.11　面板选项

这个选项是用来调整路径调板上缩略图的显示模式，打开面板选项，弹出对话框如图19-81所示。

图 19-81

本章小结

本章主要介绍了图层、通道、路径调板的使用，通过本章的学习，学会了如何建立一个新的图层、通道、路径，并对其做一定的处理，重点放在图层样式的使用。

通道组成的图像，不同模式的图像通道的数量是不一样的，而且通道的数量也决定着图像的大小，通道的数量越多，占用的内存就越大。不同的通道代表的图像的色彩信息也是不一样的。

使用通道时，要在理论的指导下认真进行练习，学过其他软件的用户都知道，实践是学习软件的最佳途径。有些知识是无法通过书籍得到的，从实践中获得的知识总是最牢固的。

这里有必要提醒一下，路径的使用不仅可以用来建立路径、配合路径的填充和描边等其他选项工具，还可以创作出许许多多的奇妙效果。本章例子所使用的操作只是强大的路径调板中的一小部分。

19

第 20 章

网页、动画与视频

◉ **本章重点** ◀◀

- 了解切片工具和切片选择工具的使用方法
- 学习切片的创建与编辑方法
- 了解图像的优化格式
- 了解帧模式和时间轴模式状态下的"动画"调板
- 学习制作动画
- 了解视频图层
- 学习编辑视频文件

20.1　网页

　　使用 Photoshop 的 Web 工具，可以轻松地构建网页的组件，或者按照预设或自定格式输出完整网页。我们下面来介绍 Photoshop 中与网页有关的知识。

20.1.1　切片类型

　　在制作网页时，通常要对网页进行分割，即制作切片，通过优化切片可以对分割的图像进行不同程度的压缩，以便减少图像的下载时间，另外还可以为切片制作动画，连接到 URL 地址，或者使用它们制作反转按钮。

　　使用切片工具创建的切片称作用户切片，通过图层创建的切片称作基于图层的切片，创建新的用户切片或基于图层切片时，将会生成附加的自动切片占据图像的其余区域，自动切片可填充图案中用户切片或基于图层的切片未定义的空间。每次添加或编辑用户切片或基于图层切片时，都会生成自动切片。用户切片和基于图层的切片由实线定义，而自动切片则基于虚线定义，如图 20-1 所示。

图 20-1

20.1.2 切片工具

操作点拨 使用切片工具制作切片

`01` 打开一个文件如图 20-2 所示。

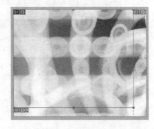

图 20-2 　　　　　　　　 图 20-3 　　　　　　　　 图 20-4

`02` 选择 ✂ 切片工具，在工具选项栏的"样式"下拉列表选择"正常"选项，在要创建切片的区域上单击并拖出一个矩形框，放开鼠标可创建一个用户切片，用户切片以外的部分将生成自动切片，如图 20-3、图 20-4 所示。

提示 　在制作切片时，按住 Shift 键拖动鼠标可以创建正方形切片，按住 Alt 键拖动鼠标可从中心向外创建切片。

操作点拨 基于参考线制作切片

`01` 打开一个文件如图 20-5 所示，按 Ctrl+R 键，在画面中显示标尺如图 20-6 所示。

图 20-5 　　　　　　　　　　　　　　　 图 20-6

`02` 将光标移至水平标尺上，单击并拖曳出一条水平参考线，如图 20-7 所示，在垂直标尺上拖曳出一条垂直参考线，如图 20-8 所示，继续创建参考线，如图 20-9 所示。

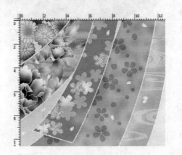

图 20-7 　　　　　　　　　　　　　　　 图 20-8

20

03 选择切片工具，单击工具栏选项栏中的"基于参考线的切片"，可基于参考线创建切片，
如图 20-10 所示。

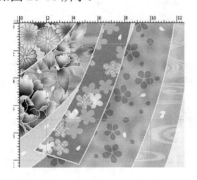
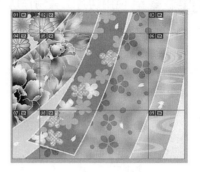

图 20-9　　　　　　　　　　　　　　　　　图 20-10

操作点拨 　基于图层制作切片

01 打开一个文件如图 20-11 所示。

02 在"图层"调板中选中图层 1，如图 20-12 所示，执行"图层"→"新建基于图层切片"
命令，可基于图层创建切片。如图 20-13 所示。

图 20-11　　　　　　　　　　　　　　　　　图 20-12

03 移动图层或编辑图层内容时，切片区域将自动调整，如图 20-14 所示。

图 20-13　　　　　　　　　　　　　　　　　图 20-14

20.1.3　选择切片

使用 "切片选择工具"单击切片，可以选择切片，如图 20-15 所示，按住 Shift 键单击
则可以添加选择其他切片，如图 20-16 所示。

图 20-15   图 20-16

20.1.4 移动切片

选择切片，拖动鼠标可以移动切片。按 Shift 键可以将移动限制鼠标在垂直、水平成 45°对角线方向上，如果按 Alt 键拖动，则可以复制切片。

20.1.5 调整切片大小

选择切片后，将光标移至切片定界框的控制点上，单击并拖动鼠标可以调整切片的大小，如图 20-17、图 20-18 所示。

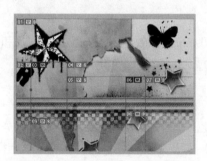

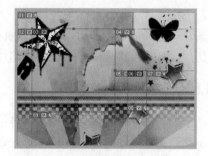

图 20-17   图 20-18

20.1.6 划分切片

使用 ▱ 切片选择工具，选择切片后单击工具选项栏中的 划分... 按钮，可以打开"划分切片"对话框，如图 20-19 所示，在对话框中可以设置沿水平方向、垂直方向或沿这两个方向划分切片。

- 水平划分：勾选该选项后，可在长度方向上划分切片，可以通过两种方法进行划分，选择"纵向切片，均匀分隔"后，可以在数值栏中输入切片的划分数目，选择"像素/切片"后，可输入一个数值，以便使用指定数目的像素创建切片，如果按该像素数目无法平均的划分切片，则会将剩余部分划分为另一个切片。

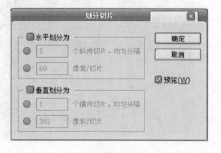

图 20-19

- 垂直划分：勾选该项后，可宽度方向上划分切片，它包含"个横向切片，均匀分割"选项。
- 预览：勾选该选项，可在画面中预览切片的划分结果。

20.1.7 组合切片和删除切片

1. 组合切片

使用切片工具选择两个或多个切片后，单击鼠标右键，在打开的下拉菜单中选择"组合切片"命令，可以将选择的切片组合为一个切片，如图 20-20、图 20-21 所示。

图 20-20　　　　　　　　　　　　　　　　图 20-21

2. 删除切片

选择一个或多个切片后，按下 Delete 键可删除切片。如果要删除所有用户的切片和基于图层切片，可执行"视图"→"删除切片"命令进行删除。

20.1.8 转换为用户切片

基于图层的切片与图层的像素内容相关联，因此，在对切片进行移动、组合、划分、调整大小和对齐等操作时，唯一方法是编辑相应的图层。如果想要使用切片工具完成以上操作，则需要将这样的切片转换成用户切片。

图像的所有自动切片都连接在一起并共享相同的优化设置，如果要为自动切片设置不同的优化设置，也必须将其提升为用户切片。

使用切片选择工具选择一个或多个要转换的切片，如图 20-22 所示，单击工具选项栏中的提升按钮，可将其转换为用户切片，如图 20-23 所示。

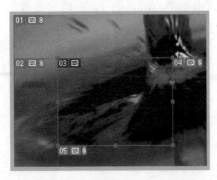

图 20-22　　　　　　　　　　　　　　　　图 20-23

20.1.9　存储为 Web 格式

切片制作完成后，需要使用"存储为 Web 和设置所用格式"对话框中的优化功能对其进行优化和输出。执行"文件"→"存储为 Web 和设备所用格式"命令，可以打开如图 20-24 所示的对话框。

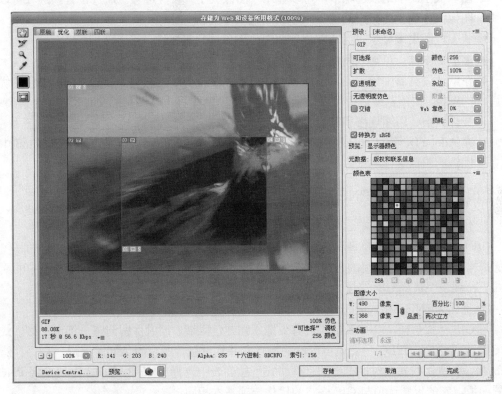

图 20-24

- **原稿**：单击该标签，窗口中显示没有优化的图像。
- **优化**：单击该标签，窗口中显示应用了当前优化设置的图像。
- **双联**：单击该标签，窗口中会并排显示图像的两个版本，分别是优化前和优化后的图像。
- **四联**：单击该标签，窗口中会并排显示图像的四个版本，即一个没有优化的图像和三个优化后的图像。这三个优化后的图像可以进行不同的优化设置，通过对比可以选择最佳的优化方案。
- **抓手工具**：放大窗口的显示比例后，可使用该工具在窗口内移动查看图像。
- **切片选择工具**：当图像包含多个切片时可以使用该工具选择窗口中的切片，以便对其进行优化。
- **吸管工具**：使用该工具在图像上单击，可拾取单击点的颜色。
- **切换切片可视性**：用来显示或隐藏切片的定界。
- **"预览"弹出菜单**：可在打开的下拉菜单中选择下载图像时调制解调器的传输速率。
- **"优化"弹出菜单**：可在打开的下拉菜单中选择存储设置、连接切片、编辑输出等命令。

- "颜色表"弹出菜单：可在打开的下拉菜单中选择新建颜色、删除颜色以及对颜色进行排序等操作。
- 颜色表：将图像优化为 GIF\PNG-8\WBMP 格式时，可以在"颜色表"中对图像的颜色进行优化设置。
- 图像大小：单击该选项卡，可以显示"图像大小"设置选项。通过设置该选项可以将图像大小调整为指定的像素尺寸或原稿大小的百分比。
- 状态栏：用来显示光标所在位置图像的颜色信息等属性。
- 缩放文本框：可输入图像显示比例的百分数值。
- 在默认浏览器中预览：单击该按钮，可在系统上安装的任何 Web 浏览器中预览优化的图像。在预览窗口中可以显示图像的题注，其中列出了图像的文件类型、像素尺寸、文件大小、压缩规格和其他 Html 信息。
- 在 Adobe Device Central 中测试：单击该按钮，可以切换到 Adobe Device Central 中对优化的图像进行测试。

20.1.10 优化 GIF 与 PNG-8 格式

1. 优化为GIF格式

GIF 是用于压缩具有单调颜色和清晰细节的图像（如艺术线条、徽标或带文字的插图）的标准格式，它是一种无损的压缩格式。在"存储为 Web 和设备所用格式"对话框中的文件格式下拉列表中选择 GIF 选项，可切换到 GIF 设置版面。

2. 优化为PNG-8格式

与 GIF 格式一样，PNG-8 格式可有效地压缩纯色区域，同时保留清晰的细节。该格式具备 GIF 支持透明、JPEG 色彩范围广泛的特点，并且可包含所有的 Alpha 通道。在"存储为 Web 和设备所用格式"对话框中的文件格式下拉列表中选择 PNG-8 选项，可切换到 PNG-8 设置面板，它的设置选项与 GIF 格式的优化选项基本相同。

20.1.11 优化 JPEG 格式

JPEG 是用于压缩连续色调图像（如照片）的标准格式，将图像优化为 JPEG 格式采用的是有损压缩，它将有选择地扔掉数据。在 JPEG 选项中，可切换到 JPEG 设置面板。

20.1.12 优化 PNG-24 格式

PNG-24适合于压缩连续色调图像，但它所生成的文件比JPEG格式生成的文件要大得多。使用 PNG-24 的优点在于可在图像中保留多达 256 个透明级别，在"存储为 Web 和设备所用格式"对话框中的文件格式下拉列表中选择 PNG-24 选项，可切换到 PNG-24 设置版面。该格式的优化选项较少，设置方法可参阅优化为 GIF 格式的相应选项。

20.1.13 优化为 WBMP 格式

WBMP 格式是用于优化移动设置（如移动电话）图像的标准格式，WBMP 支持 1 位颜色，也就是说 WBMP 图像只包含黑色和白色像素。在"存储为 Web 和设备所用格式"对话框中的文件格式下拉列表中选择"WBMP"选项，可切换到 WBMP 设置版面。该格式的仿色算法和仿色可参阅优化为 GIF 格式的相应选项。

20.2　动画

　　动画是在一段时间内显示的一系列图像或帧，当每一帧都有轻微的变化时，连续、快速地显示这些帧就会产生运动或其他变化的视觉效果。下面就来学习如何在 Photoshop 中创建和编辑动画。

20.2.1　帧模式"动画"调板

　　执行"窗口"→"动画"命令，可以打开"动画"调板，如图 20-25 所示。在 Photoshop 中，动画以帧模式出现，并显示动画中的每个帧的缩览图。使用调板底部的工具可浏览各个帧，设置循环选项，添加和删除帧以及预览动画。

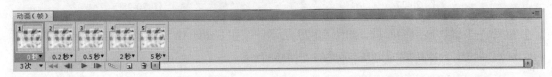

图 20-25

- 选择第一帧：单击该按钮，可自动选择序列中的第一个帧作为当前帧。
- 选择上一帧：单击该按钮，可选择当前帧的前一帧。
- 播放动画：单击该按钮，可在窗口中播放动画，再次单击可停止播放。
- 选择下一帧：单击该按钮，可选择当前帧的下一帧。
- 过渡动画帧：单击该按钮，可以打开"过渡"对话框，在对话框中可以在两个现有的帧之间添加一系列帧，并让新帧之间的图层属性均匀变化。
- 复制所在选帧：单击该按钮，可向调板中添加帧。
- 删除所在选帧：可删除所选的帧。

20.2.2　时间轴模式"动画"调板

　　单击"动画"调板中的转换为时间轴动画按钮，可将调板切换为时间轴模式状态，如图 20-26 所示，时间轴模式显示文档图层的帧持续时间和动画属性，使用调板底部的工具可浏览各个帧，放大或缩小时间显示，删除关键帧和预览视频。可以使用时间轴上自身的控件调整图层的帧持续时间，设置图层属性的关键帧并将视频的某一部分指定为工作区域。

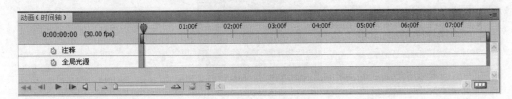

图 20-26

提　示　　在时间轴模式中，动画调板将显示 Photoshop Extended 文档中的每个图层（除背景图层之外），并与图层调板同步。只要添加、删除、重命名、分组、复制图层或为图层分配颜色，就会在两个调板中更新所做的更改。

20

操作点拨 制作蝴蝶飞舞动画

01 打开一个文件，如图 20-27 所示，在图层面板中将"图层 1"拖至 ⬚ 创建新图层按钮上，复制该图层，如图 20-28 所示。

图 20-27

图 20-28

02 按 Ctrl+T 键，显示定界框，如图 20-29 所示，按住 Shift+Alt 键拖动中间的控制点，将蝴蝶中间压缩，如图 20-30 所示，按下回车键确认。

图 20-29

图 20-30

03 打开动画面板，将调板设置为帧模式状态，在帧延迟时间下拉列表中选择 1.1s，如图 20-31 所示，在"图层"调板中隐藏"图层 1 副本"，如图 20-32 所示，单击"动画"调板中复制所选帧按钮 ⬚，添加一个动画帧，如图 20-33 所示。

图 20-31

图 20-32

图 20-33

04 在图层调板中隐藏图层 1，将图层 1 副本显示出来，如图 20-34 所示。单击动画调板中的过渡动画帧按钮 ，打开"过渡"对话框，如图 20-35 所示。关闭对话框，可在两个动画帧之间添加过渡帧，如图 20-36 所示。

图 20-34

图 20-35

图 20-36

05 单击动画调板中的复制所选帧按钮 ，添加一个动画帧，如图 20-37 所示，在图层调板中隐藏图层 1 副本，将图层 1 显示出来，如图 20-38 所示。

06 单击动画调板中过渡动画帧按钮 ，打开"过渡"对话框，如图 20-39 所示，可在 5 和 6 帧之间添加过渡帧，如图 20-40 所示。

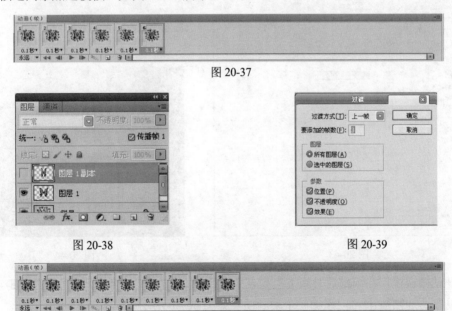

图 20-37

图 20-38

图 20-39

图 20-40

07 单击删除所选帧按钮，在打开的对话框中单击"是"按钮。删除最后一帧，如图 20-41 所示。删除最后一帧可以创建平滑的过渡效果，蝴蝶翅膀扇动时不会显得过于生硬。单击播放动画按钮 ，播放动画，画面中的蝴蝶会扇动翅膀，再次单击该按钮停止播放动画。

20

图 20-41

操作点拨 制作图层样式动画

01 打开一个文件如图 20-42 所示。

图 20-42

02 双击图层 1，打开"图层样式"对话框，切换到"外发光"设置对话框，如图 20-43 所示，单击确定按钮，得到图像效果如图 20-44 所示。

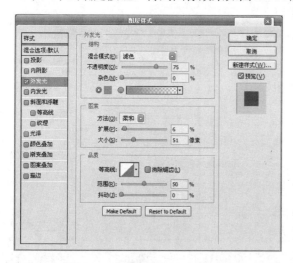

图 20-43

图 20-44

03 打开动画调板，在帧延迟时间下拉列表中选择 0.1s，如图 20-45 所示，单击动画调板中的复制所选帧按钮 ⅃，添加一个动画帧，如图 20-46 所示。

图 20-45

图 20-46

04　在图层调板中双击图层 1 的外发光效果，在打开的对话框中修改发光参数，如图 20-47 所示，切换到"渐变叠加"设置面积，设置参数如图 20-48 所示。

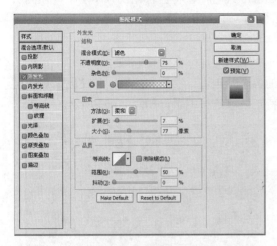

图 20-47

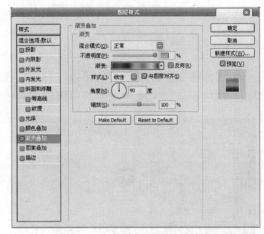

图 20-48

05　单击确定按钮关闭对话框，图像效果如图 20-49 所示。

06　单击动画调板中过渡动画帧按钮 ▒，打开"过渡"对话框，在调板中添加过渡帧，如图 20-50、图 20-51 所示。

图 20-49

图 20-50

图 20-51

07　单击播放动画按钮 ▶，播放动画，画面中的水晶按钮会变换颜色并向外发光。

提示　按下空格键可以播放或暂停动画。

20

20.3 视频

Photoshop CS5 新增的视频图层功能使得 Photoshop Extended 可以编辑视频的各个帧和图像序列文件。除了使用任一 Photoshop 工具在视频上进行编辑和绘画之外，还可以应用滤镜、蒙版、变换、图层样式和混合模式。

在 Photoshop Extended 中打开视频文件或图像序列时，帧将包含在视频图层中，在图层调板中，用连环缩览幻灯胶片图标标识视频图层，如图 20-52 所示。

20.3.1 视频图层

使用画笔工具和图章工具可以在视频文件的各个帧上进行绘制和仿制，与使用常规图层类似，可以创建选区或应用蒙版以限定对帧的特定区域进行编辑，如图 20-53 所示。

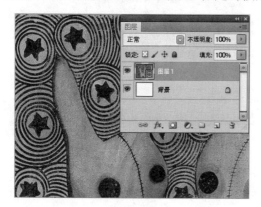

图 20-52   图 20-53

通过调整图层混合模式、不透明度、位置和图层样式，可以像使用常规图层一样使用视频图层，也可以在图层调板中作为视频图层分组，或者将颜色和色调调整应用于视频图层。视频图层参照的是原始文件，因此，对视频图层进行的编辑不会改变原始视频或图像序列文件。

20.3.2 创建视频图层

在 Photoshop Extended 中，可以通过三种方式打开或者创建视频图层。

- 打开视频文件：执行"文件"→"打开"命令，选择一个视频文件打开，然后单击打开按钮，视频将出现在新文档的视频图层上。
- 导入视频文件：执行"图层"→"视频图层/从文件新建视频图层"命令，可以将视频导入打开的文档中。
- 新建视频文件：执行"图层"→"视频文件/新建空白视频图层"命令，可以新建一个空白的视频图层。

提 示
> 在 Photoshop Extended 中，可以打开多种 Quick Time 视频格式文件，包括 MPEG-1/MPEG-4/MOV/AVI，如果计算机上安装了 Adobe Flash 8，则可支持 Quick Time 的 FLV 格式，如果安装了 MPEG-2 编码器，则可支持 MPEG-2 格式。

20.3.3 在视频图层中恢复帧

如果要放弃对帧视频图层和空白视频图层所做的编辑，可在动画调板中选择视频图层，然后将当前时间指示器移动特定的视频帧上，执行"图层"→"视频图层/恢复帧"命令，可恢复特定的帧。

如果要恢复视频图层或空白图层中的所有帧，可以执行"图层"→"视频图层/恢复所有帧"命令。

20.3.4 在视频图层中替换素材

Photoshop Extended 会保持原视频文件和视频图层之间的连接，即使在 Photoshop 外部修改或移动视频素材也是如此。如果由于某些原因，导致视频图层和引用的原文件之间的链接损坏，例如移动、重命名或删除视频原文件，将会中断此文件与视频图层之间链接，并且图层调板中的该图层上会出现一个警告图标。

出现这种情况时，可在动画或图层调板中，选择要重新链接原文件或替换内容的视频图层，执行"图层"→"视频图层/替换素材"命令，在"替换素材"对话框中，选择视频或图像序列文件，然后单击打开按钮，重新建立视频图层到原文件的链接。

> 提示　替换素材命令还可以将视频图层中的视频或图像序列帧替换为不同的视频或图像序列中的帧。

20.3.5 解释视频素材

在动画调板或图层调板中，选择视频图层后，执行"图层/视频图层"→"解释素材"命令，可以打开"解释素材"对话框，如图 20-54 所示，在对话框中可以指定 Photoshop Extended 如何解释已打开或导入的视频的 Alpha 通道和帧速率。

图 20-54

- Alpha 通道：当视频素材包括 Alpha 通道时，该选项可用。通过该选项可以指定解释视频图层中的 Alpha 通道的方式，选择忽略，表示忽略视频中的 Alpha 通道。选择直接-无杂边，表示将 Alpha 通道解释为直接 Alpha 通道，如果用于创建视频的应用程序不会对 Alpha 通道预先进行正片叠底，可以选择该选项。选择预先正片叠底-杂边，表示将 Alpha 通道解释为用黑色、白色或彩色预先进行正片叠底。必要时可以单击"解释素材"对话框中的色块，打开"拾色器"以指定杂边颜色。

- 帧速率：可输入帧速率，以指定每秒播放的视频帧数。

- 颜色配置文件：在该选项的下拉列表中可以选择一个配置文件，以对视频图层中的帧或图像进行色彩管理。

20

20.3.6　保存视频文件

编辑视频图层后，可以将文档存储为 psd 文件，该文件可以在其他类似于 Premiere Pro 和 After Effects 这样的 Adobe 应用程序中播放，或在其他应用程序中作为静态文件访问，也可以将文档作为 Quick Time 影片或图像序列进行渲染。

20.3.7　导出视频预览

如果将显示设备（例如视频显示器）通过 Fire Wire 连接到计算机，可打开一个文档，然后执行"文件"→"导出"→"视频预览"命令，在打开的"视频预览"对话框中设置选项，将文件导出到设备显示，从而在视频显示器上预览文档。

20.3.8　渲染视频

执行"文件"→"导出"→"渲染视频"命令，可以将视频导出为 Quick Time 影片，在 Photoshop Extended 中，还可以将时间轴动画与视频图层一起导出。

20.3.9　将视频预览发送到设备

如果想要在视频设备上查看文档，但不想设置输出选项，可执行"文件"→"导出"→"将视频预览发送到设备"进行操作。

本章小结

了解切片工具可以轻松地构建网页的组件，或者按照预设或自定义格式输出完整网页。而动画是在一段时间内显示的一系列图像或帧，当每一帧都有轻微的变化时，连续、快速地显示这些帧就会产生运动或其他变化的视觉效果。编辑视频的各个帧和图像文件时除编辑和绘画外，还可以应用滤镜、蒙版、变换、图层样式和混合模式。

第 21 章

实 例 综 合 应 用

┌───┐
⊙ **本章重点** ◄◄

- 复习 Photoshop CS5 内置滤镜的使用方法
- 掌握实例中的各种特殊技巧
- 能熟练运用路径工具绘制图形
└───┘

21.1 照片处理

21.1.1 调整高反差

01 打开素材文件，如图 21-1 所示。按 Ctrl+J 键复制"背景副本"图层，如图 21-2 所示。按 Ctrl+L 键调整色阶命令，设置色阶对话框如图 21-3 所示。得到图像效果如图 21-4 所示。

图 21-1

图 21-2

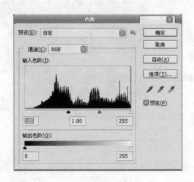

图 21-3

图 21-4

02 选择通道面板，将绿通道复制绿副本通道，如图 21-5 所示，按 Ctrl+M 键调整曲线命令，
设置曲线对话框如图 21-6 所示。选择 魔棒工具参照如图 21-7 所示绘制选区。

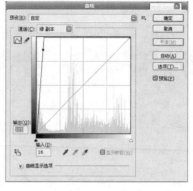

图 21-5   图 21-6   图 21-7

03 选择图层面板将背景图层复制背景副本图层，如图 21-8 所示，单击图层面板下方 添
加图层蒙版按钮，为该图层添加图层蒙版，如图 21-9 所示。得到图像最终效果如图 21-10
所示。

图 21-8   图 21-9   图 21-10

21.1.2   调整照片中的色调

01 打开素材文件，如图 21-11 所示。按 Ctrl+L 键调整色阶命令，设置色阶对话框如图 21-12
所示。得到图像效果如图 21-13 所示。

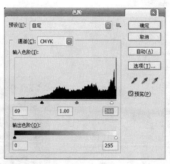

图 21-11   图 21-12   图 21-13

02 按 Ctrl+U 键调整色相饱和度命令，设置色相饱和度对话框如图 21-14 所示，得到图像最
终效果如图 21-15 所示。

图 21-14

图 21-15

21.1.3　调整阴天拍摄的照片

　　打开素材文件，如图 21-16 所示。按 Ctrl+L 键调整色阶命令，设置色阶对话框如图 21-17 所示，得到图像效果如图 21-18 所示，按 Ctrl+M 键调整曲线命令，设置曲线对话框如图 21-19 所示，得到图像最终效果如图 21-20 所示。

图 21-16

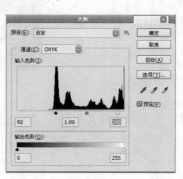

图 21-17

图 21-18

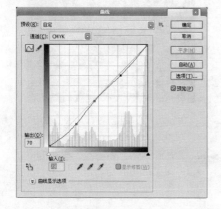

图 21-19

图 21-20

21.1.4　补救有阴影的照片

01 打开素材文件，如图 21-21 所示。选择 钢笔工具，参照如图 21-22 所示绘制路径，创建选区。

图 21-21

图 21-22

02 按 Ctrl+L 键调整色阶命令，设置色阶对话框如图 21-23 所示。得到图像效果如图 21-24 所示。

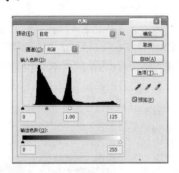

图 21-23

图 21-24

03 按 Ctrl+M 键调整曲线命令，设置曲线对话框如图 21-25 所示。使用 ▲ 仿制图章工具设置属性栏如图 21-26 所示，参照如图 21-27 所示修饰图像。

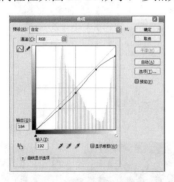

图 21-25

图 21-27

图 21-26

21.1.5　为跑车添加颜色

打开素材文件，如图 21-28 所示。选择 ▲ 钢笔工具参照如图 21-29 所示绘制路径，创建选区。按 Ctrl+U 键调整色相饱和度命令，设置色相饱和度对话框如图 21-30 所示。得到图像最终效果如图 21-31 所示。

图 21-28

图 21-29

图 21-30

图 21-31

21.1.6　制作冰冻艺术效果

01 打开素材文件，如图 21-32 所示。选择通道面并新建通道"Alpha1"，如图 21-33 所示，选择菜单栏滤镜/渲染/云彩命令，得到图像效果如图 21-34 所示。

图 21-32

图 21-33

图 21-34

02 执行"滤镜"→"艺术效果"→"调色刀"命令，设置对话框如图 21-35 所示，得到图像效果如图 21-36 所示，选择菜单栏"滤镜/艺术效果/海报边缘"命令，设置对话框如图 21-37 所示，按 Ctrl 键单击通道"Alpha1"缩览图载入选区，如图 21-38 所示。

21

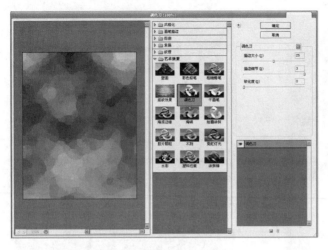

图 21-35

图 21-36

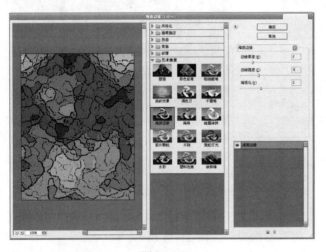

图 21-37

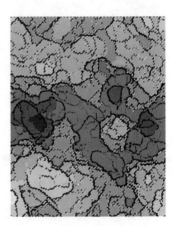

图 21-38

03 选择图层面板并新建图层 1，如图 21-39 所示。设置前景色为"白色"，填充前景色如图 21-40 所示。

图 21-39

图 21-40

04 选择 🖊 橡皮擦工具设置属性栏如图 21-41 所示，参照如图 21-42 所示修饰图像。

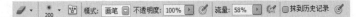

图 21-41   图 21-42

21.1.7　刀画-向日葵

01 打开素材文件，如图 21-43 所示。选择菜单栏"滤镜"→"画笔描边"→"成角的线条"命令，设置对话框如图 21-44 所示，得到图像效果如图 21-45 所示。

02 选择菜单栏"滤镜"→"风格化"→"曝光过度"命令，得到图像效果如图 21-46 所示，执行"图像"→"调整"→"阴影高光"命令，设置对话框如图 21-47 所示，得到图像效果如图 21-48 所示。

图 21-43   图 21-44

图 21-45   图 21-46

图 21-47

图 21-48

21.1.8 为照片增加阳光光线纹理

01 打开素材文件，如图 21-49 所示。

02 进入通道调板，选择"蓝色通道"，如图 21-50 所示，按 Ctrl 键将通道载入选区，如图 21-51 所示。并拷贝，回到图层面板粘贴，得到图层 1，如图 21-52 所示。

图 21-49

图 21-50

图 21-51

图 21-52

03 选择"滤镜"→"模糊"→"径向模糊"命令，设置对话框数量为 100，模糊为缩放，品质为最好，如图 21-53 所示，效果如图 21-54 所示。

图 21-53

图 21-54

04 将图层 1 复制一层得到图层 1 副本，并将其混合模式改为线性减淡，如图 21-55 所示，效果如图 21-56 所示。

图 21-55

图 21-56

05 将图层 1 和图层 1 副本合并，得到图层 1 副本，如图 21-57 所示。效果如图 21-58 所示。

图 21-57

图 21-58

21

06 选择 1 图层 1 副本，按 ⬛ 添加图层面板按钮，如图 21-59 所示和图 21-60 所示。

07 选择 ✎ 画笔工具，其属性设置为画笔 300 像素，模式为正常，不透明度为 11%，流量为 100%，如图 21-61 所示。效果如图 21-62 所示。

图 21-59　　　　　　　　　图 21-60　　　　　　　　　图 21-62

图 21-61

21.1.9　为照片添加艺术效果纹理

01 新建文件，宽度为 13.41 厘米，高度为 16.62 厘米，分辨率为 300 像素，颜色模式为 RGB，如图 21-63 所示。

02 选择通道调板，新建通道"Alpha1"，如图 21-64 所示。选择工具箱中的"矩形选框"工具，绘制图形，在选区中填充白色，如图 21-65 所示。

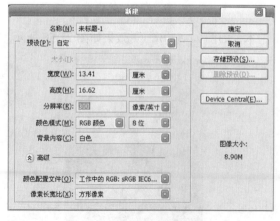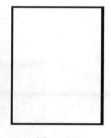

图 21-63　　　　　　　　　图 21-64　　　　　图 21-65

03 选择"滤镜"→"画笔描边"→"喷溅"命令，设置对话框喷色半径为 25，平滑度为 8，如图 21-66 所示，效果如图 21-67 所示。

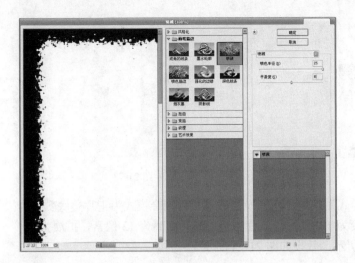

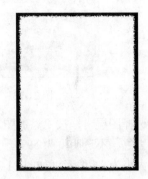

图 21-66　　　　　　　　　　　　　　　　　　图 21-67

04 选择"滤镜"→"模糊"→"高斯模糊"命令，设置对话框半径为 2 像素，如图 21-68 所示，效果如图 21-69 所示。

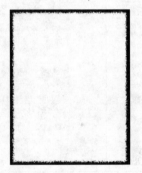

图 21-68　　　　　　　　　　　　　　　　　　图 21-69

05 选择"图像"→"调整"→"色阶"命令，设置对话框输入色阶值为 133、0.10、135，如图 21-70 所示，效果如图 21-71 所示。

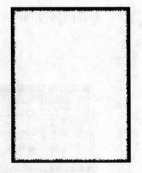

图 21-70　　　　　　　　　　　　　　　　　　图 21-71

06 选择颜色调板，RGB 值分别设置为 R：239、G：229、B：128，如图 21-72 所示，按 Ctrl 键，鼠标单击通道"Alpha1"载入选区，回到图层调板新建图层得到图层 1，填充颜色，如图 21-73 所示。

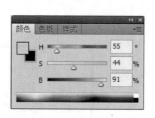

<table>
<tr><td>图 21-72</td><td>图 21-73</td></tr>
</table>

07 选择图层 1，按"添加图层样式"按钮，选择投影，设置为混合模式为正片叠底颜色为黑色，不透明度为 59%，角度为 120°，勾选使用全局光，距离为 12 像素，扩展为 0，大小为 16 像素，如图 21-74 所示，效果如图 21-75 所示。

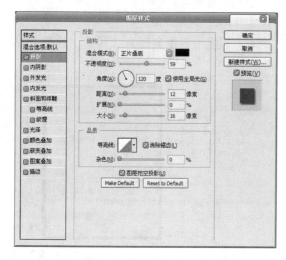

<table>
<tr><td>图 21-74</td><td>图 21-75</td></tr>
</table>

08 选择颜色调板，RGB 值分别设置为 R：173、G：141、B：26，如图 21-76 所示，选择画笔工具，属性设置为：画笔 300 像素，模式为正常，不透明度和流量为 100%，如图 21-77 所示，新建图层得到图层 2，用画笔在四周点画几笔，如图 21-78 所示。

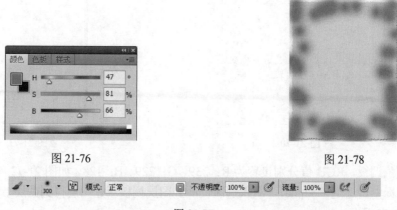

图 21-76　　　　　　　　　　　　　　图 21-78

图 21-77

09 选择图层 2，将混合模式改为"正片叠底"，不透明度为 30%，如图 21-79 所示，选择图层 2，单击鼠标右键弹出菜单选择创建剪贴蒙版，效果如图 21-80 所示。

图 21-79

图 21-80

10 新建图层得到图层 3，选择"滤镜"→"渲染"→"云彩"命令如图 21-81 所示。选择"滤镜"→"风格化"→"浮雕效果"命令，设置对话框角度为 120°，高度为 15 像素，数量为 204%，如图 21-82 所示，效果如图 21-83 所示。

图 21-81

图 21-82

图 21-83

11 选择图层 3 将混合模式改为"正片叠底"，不透明度为 63%，单击鼠标右键弹出菜单选择创建剪贴蒙版，如图 21-84 所示，效果如图 21-85 所示。

图 21-84

图 21-85

12 打开素材文件，如图 21-86 所示。选择"滤镜"→"艺术效果"→"调色刀"命令，设置对话框描边大小为 12，描边细节为 3，软化度为 0，如图 21-87 所示，效果如图 21-88 所示。将图像全选复制，回到文件，粘贴图像，得到图层 4，将混合模式改为"正片叠底"，不透明度为 70%，单击鼠标右键弹出菜单选择创建剪贴蒙版，如图 21-89 所示，效果如图 21-90 所示。

图 21-86

图 21-87

图 21-88

图 21-89

图 21-90

21.1.10　为照片制作动感纹理

01 打开素材文件，如图 21-91 所示。

02 选择多边形套索工具 ，圈选人物如图 21-92 所示。拷贝后粘贴得到图层 1，如图 21-93 所示。复制背景图层得到背景副本，如图 21-94 所示。

图 21-91

图 21-92

图 21-93

图 21-94

03 选择背景副本，选择"滤镜"→"模糊"→"径向模糊命令"设置对话框数量为 30，模糊方法为缩放，品质为最好，如图 21-95 所示，效果如图 21-96 所示。

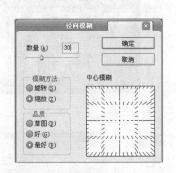

图 21-95

图 21-96

04 选择图层 1，按添加图层蒙版按钮，如图 21-97 所示。将前景色设置为黑色，选择画笔工具 ，调整好大小后，沿着人物图像边缘进行修饰，如图 21-98 所示，效果如图 21-99 所示。

图 21-97

图 21-98

图 21-99

21.2　特效字体

21.2.1　金属字体

01 按 Ctrl +N 键新建文件，设置为宽 8 厘米、高 5 厘米、分辨率 300 像素/英寸、颜色模式为 RGB、背景为白色。按确定按钮，如图 21-100 所示。

02 设置前景色为黑色，按 Alt+Delete 键进行填充，如图 21-101 所示，选择文字工具，设置字体大小为 54.54 点、消除锯齿方法为锐利、文本颜色为白色。如图 21-102 所示。输入字母 "WENXIN"，如图 21-103 所示。

图 21-100

图 21-101

图 21-103

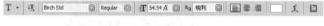

图 21-102

03 选择文字图层并复制，如图 21-104 所示，选择文字图层复本，单击图层调板中的添加图层样式按钮，选择渐变叠加混合模式设置为正常，不透明度设置为 100%，渐变颜色顺序从左向右设置为 "#F7EEAD、#C1AC51"，样式设置为对称的，勾选与图层对齐，角度设置为 90°，缩放设置为 100%，如图 21-105 所示。

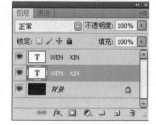

图 21-104

04 选择 "斜面和浮雕" 样式设置为内斜面，方法设置为雕刻清晰，深度设置为 123%，方向设置为上，大小设置为 84 像素，软化设置为 0 像素，角度设置为 120°，高度设置为 30°，勾选使用全局光，光泽等高线设置为环形（双环），高光模式设置为滤色，颜色设置为白色，不透明度设置为 75%，阴影模式设置为正片叠底，颜色设置为黑色，不透明度设置为 75%，如图 21-106 所示。

图 21-105

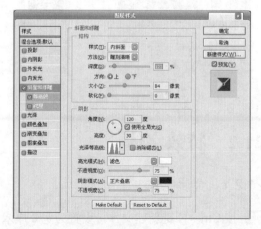

图 21-106

05 选择内发光混合模式设置为正片叠底，不透明度设置为 77%，杂色设置为 0%，颜色设置为"#e8801f"，方法设置为柔和，源设置为边缘，阻塞设置为 0%，大小设置为 13 像素，等高线设置为环形（双环），范围设置为 50%，抖动设置为 0%，如图 21-107 所示，点击确定。效果如图 21-108 所示。

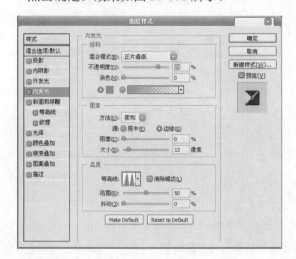

图 21-107　　　　　　　　　　　　　　　　图 21-108

06 选择文字图层，如图 21-109 所示。单击图层调板中的添加图层样式按钮，选择"描边"大小设置为 3 像素，位置设置为外部，混合模式设置为正常，不透明度设置为 100%，填充类型设置为渐变，渐变颜色顺序从左向右设置为"#F7EEAD、#C1AC51"，样式设置为对称的，勾选与图层对齐，角度设置为 90°，缩放设置为 100%，如图 21-110 所示。

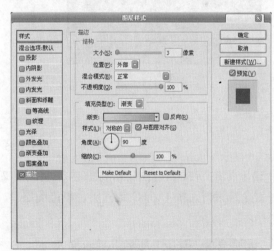

图 21-109　　　　　　　　　　　　　　　　图 21-110

07 选择斜面和浮雕样式设置为浮雕效果，方法设置为雕刻清晰，深度设置为 21%，方向设置为上，大小设置为 8 像素，软化设置为 0 像素，角度设置为 120°，高度设置为 30，勾选使用全局光，光泽等高线设置为环形（双环），高光模式设置为滤色，颜色设置为白色，不透明度设置为 75%，阴影模式设置为正片叠底，颜色设置为黑色，不透明度设置为 75%，如图 21-111 所示。

08 选择外发光混合模式设置为滤色，不透明度设置为 59%，杂色设置为 0%，颜色设置为 "#B7914F"，方法设置为柔和，扩展设置为 3%，大小设置为 27 像素，等高线设置为线性，范围设置为 50%，抖动设置为 0%，如图 21-112 所示，点击确定。效果如图 21-113 所示。

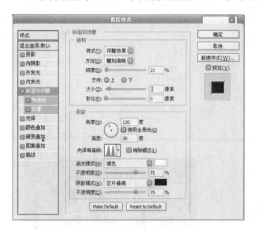

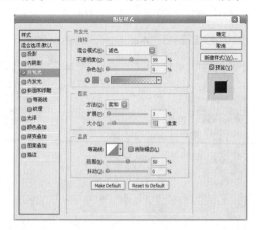

图 21-111   图 21-112

09 新建图层 1，如图 21-114 所示，选择画笔工具 ✐，画笔颜色为白色，画笔预设设置为交叉排线 4，50 像素，模式设置为正常，不透明度设置为 60%，流量设置为 100%，如图 21-115 所示。画在文字的边角高光处，效果如图 21-116 所示。

图 21-113   图 21-114

图 21-115

10 打开素材文件，新建图层得到图层 2，将图层 2 放在背景图层与文字图层之间，按 Ctrl+A 键全选素材，按 Ctrl+C 键拷贝，单击图层 2，按 Ctrl+V 键粘贴。最终效果如图 21-117 所示。

图 21-116   图 21-117

21.2.2　闪电字

01　配合按 Ctrl+N 键新建一个文件，设置弹出的对话框如图 21-118 所示，按确定按钮退出。

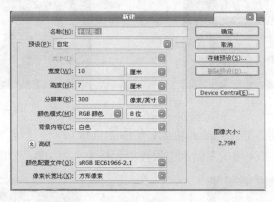

图 21-118

02　设置前景色为黑色，按 Alt+Delete 键填充，如图 21-119 所示，设置前景色为蓝色#，选择文字工具 T，键入文字，如图 21-120 所示。

图 21-119

图 21-120

03　选择文字图层单击鼠标右键在弹出的下拉菜单中选择"栅格化图层"命令，将文字图层变为普通图层，并将其更名为"图层 1"，选择"滤镜"→"模糊"→"高斯模糊"命令，设置模糊半径为 10，如图 21-121 所示，然后点击确定按钮退出，得到效果如图 21-122 所示。

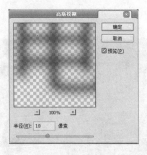

图 21-121

图 21-122

04　按 Ctrl 键单击图层 1 的缩览图以调出其选区，如图 21-123 所示，选择通道面板，单击底部的将选区存储为通道命令按钮 ⊒，得到 Alpha1，如图 21-124 所示，按 Ctrl+D 键取消选区。

21

图 21-123

图 21-124

05 将 Alpha1 复制一层，得到 Alpha1 副本，如图 21-125 所示。选择"滤镜"→"像素化"→"晶格化"命令，在弹出的对话框中设置单元格大小为 100，如图 21-126 所示。

图 21-125

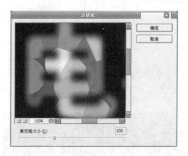

图 21-126

06 选择"滤镜"→"风格化"→"查找边缘"命令，效果如图 21-127 所示。按 Ctrl+Shift +I 键执行反相操作，得到效果如图 21-128 所示。

图 21-127

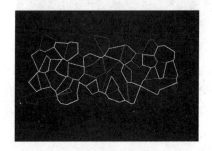

图 21-128

07 按 Ctrl 键单击 Alpha1 的缩览图以调出其选区，选择图层面板，新建一个图层 2，设置前景色的颜色为白色，按 Alt+Delete 键填充，按 Ctrl+D 键取消选区，如图 21-129 所示。

08 单击添加图层样式按钮 ，在弹出的下拉菜单中选择外发光命令，设置弹出的对话框如图 21-130 所示。单击图层面板底部的添加图层蒙版按钮 ，为图层添加蒙版，将前景设置为黑色，选择画笔工具 ，在属性栏中设置不透明度为 30%，在画面中进行修饰，得到效果如图 21-131 所示。

图 21-129

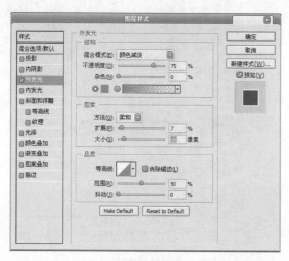

图 21-130

图 21-131

09 选择通道面板，选择 Alpha1 副本，如图 21-132 所示，选择"滤镜"→"像素化"→"晶格化"命令，设置弹出的对话框如图 21-133 所示，按确定退出，得到效果如图 21-134 所示。

图 21-132

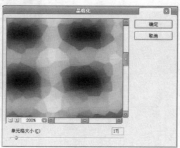

图 21-133

图 21-134

10 选择"滤镜"→"风格化"→"查找边缘"命令，设置弹出的对话框如图 21-135 所示，按 Ctrl+Shift +I 键执行反相操作，如图 21-136 所示。

图 21-135

图 21-136

11 按 Ctrl 键单击 Alpha1 副本的缩览图调出其选区，选择图层面板，新建图层 3。设置前景色为白色，按 Alt+Delete 键向选区内填充，按 Ctrl+D 键取消选区，如图 21-137 所示。

12 单击图层面板底部的添加图层样式按钮 ，在弹出的下拉菜单中选择外发光命令，设置弹出的对话框如图 21-138 所示，将此图层的不透明度调整为 70%，如图 21-139 所示。

21

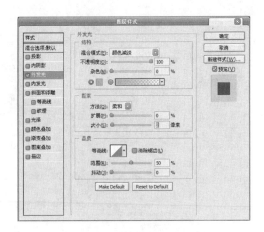

图 21-137 　　　　　　　　　　　　　　　　　　图 21-138

13 单击添加图层蒙版按钮 ▢ ，为图层 3 添加图层蒙版，将前景色设置为白色，背景色设置为黑色，选择渐变工具 ▮ ，在属性栏中选择从前景色到背景色，点选径向渐变按钮，在画面中从中心到任一角绘制渐变颜色，得到最终效果如图 21-140 所示。

图 21-139 　　　　　　　　　　　　　　　　　　图 21-140

21.2.3　水晶字

01 按 Ctrl+N 键新建一个文件，设置弹出的对话框如图 21-141 所示。

02 将前景色设置为黑色，按 Alt+Delete 键向背景图层上填充黑色，如图 21-142 所示。

图 21-141 　　　　　　　　　　　　　　　　　　图 21-142

03 将前景色设置为白色，选择文字工具 T，在属性栏中设置适当的字体和大小，在画面中键入文字，如图 21-143 所示。

04　按住 Ctrl 键单击文字图层缩览图，调出其选区。进入通道面板中单击底部的将选区存储为通道按钮，如图 21-144 所示。

图 21-143　　　　　　　　　　　　　　　　　图 21-144

05　选择"滤镜"→"其他"→"最大值"命令，设置弹出的对话框如图 21-145 所示，按确定退出。

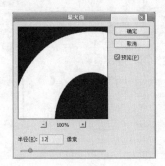

图 21-145　　　　　　　　　　　　　　　　　图 21-146

06　复制 Alpha1 得到 Alpha1 副本，如图 21-146 所示，选择"滤镜"→"素描"→"铬黄"命令，设置弹出的对话框如图 21-147 所示，得到效果如图 21-148 所示。

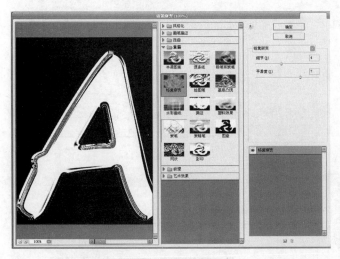

图 21-147　　　　　　　　　　　　　　　　　图 21-148

07　按 Ctrl 键单击 Alpha1 副本的缩览图以调出其选区，按 Ctrl+Shift+Alt 键单击 Alpha1 缩览图进行选区相交，得到如图 21-149 所示的选区。

08　回到图层面板中将文字图层的显示功能关闭，新建图层 1，将前景色设置为蓝色，按 Alt+Delete 键向选区内填充，如图 21-150 所示。

21

图 21-149

图 21-150

09 单击图层面板底部的添加图层样式按钮 *fx*，在弹出的下拉菜单中选择投影、外发光、斜面和浮雕、纹理、光泽命令，设置弹出的对话框如图 21-151～图 21-155 所示，得到最终效果如图 21-156 所示。

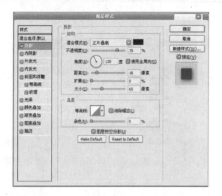

图 21-151

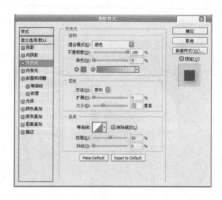

图 21-152

图 21-153

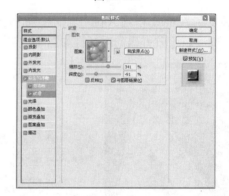

图 21-154

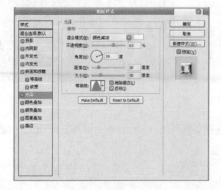

图 21-155

图 21-156

21.2.4　石雕字

01 配合按 Ctrl+N 键新建一个文件，设置弹出的对话框如图 21-157 所示。

02 将前景色设置为白色，背景色设置为黑色，按 Ctrl+Delete 键填充黑色，在工具箱中选择文字工具按钮 T，在画面中键入文字，如图 21-158 所示，效果如图 21-159 所示。

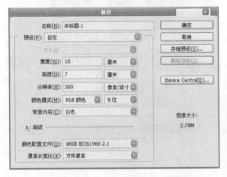

图 21-157　　　　　　　　　图 21-158　　　　　　　　　图 21-159

03 选择文字图层单击鼠标右键，在弹出菜单中选择栅格化文字命令，如图 21-160 所示。选择"滤镜"→"模糊"→"高斯模糊"命令，设置弹出的对话框如图 21-161 所示。

图 21-160　　　　　　　　　　　　　　　图 21-161

04 在图层面板中新建图层 1，如图 21-162 所示，选择"滤镜"→"渲染"→"云彩"命令，效果如图 21-163 所示。选择"滤镜"→"模糊"→"高斯模糊"命令，设置弹出的对话框如图 21-164 所示，将图层 1 的混合模式调整为"正片叠底"，如图 21-165 所示，效果如图 21-166 所示。

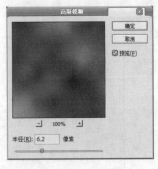

图 21-162　　　　　　　　　图 21-163　　　　　　　　　图 21-164

21

图 21-165

图 21-166

05 按 Ctrl+A 键全选，如图 21-167 所示，按 Ctrl+Shift +C 键执行合并拷贝图层命令，得到图层 2，如图 21-168 所示。选择"滤镜"→"其他"→"最大值"命令，在弹出的对话框中设置半径为 6 像素，如图 21-169 所示，效果如图 21-170 所示。

图 21-167

图 21-168

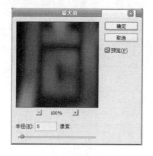

图 21-169

图 21-170

06 选择"滤镜"→"光照效果"→"石雕"命令，设置弹出的对话框如图 21-171 所示，得到效果如图 21-172 所示。

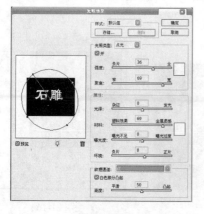

图 21-171

图 21-172

07　选择"滤镜"→"杂色"→"添加杂色"命令，设置弹出的对话框如图 21-173 所示，效
果如图 21-174 所示。

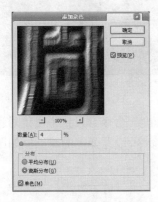

图 21-173　　　　　　　　　　　　　　　　　　图 21-174

08　选择"滤镜"→"锐化"→"USM 锐化"命令，设置弹出的对话框如图 21-175 所示，
得到效果如图 21-176 所示。

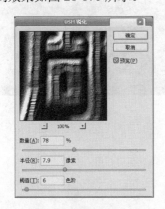

图 21-175　　　　　　　　　　　　　　　　　　图 21-176

09　选择"滤镜"→"渲染"→"光照效果"命令，设置弹出的对话框如图 21-177 所示，得
到效果如图 21-178 所示。接着选择"编辑"→"渐隐"命令，在弹出的对话框中设置不
透明度为 80%，模式为正常，如图 21-179 所示，得到效果如图 21-180 所示。

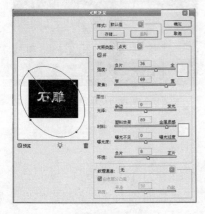

图 21-177　　　　　　　　　　　　　　　　　　图 21-178

图 21-179　　　　　　　　　　　图 21-180

10 选择菜单栏"图像"→"调整"→"色相"→"饱和度"命令,设置弹出的对话框如图 21-181 所示,得到效果如图 21-182 所示。再选择曲线命令,设置弹出的对话框如图 21-183 所示,得到效果如图 21-184 所示。

图 21-181　　　　　　　　　　　图 21-182

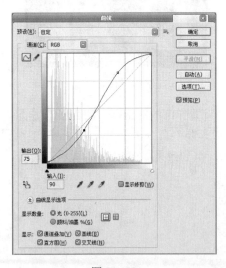

图 21-183　　　　　　　　　　　图 21-184

21.2.5　浮雕字

01 配合按 Ctrl+N 键新建一个文件,设置弹出的对话框如图 21-185 所示。

02 设置前景色为黑色,在工具箱中选择文字工具 T,在画面键入文字"浮雕字", 如图 21-186 所示。

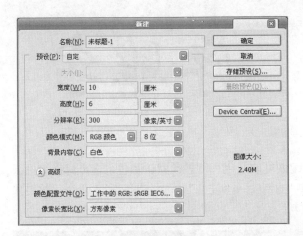

图 21-185   图 21-186

03 在图层面板中新建图层 1，如图 21-187 所示，按 Ctrl 键单击图层 1 缩览图，载入选区如图 21-188 所示，将文字图层的"显示功能"关闭，如图 21-189 所示。

图 21-187   图 21-188   图 21-189

04 进入通道面板中新建通道 Alpha 1，将前景色设置为白色，按 Alt+Delete 键填充，如图 21-190 所示。

05 选择"滤镜"→"像素化"→"晶格化"命令，在弹出的对话框中设置单元格大小为 7，如图 21-191 所示，得到效果如图 21-192 所示。

图 21-190   图 21-191   图 21-192

06 载入 Alpha 1 选区，如图 21-193 所示，回到图层面板中选择图层 1，将前景色设置为黑色，按 Alt+Delete 键填充前景色，如图 21-194 所示。

21

图 21-193　　　　　　　　　　　图 21-194

07 新建图层 2，如图 21-195 所示，按 D 键恢复前景色和背景色默认颜色，选择滤镜渲染云彩命令，效果如图 21-196 所示。选择"滤镜"→"渲染"→"分层云彩"命令，效果如图 21-197 所示。

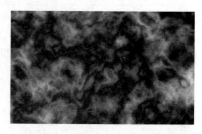

图 21-195　　　　　　　图 21-196　　　　　　　图 21-197

08 选择"图像"→"调整"→"渐变映射"命令，设置渐变颜色如图 21-198 所示。在图层面板中选择图层 2，单击鼠标右键，在弹出的下拉菜单中选择创建剪贴蒙版命令，如图 21-199 所示，得到效果如图 21-200 所示。

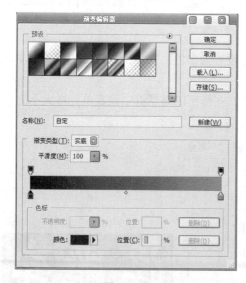

图 21-199

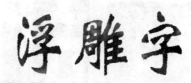

图 21-198　　　　　　　　　　　图 21-200

09 单击图层面板底部的添加图层样式按钮 *fx*，在弹出的下拉菜单中选择投影、斜面和浮雕命令，设置弹出的对话框如图 21-201、图 21-202 所示，得到效果如图 21-203 所示。

10 在背景图层上新建图层 3，参照图 21-204 所示填充渐变颜色，选择"滤镜"→"杂色"→"添加杂色"命令，在弹出的对话框中设置数量为 4，如图 21-205 所示。

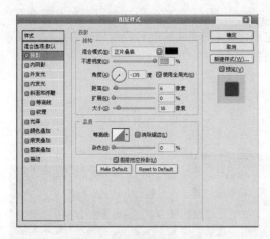

图 21-201

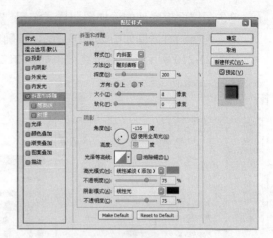

图 21-202

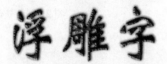

图 21-203

图 21-204

图 21-205

11 选择"滤镜"→"渲染"→"光照效果"命令，设置弹出的对话框如图 21-206 所示。

在图层 3 上新建图层 4，在工具箱中选择画笔工具 ，在属性栏中设置，如图 21-207 所示，参照图 21-208 所示绘制线条。

图 21-207

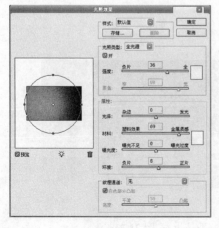

图 21-206

图 21-208

21

12 单击图层面板底部的添加图层样式按钮 *fx*，在弹出的下拉菜单中选择斜面和浮雕命令，设置弹出的对话框如图 21-209 所示，按确定退出。将图层 4 的混合模式调整为线性减淡，如图 21-210 所示，得到最终效果如图 21-211 所示。

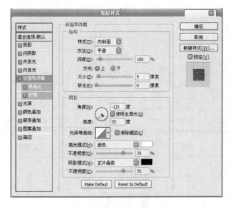

图 21-209

图 21-210

图 21-211

21.3　绘制纹理

21.3.1　虎皮纹理

01 按 Ctrl+N 键新建一个文件，设置弹出的对话框如图 21-212 所示。

02 在图层面板中新建图层 1，在工具箱中选择渐变工具按钮 ，在属性栏中点选渐变颜色条，在弹出的渐变编辑器中设置，如图 21-213 所示。选择线性渐变，在画面中从上至下拉出渐变颜色，如图 21-214 所示。

图 21-212

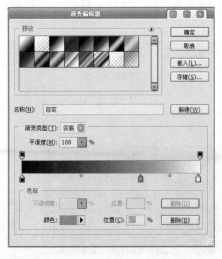

图 21-213

图 21-214

03 选择菜单"滤镜"→"杂色"→"添加杂色"命令，在弹出的对话框中设置数量为 9，如图 21-215 所示，得到效果如图 21-216 所示。

图 21-215

图 21-216

04 选择菜单"滤镜"→"模糊"→"动感模糊"命令，设置弹出的对话框角度为 47，距离为 15，如图 21-217 所示，得到效果如图 21-218 所示。

图 21-217

图 21-218

05 在图层面板中新建图层 2，将前景色设置为黑色，在工具箱中选择自定形状工具，在属性栏中选择填充像素按钮，选择菱形形状，参照图 21-219 所示绘制形状。按 Ctrl+T 键进行放大和旋转调整，如图 21-220 所示。

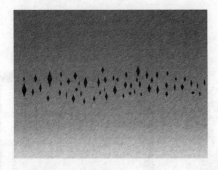

图 21-219

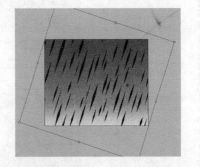

图 21-220

06 选择菜单"滤镜"→"扭曲"→"波浪"命令，设置弹出的对话框如图 21-221 所示，将图层 2 的不透明度调整为 70%，如图 21-222 所示，得到最终效果如图 21-223 所示。

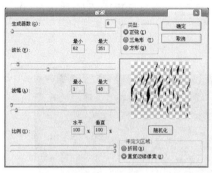
图 21-221

图 21-222

图 21-223

21.3.2 羊皮纹理

01 配合按 Ctrl+N 键新建一个文件，设置弹出的"新建"对话框如图 21-224 所示。

02 进入通道面板中，新建通道 Alpha 1，如图 21-225 所示，在工具箱中选择矩形选框工具 ▢，在画面中绘制白色矩形如图 21-226 所示。

图 21-224

图 21-225

图 21-226

03 选择菜单"滤镜"→"画笔描边"→"喷溅"命令，在弹出的对话框中设置喷色半径为 23，平滑度为 10，如图 21-227 所示，得到效果如图 21-228 所示。

图 21-227

图 21-228

04 选择菜单"滤镜"→"模糊"→"高斯模糊"命令，设置弹出的对话框如图 21-229 所示，得到效果如图 21-230 所示。

图 21-229

图 21-230

05 选择菜单"图像"→"调整"→"色阶"命令，在弹出的对话框中设置如图 21-231 所示。得到效果如图 21-232 所示。单击通道面板底部的将通道作为选区载入按钮，载入选区。

图 21-231

图 21-232

06 进入图层面板中，新建图层 1，设置前景色为土黄色"#afaa75"，如图 21-233 所示，按 Alt+Delete 键填充，单击图层面板底部的添加图层样式按钮 *fx*，选择投影命令，设置弹出的对话框如图 21-234 所示，得到效果如图 21-235 所示。

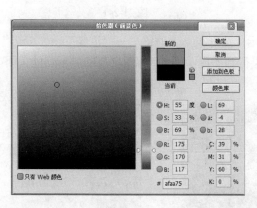

图 21-233

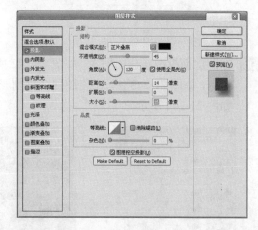

图 21-234

07 新建图层 2，设置前景色为深土黄色，如图 21-236 所示，在工具箱中选择画笔工具 ，在属性栏中设置适当的笔刷和大小，参照图 21-237 所示绘制。按住 Ctrl 键单击图层 1 缩

21

览图标，载入图层 1 选区，如图 21-238 所示。按 Ctrl+Shift +I 键将选区反选，按 Delete 键删除，按 Ctrl+D 键取消选区，如图 21-239 所示。将图层 2 的填充调整为 50%，如图 21-240 所示，效果如图 21-241 所示。

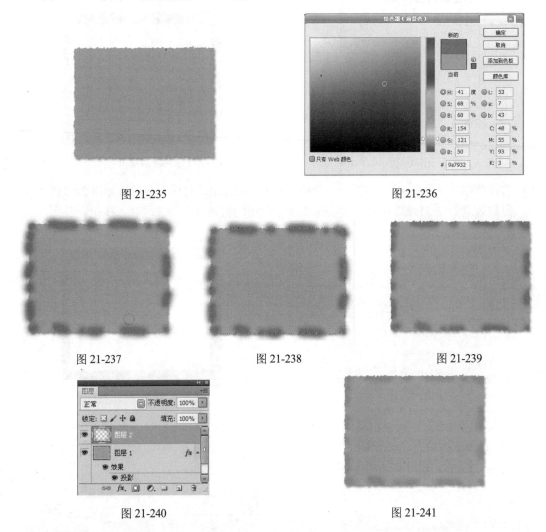

图 21-235

图 21-236

图 21-237

图 21-238

图 21-239

图 21-240

图 21-241

08 在图层面板中新建图层 3，如图 21-242 所示，选择菜单"滤镜"→"渲染"→"云彩"命令，如图 21-243 所示，将图层 3 复制一层得到图层 3 副本。将图层 3 的显示功能关闭，如图 21-244 所示。

图 21-242

图 21-243

图 21-244

09 选择菜单"滤镜"→"风格化"→"浮雕效果"命令，在弹出的对话框中设置角度为 120，高度为 8，数量为 205，如图 21-245 所示，得到效果如图 21-246 所示。

图 21-245　　　　　　　　　　　　　图 21-246

10 按 Ctrl 键单击图层 1 缩略图标，载入图层 1 选区。按 Ctrl+Shift +I 键将选区反选，如图 21-247 所示。按 Delete 键删除选区内的图像。

将图层 3 副本的混合模式调整为线性光，如图 21-248 所示，将填充调整为 50%，如图 21-249 所示，得到效果如图 21-250 所示。

图 21-247　　　　　　　　　　　　　图 21-248

图 21-249　　　　　　　　　　　　　图 21-250

11 在图层面板中选择图层 3，将图层 3 的显示功能打开，如图 21-251 所示，选择菜单"滤镜"→"风格化"→"查找边缘"命令，如图 21-252 所示，得到效果如图 21-253 所示。

图 21-251 图 21-252 图 21-253

12 选择菜单"图像"→"调整"→"色阶"命令，设置弹出的对话框如图 21-254 所示，选择菜单"滤镜"→"模糊"→"动感模糊"命令，设置弹出的对话框如图 21-255 所示，得到效果如图 21-256 所示。

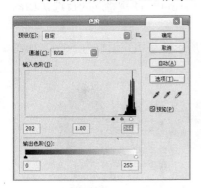

图 21-254 图 21-255 图 21-256

13 按 Ctrl 键单击图层 1 缩览图标，载入图层 1 选区。单击图层面板底部的添加图层蒙版按钮 ，为图层添加图层蒙版，将此图层的混合模式调整为正片叠底，填充为 60%，如图 21-257 所示，效果如图 21-258 所示。

图 21-257 图 21-258

14 打开素材文件，如图 21-259 所示，使用移动工具 将其拖入文件之中，得到图层 4。调整此图层的混合模式为强光，填充为 50%，如图 21-260 所示，得到最终效果如图 21-261 所示。

图 21-259

图 21-260

图 21-261

21.4　图像合成

21.4.1　蝴蝶美女

01 配合按 Ctrl+N 键新建一个文件，设置弹出的新建对话框如图 21-262 所示。

02 打开素材文件，如图 21-263 所示，单击图层面板底部的创建新的填充或调整图层按钮
　　，在下拉菜单中选择渐变映射命令，如图 21-264 所示，在弹出的对话框中设置渐变
颜色如图 21-265 所示，得到效果如图 21-266 所示。

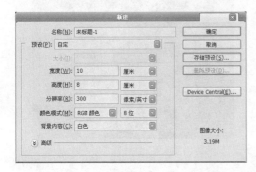

图 21-262

图 21-263

图 21-264

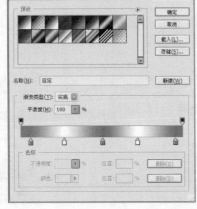

图 21-265

图 21-266

03 打开素材文件，如图 21-267 所示，将其拖入文件之中，将此图层的混合模式调整为叠加，如图 21-268 所示。

图 21-267

图 21-268

04 打开素材文件，将其拖入文件之中，调整此图层的混合模式为叠加，不透明度为 50%，效果如图 21-269 所示。

05 将前景色设置为白色，在工具箱中选择矩形工具 ■，在画面中绘制长条矩形，将图层的混合模式调整为叠加，将此图层复制多个如图 21-270 所示。

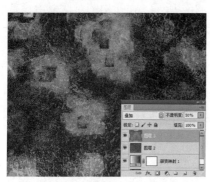

图 21-269

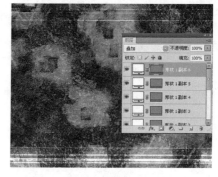

图 21-270

配合按 Ctrl+N 键新建一个文件，设置弹出的对话框如图 21-271 所示。

06 将前景色设置为白色，在工具箱中选择画笔工具 ✎，在属性栏中设置，如图 21-272 所示，参照图 21-273 所示在画面上端绘制。

图 21-271

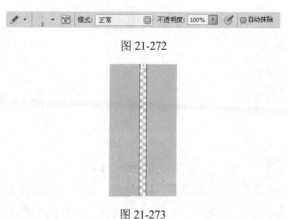

图 21-272

图 21-273

07 选择"编辑"→"定义图案"命令，设置弹出的对话框如图 21-274 所示，按确定退出。
回到未标题 1 中，新建图层 2，选择"编辑"→"填充"命令，设置弹出的对话框如图
21-275 所示，按确定按钮退出，得到效果如图 21-276 所示。将此图层的混合模式调整为
叠加，将图层 2 再复制一层得到"图层 2 副本"，如图 21-277 所示。按 Ctrl+T 键将自
由变形框打开，单击鼠标右键在弹出的下拉菜单中选择"顺时针 90 度"命令，如图 21-278
所示，按 Enter 键确认调整。效果如图 21-279 所示。

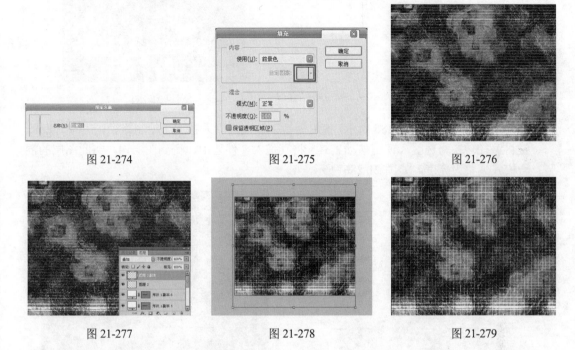

图 21-274   图 21-275   图 21-276

图 21-277   图 21-278   图 21-279

08 选择钢笔工具按钮，在画面中绘制路径，如图 21-280 所示。选择画笔工具按钮，设
置如图 21-281～图 21-283 所示，单击路径面板底部的用画笔描边路径按钮，得到效
果如图 21-284 所示。

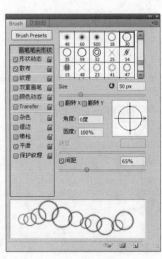

图 21-280   图 21-281   图 21-282

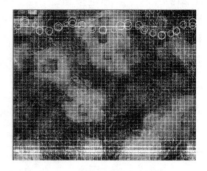

图 21-283   图 21-284

09 打开素材文件，如图 21-285 所示，使用钢笔工具沿着人物边缘绘制路径，按 Ctrl+Enter 键将路径转换为选区，使用移动工具将其拖入文件之中，得到图层 4，将此图层的混合模式调整为亮度，如图 21-286 所示。

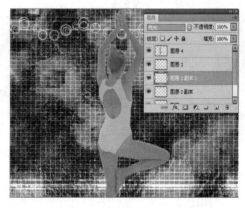

图 21-285   图 21-286

10 打开素材文件，如图 21-287 所示，将此图层的不透明度调整为 90%，如图 21-288 所示，单击图层面板底部的添加图层蒙版按钮，为图层添加蒙版，将前景色设置为黑色，使用画笔工具对翅膀中心部分进行修饰，选择文字工具，设置适当的字体和字号，在画面中键入英文，得到最终效果如图 21-289 所示。

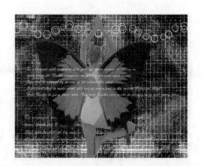

图 21-287   图 21-288   图 21-289

21.4.2　太空赛车

01 配合按 Ctrl+N 键新建一个文件，设置弹出的"新建"对话框如图 21-290 所示。

02 在图层面板中新建图层 1，按 D 键将前景色和背景色恢复默认颜色，选择"滤镜"→"渲染"→"云彩"命令，如图 21-291 所示，得到效果如图 21-292 所示。

图 21-290

图 21-291

图 21-292

03 选择"滤镜"→"渲染"→"分层云彩"命令，如图 21-293 所示，得到效果如图 21-294 所示。

图 21-293

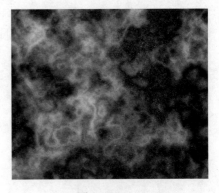

图 21-294

04 选择"滤镜"→"风格化"→"查找边缘"命令，设置弹出的对话框如图 21-295 所示。选择"图像"→"调整"→"色阶"命令，设置弹出的对话框如图 21-296 所示，得到效果如图 21-297 所示。

图 21-295

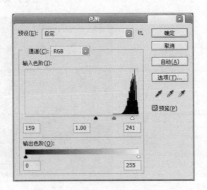

图 21-296

图 21-297

05 将图层 1 复制一层,将图层 1 副本图层的显示功能关闭,如图 21-298 所示,选择图层 1,选择"滤镜"→"渲染"→"光照效果"命令,设置弹出的对话框如图 21-299 所示,得到效果如图 21-300 所示。

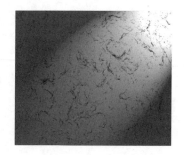

图 21-298　　　　　　　　　　图 21-299　　　　　　　　　　图 21-300

06 单击图层面板底部的创建新的填充或调整图层按钮，在弹出的下拉菜单中选择渐变映射命令，如图 21-301 所示，设置渐变颜色如图 21-302 所示，按确定退出。选择"色相"→"饱和度"命令，设置弹出的对话框如图 21-303 所示，得到效果如图 21-304 所示。

图 21-301　　　　　　　　　　　　图 21-302

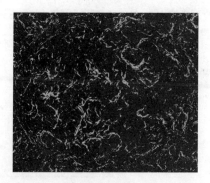

图 21-303　　　　　　　　　　　　图 21-304

07 将图层 1 副本的显示功能👁打开，按住 Ctrl 键分别单击图层 1 副本图层至"色相/饱和度 1"图层，如图 21-305 所示，将图层同时选择上，按 Ctrl+Alt+E 键执行合并拷贝命令，得到"色相/饱和度"图层。

08 选择"滤镜"→"扭曲"→"球面化"命令，设置弹出的对话框如图 21-306 所示，得到效果如图 21-307 所示。选择"滤镜"→"渲染"→"光照效果"命令，设置弹出的对话框如图 21-308 所示，将此图层的混合模式调整为柔光，得到效果如图 21-309 所示。将图层 1 副本图层的显示功能👁关闭。得到效果如图 21-310 所示。

图 21-305

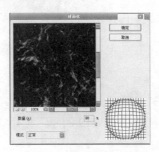
图 21-306

图 21-307

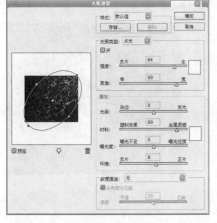
图 21-308

图 21-309

图 21-310

09 新建图层 2，将前景色设置为黑色，按 Alt+Delete 键填充黑色，调整此图层的混合模式为叠加，填充为 20%，如图 21-311 所示。

选择矩形工具按钮▢，参照图 21-312 绘制直线，按 Ctrl+T 键进行调整摆放，如图 21-313 所示。单击图层面板底部的添加图层样式按钮fx，在弹出的下拉菜单中选择投影命令，设置弹出的对话框如图 21-314 所示，得到效果如图 21-315 所示，将此图层的填充调整为 30%。

图 21-311

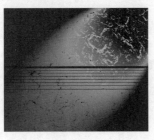
图 21-312

图 21-313

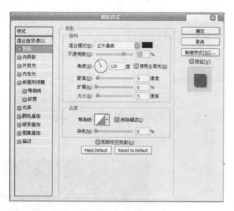

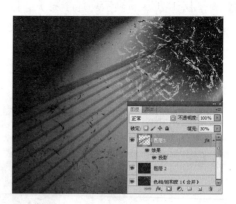

图 21-314   图 21-315

10 将此图层复制一层，如图 21-316 所示，单击图层面板顶部的锁定透明像素按钮，选择渐变工具，设置渐变颜色如图 21-317 所示，使用线性渐变工具填充渐变颜色，如图 21-318 所示。

图 21-316   图 21-317   图 21-318

11 选择矩形选框工具按钮，在画面中绘制矩形选框，按 Shift+F6 键执行羽化操作，在弹出的对话框中设置羽化半径为 50 像素，如图 21-319 所示。新建图层 3，选择渐变工具按钮，设置渐变颜色如图 21-320 所示，使用线性渐变工具在选区内填充渐变颜色如图 21-321 所示。

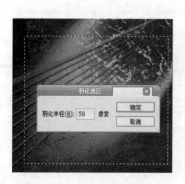

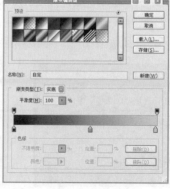

图 21-319   图 21-320   图 21-321

12 将图层 3 的混合模式调整为叠加，填充调整为 70%，得到效果如图 21-322 所示。新建图层 4，使用钢笔工具 ▓ 在画面中绘制路径，如图 21-323 所示，选择画笔工具 ✎ 在属性栏中设置如图 21-324 所示，将前景色设置为白色，单击路径面板底部的用画笔描边路径按钮 ○，得到效果如图 21-325 所示。

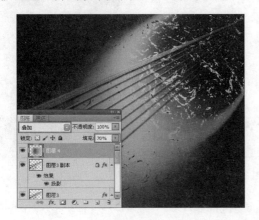

图 21-322

图 21-323

图 21-324

图 21-325

13 按 Ctrl+T 键将自由变形框打开，参照图 21-326 所进行调整，效果如图 21-327 所示。使用同样的方法继续绘制如图 21-328 所示。

图 21-326 图 21-327 图 21-328

14 新建图层 5 选择画笔工具 ✎，按 F5 键将画笔调板打开，设置如图 21-329、图 21-330 所示，参照图 21-331 所示进行绘制。

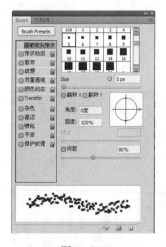

图 21-329   图 21-330   图 21-331

15 新建图层 6，设置画笔调板如图 21-332、图 21-333 所示，在画面右侧绘制线条如图 21-334 所示。

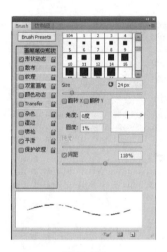

图 21-332   图 21-333   图 21-334

16 打开素材文件，将汽车复制多个并调整摆放，如图 21-335 所示，使用文字工具 T 在画面右下角键入文字，得到最终效果如图 21-336 所示。

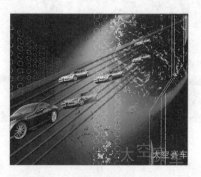

图 21-335   图 21-336

21.4.3　百花争艳

01 配合按 Ctrl+N 键新建一个文件，设置弹出的"新建"对话框如图 121-337 所示。

02 打开素材文件，如图 21-338 所示，将其拖入文件之中，在图层面板中得到图层 1，将图层 1 复制一层，得到图层 1 副本图层。将图层 1 副本的显示功能👁关闭，选择图层 1，在工具箱中选择涂抹工具👆，在属性栏中设置，如图 21-339 所示，在画面中花的边缘部位进行涂抹，如图 21-340 所示。

图 21-337

图 21-338

图 21-339　　　　　　　　　　　　　　　　图 21-340

03 新建图层 2 设置前景色为黑色，使用 Alt+Delete 键向图层 2 中填充黑色，将图层 1 副本的显示功能👁打开，放置图层 2 之上，按 Ctrl+E 键向下合并到图层 2 中，如图 21-341 所示。

04 选择"图像"→"调整"→"色相"→"饱合度"命令，设置弹出的对话框如图 21-342 所示，得到效果如图 21-343 所示。将图层 2 的混合模式调整为点光，如图 21-344 所示，得到效果如图 21-345 所示。

图 21-341

图 21-342

图 21-343

图 21-344　　　　　　　　　　　　　　图 21-345

05　打开素材文件，如图 21-346 所示，将其拖入文件之中，得到图层 3 选择"图像"→"调整"→"色相"→"饱和度"命令，设置弹出的对话框如图 21-347 所示，得到效果如图 21-348 所示。

图 21-346　　　　　　　　　　　图 21-347　　　　　　　　　　图 21-348

06　将图层 3 再复制一层，得到图层 4，如图 21-349 所示，选择"滤镜"→"纹理"→"颗粒"命令，设置强度为 31，对比度为 24，颗粒类型为垂直，如图 21-350 所示，按确定按钮退出。选择图层 3，选择"滤镜"→"纹理"→"颗粒"命令，在弹出的对话框中设置强度为 31，对比度为 24，颗粒类型为垂直，如图 21-351 所示，按确定按钮退出。

图 21-349　　　　　　　　　　　　　　图 21-350

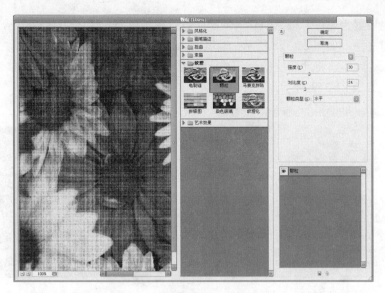

图 21-351

07 选择图层 4，将图层 4 的混合模式调整为正片叠底，不透明度调整为 80%，如图 21-352 所示。选择图层 3，将图层 3 的混合模式调整为线性光，如图 21-353 所示，得到效果如图 21-354 所示。在工具箱中选择文字工具 T 按钮，在属性栏中设置适当的字体和字号，在画面中键入英文，得到最终效果如图 21-355 所示。

图 21-352

图 21-353

图 21-354

图 21-355

21.4.4　星外城市

01 配合按 Ctrl+N 键新建一个文件，设置弹出的"新建"对话框如图 21-356 所示。

02 将前景色设置为黑色，按 Alt+Delete 键向背景图层填充，如图 21-357 所示。

打开素材文件，如图 21-358 所示，将其拖入文件之中得到图层 1，将图层 1 复制一层，得到图层 1 副本，将此图层的显示功能👁关闭，将图层 1 的混合模式调整为强光，填充为 80%，如图 21-359 所示。

图 21-356

图 21-357

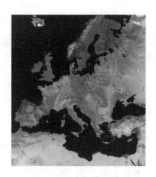

图 21-358

图 21-359

03 选择图层 1 副本，将此图层的显示功能👁打开，选择"滤镜"→"模糊"→"动感模糊"命令，设置弹出的对话框如图 21-360 所示，按确定按钮退出。将此图层的混合模式调整为点光，填充为 50%，如图 21-361 所示，得到效果如图 21-362 所示。

图 21-360

图 21-361

图 21-362

04 打开素材文件，如图 21-363 所示，使用移动工具▶+将其拖入文件之中，得到图层 2，将此图层的混合模式调整为亮度，单击添加图层蒙版🔲按钮，将前景色设置为黑色，使用画笔工具✐在图层 2 边缘进行涂抹，将其融为一体，如图 21-364 所示。

图 21-363　　　　　　　　　　　　　　　　图 21-364

05　选择菜单栏"图像"→"调整"→"色相"→"饱和度"命令，设置弹出的对话框如图
　　21-365 所示，按确定按钮退出。

06　打开素材文件，如图 21-366 所示，将其拖入文件之中，得到图层 3，将此图层的混合模
　　式调整为排除，如图 21-367 所示。

图 21-365　　　　　　　　　图 21-366　　　　　　　　　图 21-367

07　打开素材文件，如图 21-368 所示，将其拖入文件之中，摆放到画面左上角，将此图层的
　　混合模式调整为滤色，单击添加图层蒙版按钮 ，为图层添加蒙版，设置前景色为黑色，
　　使用画笔工具 对画面进行修饰，如图 21-369 所示。

图 21-368　　　　　　　　　　　　　　　　图 21-369

08　打开素材文件，如图 21-370 所示，将其拖入文件之中，摆放在画面右上部，得到图层 5，
　　将此图层的混合模式调整为滤色，单击添加图层蒙版按钮 ，为图层添加蒙版，设置前
　　景色为黑色，使用画笔工具 在画面中进行修饰，如图 21-371 所示。

21

图 21-370

图 21-371

09 选择画笔工具按钮✎，按 F5 键将画笔调板打开，设置如图 21-372 所示，新建图层 6，将前景色设置为白色，在画面中绘制星星，得到最终效果如图 21-373 所示。

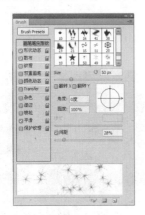

图 21-372

图 21-373

21.5　滤镜特效

21.5.1　为照片添加七彩马赛克

01 打开素材文件，如图 21-374 所示，在图层面板中新建图层 1，如图 21-375 所示。

图 21-374

图 21-375

02 按 D 键将前景色和背景色恢复默认颜色，选择"滤镜"→"渲染"→"云彩"命令，效果如图 21-376 所示。选择"滤镜"→"像素化"→"马赛克"命令，在弹出的对话框中设置，如图 21-377 所示，按确定退出，得到效果如图 21-378 所示。

图 21-376

图 21-377

图 21-378

03 选择"滤镜"→"画笔描边"→"强化的边缘"命令，在弹出的对话框中设置边缘
　　宽度为 1，边缘亮度为 3，平滑度为 8，如图 21-379 所示，按确定退出，如图 21-380
　　所示。

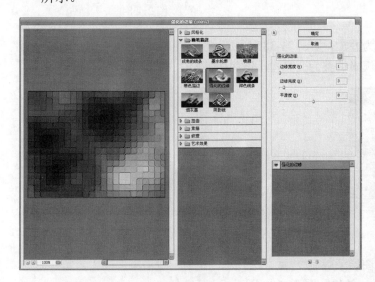

图 21-379

图 21-380

04 按 Ctrl+Shift +I 键反相操作，如图 21-381 所示，将图层 1 的混合模式调整为线性光，如
　　图 21-382 所示。

图 21-381

图 21-382

05 新建图层 2，选择渐变工具█，单击渐变颜色条，在弹出的渐变编辑器中设置，如图 21-383
　　所示，单击线性渐变按钮█，在画面中从上至下拉出渐变颜色，如图 21-384 所示。

21

图 21-383   图 21-384

06 将图层 2 的混合模式调整为叠加，如图 21-385 所示。将图层 2 再复制一层得到图层 2 副本，将图层 2 副本的混合模式调整为变亮，不透明度调整为 80%，如图 21-386 所示。

图 21-385   图 21-386

07 单击图层面板底部的添加图层蒙版命令 ◻️，选择"滤镜"→"渲染"→"云彩"命令，如图 21-387 所示，得到最终效果如图 21-388 所示。

图 21-387   图 21-388

21.5.2 为照片制作网纹纹理

01 打开素材文件，如图 21-389 所示，按 Ctrl+A 键全选，按 Ctrl+C 键复制，如图 21-390 所示。

02 切换至通道面板中新建 Alpha1，如图 21-391 所示，按 Ctrl+V 键粘贴，如图 21-392 所示。

图 21-389

图 21-390

图 21-391

图 21-392

03 选择"滤镜"→"像素化"→"彩色半调"命令，在弹出的对话框中设置，如图 21-393 所示，得到效果如图 21-394 所示。

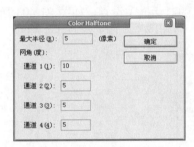
图 21-393

图 21-394

04 按 Ctrl+Shift +I 键执行反相操作，如图 21-395 所示，按 Ctrl+A 键全选，按 Ctrl+C 键复制。切换至图层中，新建图层 1，按 Ctrl+V 键粘贴。将此图层的混合模式调整为柔光，填充调整为 30%，如图 21-396 所示，得到最终效果如图 21-397 所示。

图 21-395

图 21-396

图 21-397

21.5.3 为照片添加彩色纸屑纹理

01 配合按 Ctrl+N 键新建一个文件，设置弹出的对话框如图 21-398 所示。

02 在图层面板中新建图层 1，如图 21-399 所示。将前景色设置为黄色#，按 Alt+Delete 键填充如图 21-400 所示。

图 21-298

图 21-399

图 21-400

03 选择"滤镜"→"纹理"→"纹理化"命令，设置弹出的对话框，如图 21-401 所示，按确定退出。新建图层 2，将前景色设置为白色，按 Alt+Delete 键填充，如图 21-402 所示，选择"滤镜"→"像素化"→"点状化"，在弹出的对话框中设置，如图 21-403 所示，按确定退出。效果如图 21-404 所。

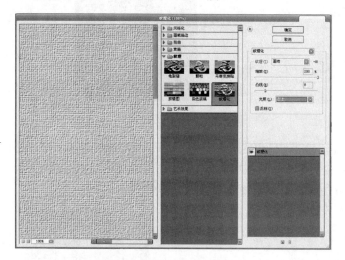

图 21-401

图 21-402

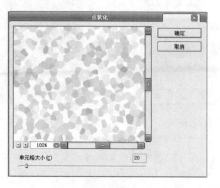

图 21-403

图 21-404

04　选择"滤镜"→"艺术效果"→"干画笔"命令，设置弹出的对话框如图 21-405 所示，
　　按确定按钮退出，得到效果如图 21-406 所示。

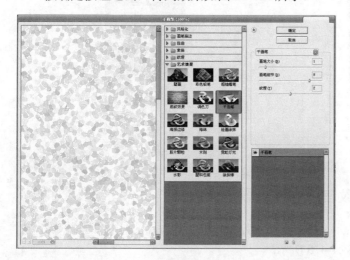

图 21-405　　　　　　　　　　　　　　　　　　　图 21-406

05　将"图层 2"的混合模式调整为"正片叠底"，如图 21-407 所示，得到效果如图 21-408
　　所示。

图 21-407　　　　　　　　　　　　　　　　　　　图 21-408

06　打开素材文件，如图 21-409 所示，将其拖入文件之中，如图 21-410 所示，得到图层 3，
　　将图层 3 的混合模式调整为正片叠底，填充调整为 80%，如图 21-411 所示。

图 21-409　　　　　　　　　　　图 21-410　　　　　　　　　　　图 21-411

21

07 选择文字工具 T，在画面中键入英文，如图 21-412 所示，得到最终效果如图 21-413 所示。

图 21-412

图 21-413

21.5.4 为照片添加黑克帝国纹理

01 打开素材文件，如图 21-414 所示，将背景图层复制一层，得到背景副本图层。将此图层的混合模式调整为强光，如图 21-415 所示。

02 在图层面板中新建图层 1，如图 21-416 所示，将前景色设置为白色，按 Alt+Delete 键填充，如图 21-417 所示。

图 21-414　　　　　　图 21-415　　　　　　图 21-416　　　　　　图 21-417

03 选择"滤镜"→"纹理"→"颗粒"命令，设置弹出的对话框如图 21-418 所示，按确定退出，如图 21-419 所示。

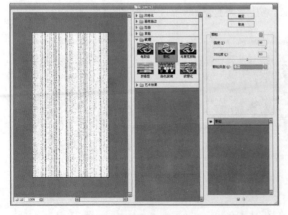

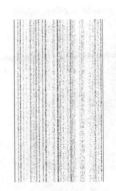

图 21-418　　　　　　　　　　　　　　图 21-419

04　选择"滤镜"→"艺术效果"→"霓虹灯光"命令，设置弹出的对话框如图 21-420 所示，按确定退出，将图层 1 的混合模式调整为亮光，如图 21-421 所示。

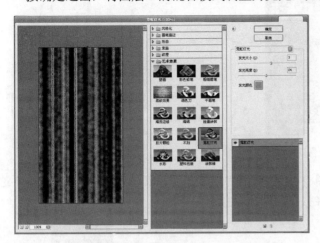

图 21-420

图 21-421

05　单击添加图层蒙版按钮 ，设置前景色为黑色，使用画笔工具 在画面人物部分进行涂抹，如图 21-422 所示，效果如图 21-423 所示。

06　将图层 1 复制一层，得到图层 1 副本，将此图层的混合模式调整为点光，如图 21-424 所示，得到最终效果如图 21-425 所示。

图 21-422

图 21-423

图 21-424

图 21-425

21.6　广告及包装

21.6.1　水果广告

01　按 Ctrl+N 键新建一个文件，设置对话框如图 21-426 所示，设置前景色如图 21-427 所示，填充背景图层如图 21-428 所示。

02　单击图层面板下方创建新的填充或调整图层按钮，在弹出的下拉菜单中选择图案填充命令，设置对话框如图 21-429 所示，新建图层"图形"。

图 21-426

21

| 图 21-427 | 图 21-428 | 图 21-429 |

03 选择椭圆选框工具 ○，参照如图 21-430 所示，绘制选区并填充颜色为白色。调整不透明度如图 21-431 所示。得到图像效果如图 21-432 所示。

| 图 21-430 | 图 21-431 | 图 21-432 |

04 按 Ctrl+J 键复制多个图像，如图 21-433 所示，打开素材文件，如图 21-434 所示，将此图像拖入到文件中调整并摆放，如图 21-435 所示。此时图层面板自动生成一个图层，图层名为"图层水果 1"。

| 图 21-433 | 图 21-434 | 图 21-435 |

05 打开素材文件，如图 21-436 所示，将此图像拖入到文件中调整并摆放，如图 21-437 所示。此时图层面板自动生成一个图层，图层名为"图层水果 2"。

06 新建图层文字，选择钢笔工具 ♦.，参照如图 21-438 所示绘制路径，创建选区，设置前景色为白色，填充前景色如图 21-439 所示。

图 21-436

图 21-437

图 21-438

图 21-439

07　单击图层面板下方添加图层样式按钮 *fx*，在弹出下拉菜单中选择描边命令，设置对话
　　框如图 21-440 所示。得到图像效果如图 21-441 所示。

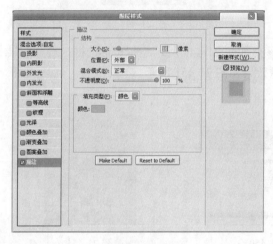

图 21-440

图 21-441

08　设置前景色为白色，选择文字工具 T，设置属性栏如图 21-442 所示，参照如图 21-443
　　所示输入文字。更改属性栏如图 21-444 所示，得到图像效果如图 21-445 所示。

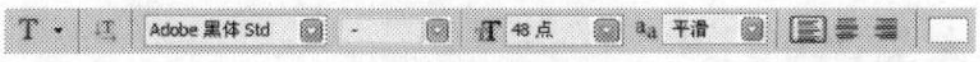

图 21-442

图 21-444

图 21-443

图 21-445

21

21.6.2 清凉果汁广告

01 按 Ctrl+N 键新建一个文件，设置对话框如图 21-446 所示，选择渐变工具 设置属性栏，如图 21-447 所示，参照如图 21-448 所示绘制渐变效果。

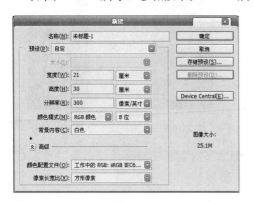

图 21-447

图 21-446

图 21-448

02 新建图层矩形 1，选择矩形选框工具 ，参照如图 21-449 所示绘制矩形选框，设置前景色如图 21-450 所示，填充前景色得到图像效果如图 21-451 所示。

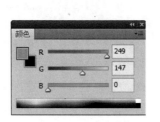

图 21-449

图 21-450

图 21-451

03 新建图层矩形 2，运用同样的方法绘制矩形如图 21-452 所示，设置颜色色值为 ffd100，新建图层矩形 3，参照如图 21-453 所示绘制矩形，设置颜色色值为 fdab00。

04 打开素材文件，如图 21-454 所示，将此图像拖入到文件中调整并摆放，如图 21-455 所示。此时图层面板自动生成一个图层，图层名为"果汁"。

图 21-452

图 21-453

图 21-454

图 21-455

05 单击图层面板下方添加图层样式按钮 *fx* ，在弹出下拉菜单中选择外发光命令，设置对话框如图 21-456 所示，得到图像效果如图 21-457 所示。

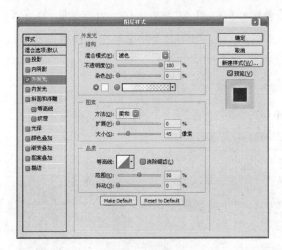

图 21-456

图 21-457

06　打开素材文件，如图 21-458 所示，将此图像拖入到文件中调整并摆放，如图 21-459 所示。此时图层面板自动生成一个图层，图层名为"花"。

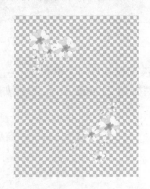

图 21-458

图 21-459

07　单击图层面板下方添加图层样式按钮 fx ，在弹出下拉菜单中选择投影命令，设置对话框如图 21-460 所示，得到图像效果如图 21-461 所示。

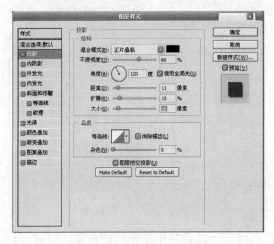

图 21-460

图 21-461

08 设置前景色为白色，选择文字工具 **T.**，设置属性栏如图 21-462 所示，参照如图 21-463 所示输入文字。单击图层面板下方添加图层样式按钮，在弹出下拉菜单中选择投影命令，设置对话框如图 21-464 所示，得到图像效果如图 21-465 所示。

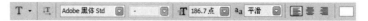

图 21-462

图 21-463

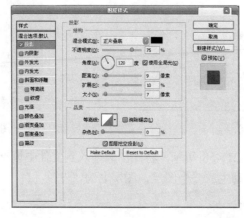

图 21-464

图 21-465

09 设置前景色色值为 9eda0f，选择文字工具 **T.**，设置属性栏如图 21-466 所示，参照如图 21-467 所示输入文字。设置前景色为白色，更改属性栏如图 21-468 所示，参照如图 21-469 所示输入文字。

图 21-467

图 21-466

图 21-469

图 21-468

10 单击图层面板下方添加图层样式按钮 *fx*，在弹出下拉菜单中选择投影命令，设置对话框如图 21-470 所示，得到图像效果如图 21-471 所示。

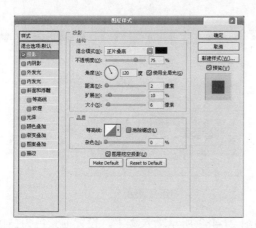

图 21-470　　　　　　　　　　　　　　　　　　图 21-471

21.6.3　手表广告

`01` 打开素材文件，如图 21-472、图 21-473 所示，选择移动工具 ，将人物素材拖曳到背景素材中，参照如图 21-474 所示。

图 21-472　　　　　　　　　　图 21-473　　　　　　　　　　图 21-474

`02` 单击图层面板下方添加图层蒙版按钮 ，使用画笔工具参照如图 21-475 所示修饰图像，打开素材文件，如图 21-476 所示，将此图像拖入到文件中调整并摆放，如图 21-477 所示。此时图层面板自动生成一个图层，图层名为"手表"。

图 21-475　　　　　　　　　　图 21-476　　　　　　　　　　图 21-477

`03` 单击图层面板下方添加图层蒙版按钮 ，使用画笔工具 参照如图 21-478 所示修饰图像，设置前景色为黑色，选择文字工具 ，设置属性栏如图 21-479 所示，参照如图 21-480 所示输入文字。

21

图 21-479

图 21-478

图 21-480

04 更改属性栏如图 21-481 所示，参照如图 21-482 所示输入文字，设置前景色为白色，设置属性栏如图 21-483 所示，参照如图 21-484 所示输入文字。

图 21-481

图 21-482

图 21-483

图 21-484

05 单击图层面板下方添加图层样式按钮 *fx*，在弹出下拉菜单中选择斜面与浮雕、颜色叠加、描边命令，设置对话框如图 21-485～图 21-487 所示，得到图像最终效果如图 21-488 所示。

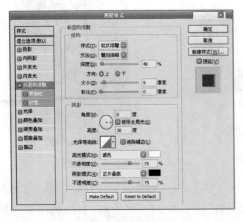

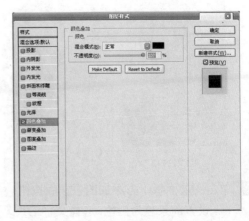

图 21-485

图 21-486

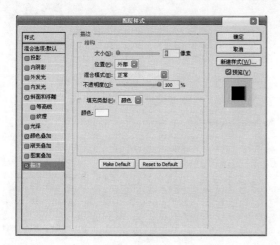

图 21-487

图 21-488